今すぐ使える かんたん

YouTube 投稿&集客 完全《コンプリート》ガイドブック

リンクアップ 著　酒井祥正 監修

技術評論社

本書の使い方

- 本書は、YouTube の操作に関する質問に、Q&A 方式で回答しています。
- 目次やインデックスの分類を参考にして、知りたい操作のページに進んでください。
- 画面を使った操作の手順を追うだけで、YouTube の操作がわかるようになっています。

クエスチョンのタイトルは、具体的な質問や疑問を表しています。

クエスチョンごとに、YouTubeの機能や操作について解説しています。

クエスチョンに対する回答を簡潔に表しています。複数の回答を表示する場合もあります。

番号付きの記述で、操作の順番が一目瞭然です。

特長1
質問は、読者の方から実際に寄せられたものを参考に作成されています！

操作の基本的な流れ以外は、このように番号がない記述になっています。

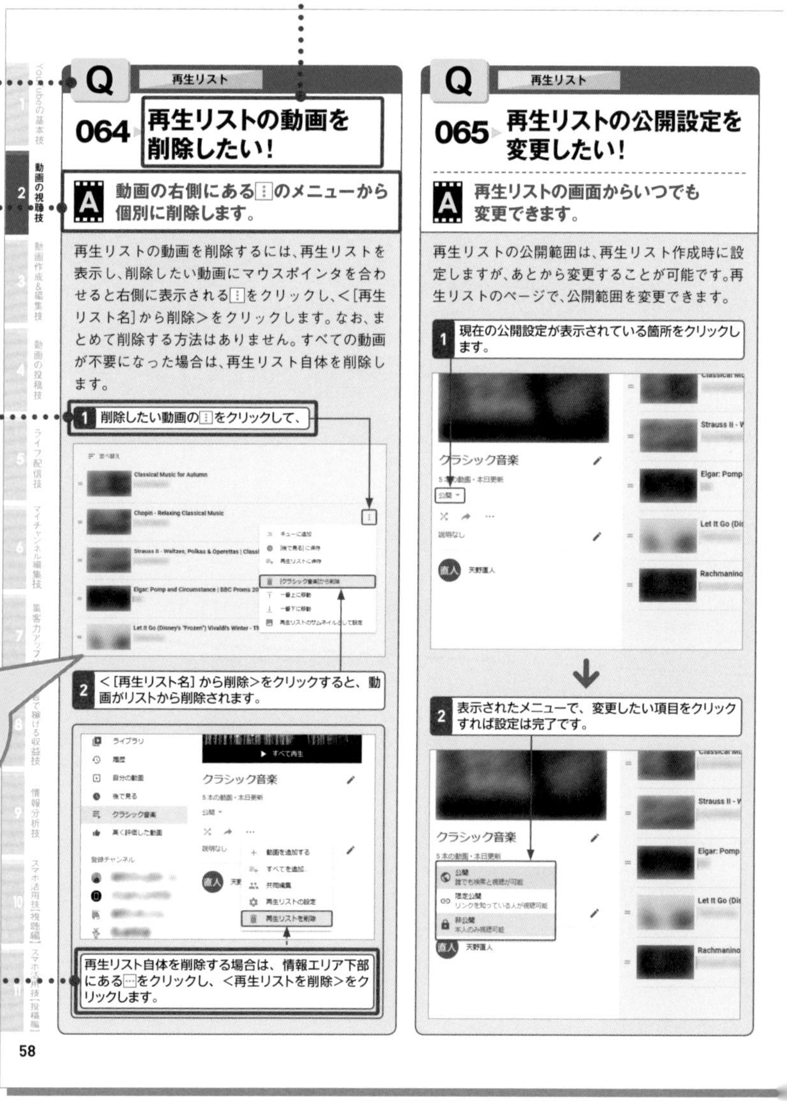

Q 再生リスト

064 再生リストの動画を削除したい！

A 動画の右側にある⋮のメニューから個別に削除します。

再生リストの動画を削除するには、再生リストを表示し、削除したい動画にマウスポインタを合わせると右側に表示される⋮をクリックし、<[再生リスト名]から削除>をクリックします。なお、まとめて削除する方法はありません。すべての動画が不要になった場合は、再生リスト自体を削除します。

1 削除したい動画の⋮をクリックして、

2 <[再生リスト名]から削除>をクリックすると、動画がリストから削除されます。

再生リスト自体を削除する場合は、情報エリア下部にある…をクリックし、<再生リストを削除>をクリックします。

Q 再生リスト

065 再生リストの公開設定を変更したい！

A 再生リストの画面からいつでも変更できます。

再生リストの公開範囲は、再生リスト作成時に設定しますが、あとから変更することが可能です。再生リストのページで、公開範囲を変更できます。

1 現在の公開設定が表示されている箇所をクリックします。

2 表示されたメニューで、変更したい項目をクリックすれば設定は完了です。

58

特長2

やわらかい上質な紙を
使っているので、
開いたら閉じにくい！

特長3

読者が抱く
小さな疑問を予測して、
できるだけていねいに
解説しています！

クエスチョンの分類を示しています。

Q チャンネル

066 再生画面からチャンネル登録したい！

A 気に入った動画を見つけたら、その場でチャンネル登録できます。

視聴中の動画を気に入ったら、動画プレイヤーの右下に表示される<チャンネル登録>をクリックします。すると、その場で動画投稿者のチャンネルを登録できます。なお、この操作はYouTubeにログインしている状態でのみ可能です。

1 動画再生ページで、プレイヤーの右下にある<チャンネル登録>をクリックします。

2 表示が<登録済み>に変わりました。

Q チャンネル

067 チャンネルページからチャンネル登録したい！

A チャンネルページで<チャンネル登録>をクリックします。

動画の再生画面以外にも、その動画を投稿しているチャンネルページからチャンネル登録をすることができます。チャンネルページを表示して、<チャンネル登録>をクリックしましょう。なお、この操作はYouTubeにログインしている状態でのみ可能です。

1 チャンネルページでは、チャンネル名の右側にある<チャンネル登録>をクリックします。

2 表示が<登録済み>に変わりました。

YouTubeの基本技 1
動画の視聴技 2
動画作成&編集技 3
動画の投稿技 4
ライブ配信技 5
マイチャンネル編集技 6
集客力アップ技 7
広告で稼げる収益技 8
情報分析技 9
スマホ活用技［視聴編］ 10
スマホ活用技［投稿編］ 11

59

目的の操作が探しやすいように、ページの両側にインデックス（見出し）を表示しています。

第1章 まずはここから! YouTubeの基本技

第2章 快適・便利に利用する！動画の視聴技

再生履歴

キュー

後で見る

再生リスト

チャンネル

第3章 関心を惹き付ける!動画作成&編集技

第4章 世界に向けて発信!動画の投稿技

投稿準備

YouTube Studio

公開設定

第7章 より多くの人に見てもらう!集客力アップ技

集客

外部サイト

第8章 広告でしっかり稼ぐ！収益技

第9章 動画を改善！情報分析技

アナリティクス

分析

改善

第10章 視聴・管理が手軽にできる！スマホ活用技

Contents

ご注意：ご購入・ご利用の前に必ずお読みください

●本書に記載された内容は、情報提供のみを目的としています。したがって、本書を用いた運用は、必ずお客様自身の責任と判断によって行ってください。これらの情報の運用の結果について、技術評論社および著者はいかなる責任も負いません。

●ソフトウェアに関する記述は、特に断りのないかぎり、2021年3月現在での最新バージョンをもとにしています。ソフトウェアはバージョンアップされる場合があり、本書の説明とは機能内容や画面図などが異なってしまうこともあり得ます。あらかじめご了承ください。

●インターネットの情報については、URLや画面などが変更されている可能性があります。ご注意ください。

●本書記載の金額や料金は特に断りのないかぎり、2021年3月現在の消費税10%での税込表記です。

●本書は以下の環境で動作を確認しています。ご利用時には、一部内容が異なることがあります。あらかじめご了承ください。
Android の OS：Android 11
iPhone の OS：iOS 14.2
パソコンの OS：Windows 10

以上の注意事項をご承諾いただいた上で、本書をご利用願います。これらの注意事項をお読みいただかずに、お問い合わせいただいても、技術評論社および著者は対処しかねます。あらかじめご承知おきください。

第1章

まずはここから! YouTubeの基本技

Q 基本

001 ▶ YouTubeって何？

A **2005年に開設された世界最大の動画配信サービスです。**

YouTubeは、世界中の人に認知・活用されているオンライン動画配信サービスです。動画を見るだけでなく、自分で撮影した動画をアップロードして、世界中の人に見てもらうことができます。

YouTubeの歴史

●2005年にアメリカ・カリフォルニアで誕生

2005年、アメリカのカリフォルニア州で、チャド・ハーレー、スティーブ・チェンの2人によって創設されました。ホームパーティーの動画や、メディアで起きた事件など、映像を友達に見せて伝えたいときに利用できるサービスがあれば便利なのでは、と考えたことがYouTubeを作るきっかけの1つだったそうです。

●2006年にGoogleに売却

YouTubeはすぐさま人気を集め、2006年に16億5,000万ドルでGoogleに売却。現在YouTubeは、Googleが運営するWebサービスの1つとして、ほかのサービスと連携して利用することができます。
企業やアーティストが公式チャンネルを持って情報を発信したり、ときには内戦地域から戦場の様子の動画がアップされるなど、世界に大きな影響を与える存在になっています。

世界中の動画が見られる

世界中の、あらゆるジャンルの映像を見ることができます。

見るだけでなく発信者になれる

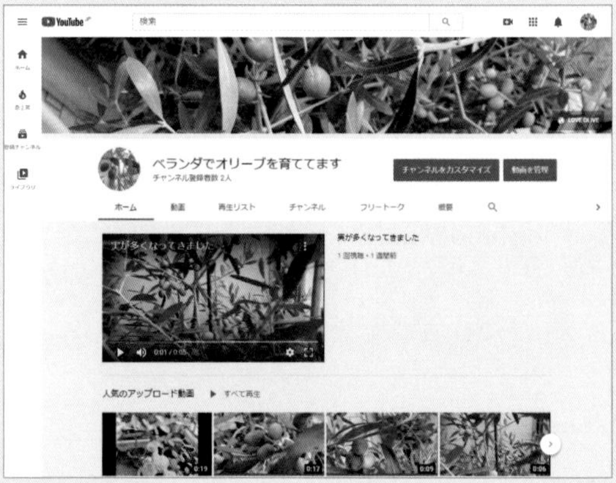

自分のチャンネルを作成して動画を発表できます。

動画やチャンネルの管理ができる

「YouTube Studio」を活用して、動画やチャンネルの管理ができます。

Q 基本

002 YouTubeで何ができる？

A 動画を見たり、発表したりできます。

Webブラウザで YouTubeの公式サイト（https://www.youtube.com/）にアクセスすると、すぐに動画を見ることができます。スマートフォンやタブレットでは、専用のYouTubeアプリもリリースされています。動画を見るだけでなく、自分が発信者になって、動画を発表することもできます。

1 YouTubeの公式サイトにアクセスします。

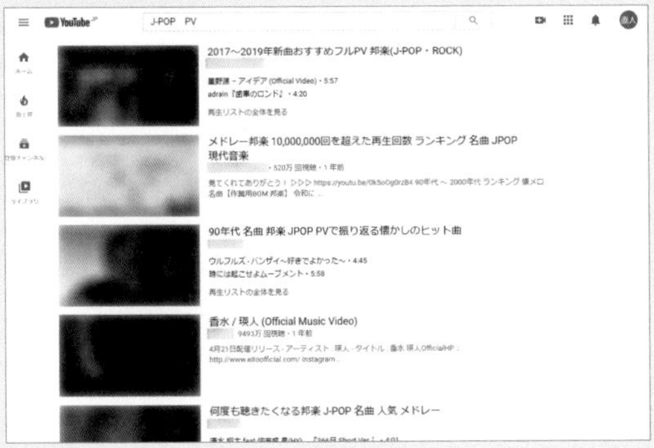

2 見たい動画のサムネイル画像をクリックすると、

3 動画を見ることができます。

Q 基本

003 どんな動画を見ることができる？

A あらゆるジャンルの動画を見ることができます。

YouTubeでは、一般の人が発信する動画のほか、有名人や企業、テレビ局も動画を投稿しており、ニュース、音楽、ゲーム、スポーツ、ファッション、ライブ映像など、多彩なジャンルの動画を見ることができます。ある特定のジャンルの動画を見たい場合は、キーワードで検索して動画を見つけることができます。

1 YouTubeの公式サイトにアクセスします。

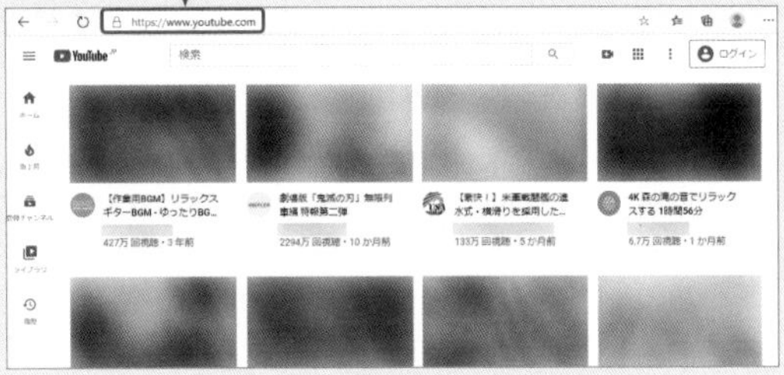

2 検索ワードを入力して、Enterを押します。

3 見たい動画が検索されます。見たい動画のサムネイル画像をクリックします。

4 動画を見ることができます。

Q 基本

004 外国の動画も見ることができる？

A 世界各国の動画を見ることができます。

YouTubeは世界各国で利用されています。サイト右上の⋮をクリックして「場所」から国を設定すれば、その国のおすすめ動画や人気急上昇動画をチェックすることができます。

1 ⋮をクリックします。

2 <場所>をクリックします。

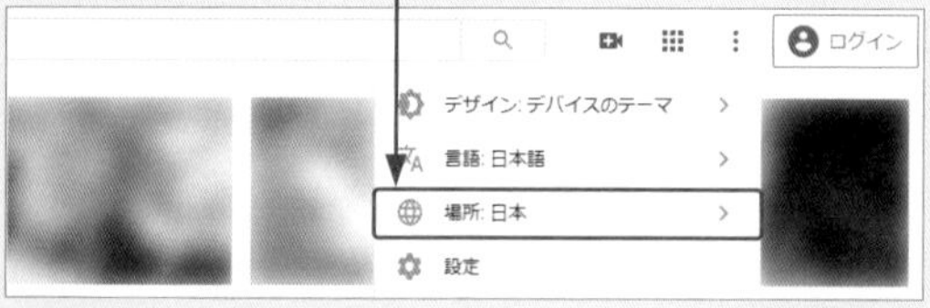

3 ここでは<スウェーデン>をクリックします。

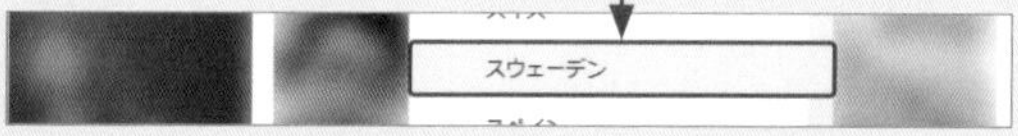

4 日本語表示のままで、スウェーデンのおすすめ動画が表示されます。

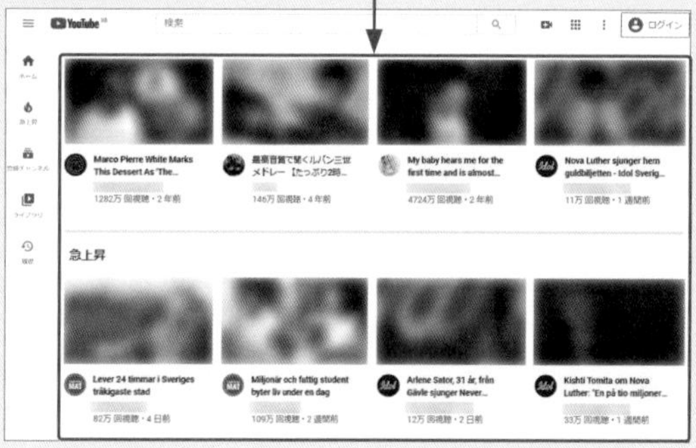

Q 基本

005 自分で撮影した動画を投稿できる？

A 画面上部のをクリックします。

YouTubeは動画を視聴するだけでなく、自分で動画を投稿することもできます。ただし、事前にYouTubeアカウントを取得しておくことが必要です。

1 をクリックします。

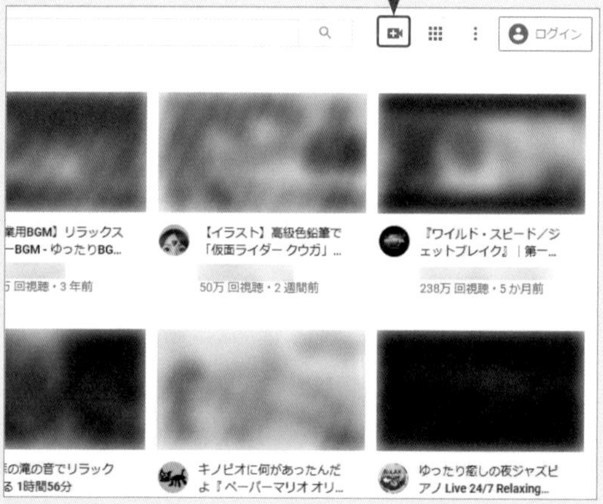

2 <動画をアップロード>をクリックして、公開したい動画を選択します。なお、動画の公開にはGoogleアカウントが必要です（Q.010参照）。

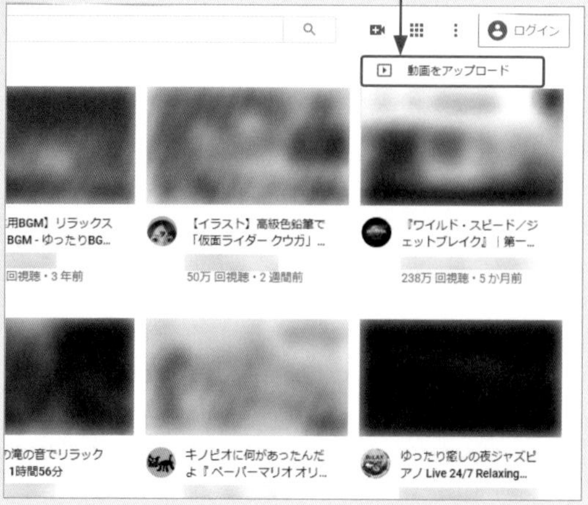

Q 基本

006 YouTubeは無料で利用できる？

A **有料コンテンツもありますが、基本的に無料で利用できます。**

YouTubeは動画を見るのも公開するのも、基本的に無料で行えます。サブスクリプションの有料サービス「YouTube Premium」も提供されており、加入すれば月額1,180円で広告表示なし、バックグラウンド再生可能（スマートフォンの機能）など、利便性が高くなります。

また、YouTubeにはHuluやAmazon Primeといった動画配信サービスと同様に、映画やドラマ、TV番組などを有料で購入したりレンタルしたりできる機能もあります。

● YouTube Premium

	YouTube	YouTube Premium
価格	無料	月額1,180円
サービス	広告表示あり	広告表示なし バックグラウンド再生可能 動画の一時保存 YouTube Music Premiumの利用

● 有料コンテンツ

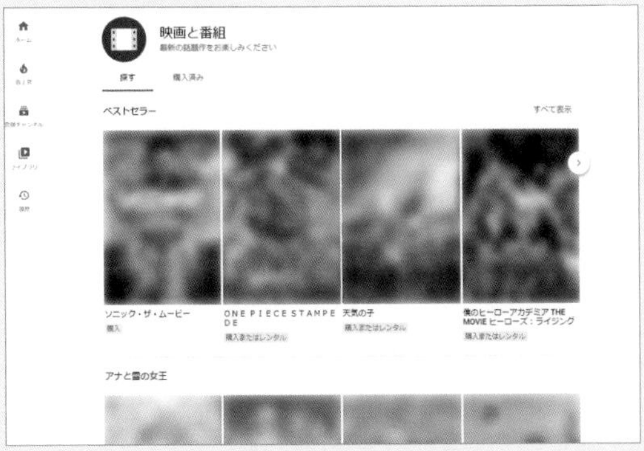

「映画と番組」では、300円程度で動画をレンタルしたり（1週間～1か月など期間限定）、2,000円前後で購入したりすることができます。

Q 基本

007 どうして無料で利用できるの？

A **広告収入で運営されているため、無料で視聴できます。**

YouTubeで動画を見ると、開始前や再生中に広告が表示されます。この広告収入によって、YouTubeは収益を得ています。だから無料で利用できるのです。

1 動画によっては、再生すると最初に広告動画が再生される場合があります。

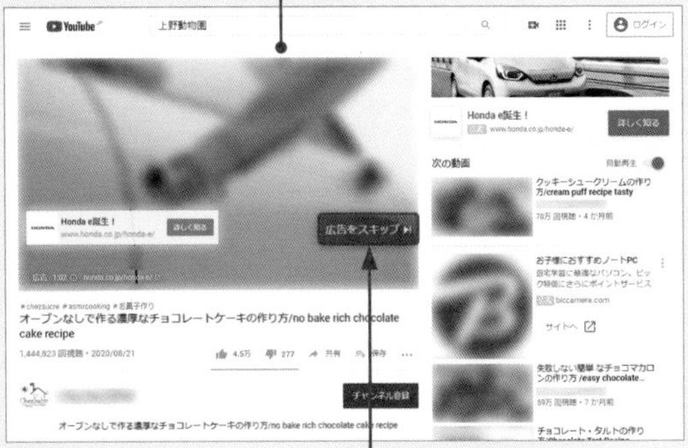

2 「広告をスキップ」をクリックすると、広告を途中で切り上げて目的の動画を見ることができます。

3 動画の再生中に広告が表示される場合もあります。

4 ☒をクリックすると、広告を非表示にできます。

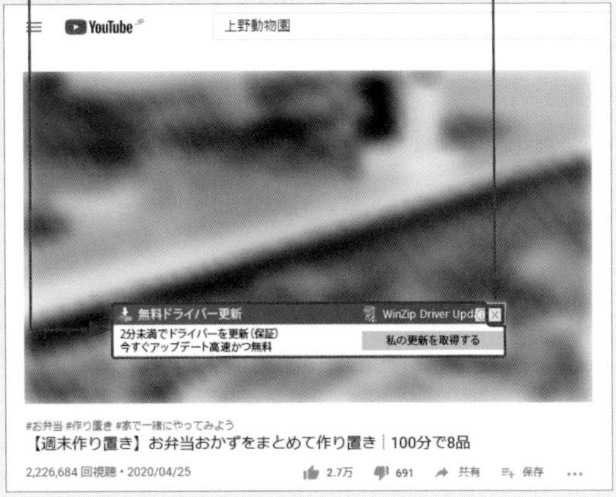

Q 基本

008 ▶ 動画の収益化って何？

A YouTubeで動画を公開し、多くの視聴者や広告が集まれば、収益を得ることができます。

YouTubeで公開した動画に企業広告が付くことで、ユーザーは収入を得ることができます。YouTubeによって収益を得ている人のことを、「YouTuber」と呼びます。

● YouTubeで収益を得るための条件

YouTubeで収益を得るには、YouTube内に自分のチャンネルを持ち、動画を公開します（Q.017参照）。さらに、YouTubeパートナープログラム（YPP）に申し込み、YouTube側に参加を認められることが必要になります。

①自分のチャンネルに動画を公開する

↓

②チャンネルの総再生時間が、過去12か月間で4,000時間を超える、かつチャンネル登録者が1,000人以上などの要件を満たす

↓

③YouTubeパートナープログラム（YPP）に申し込みを行い、YouTube側に参加を認められる

「YouTube Studio」の<収益化>を表示すると、ページ下に<参加条件を満たしたら通知する>のボタンがあります。

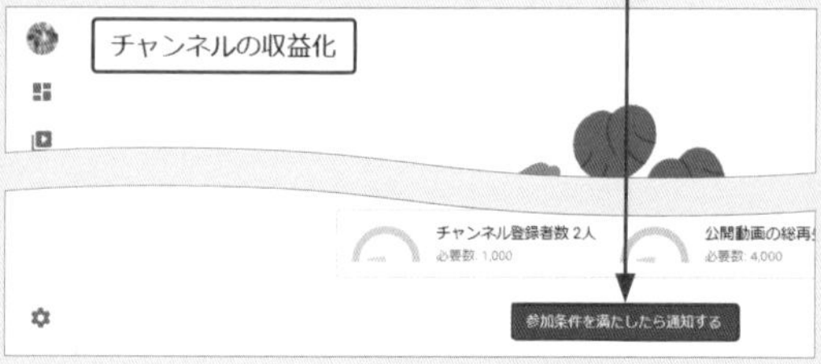

ボタンをクリックすると、YPPへの申し込みが可能になったタイミングで、メールで通知してくれます。

Q 登録

009 ▶ YouTubeにアクセスしたい！

A Webブラウザまたは YouTubeアプリからアクセスします。

YouTubeには、パソコンの場合はWebブラウザからアクセスします。スマートフォンの場合は、YouTubeアプリを起動します。

● Webブラウザで見る場合

1 Webブラウザを起動し、URL欄に「https://www.youtube.com/」と入力して、Enterを押します。

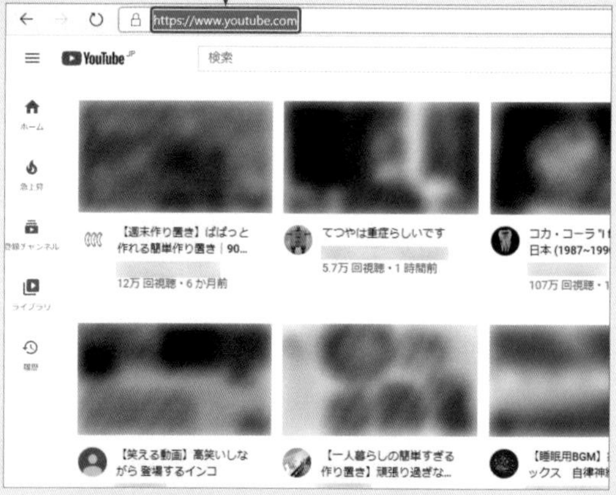

● スマートフォンのアプリで見る場合

1 ホーム画面やアプリ一覧から<YouTube>をタップして起動します。

Q 登録

010 YouTubeの機能を利用するには？

A Googleアカウントでログインすれば、多彩な機能を利用できます。

Googleアカウントでログインすれば、ほかの動画にコメントを付けたり評価したり、動画をお気に入りに保存したりするなど、YouTubeの多彩な機能を活用できます。お気に入りの動画配信者のチャンネルを登録しておけば、新しい動画がアップロードされたときに通知が届くなど、便利に使うことができます。

また、自分で動画を配信する場合は、Googleアカウントでログインしていなければ行うことができません。

1 ログインした状態だと、右上にアイコンが表示されます。

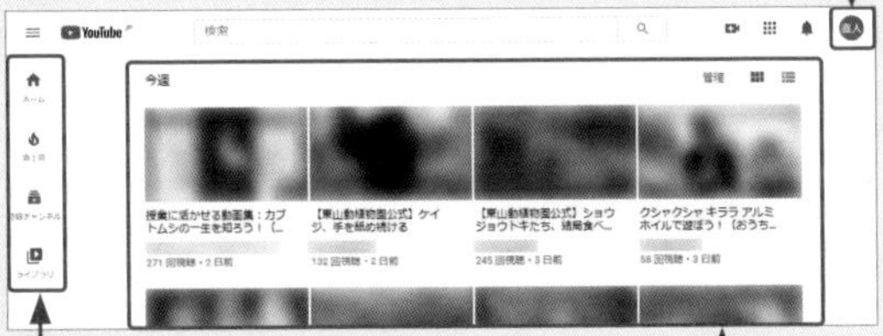

2 ここから履歴や登録チャンネルの動画が呼び出せます。

3 ＜登録チャンネル＞をクリックすると、登録済みのチャンネルの新着動画が自動的に表示されます。

4 ☰をクリックすると、メニューが表示されます。

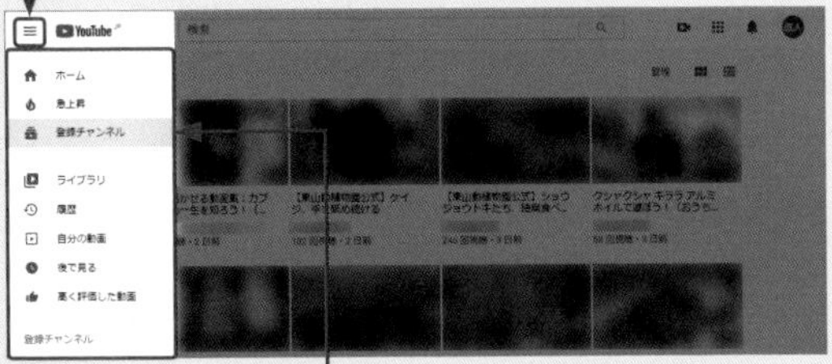

5 YouTubeの各種メニューを呼び出せます。

Q 登録

011 すでにあるGoogleアカウントも利用できる？

A 利用できます。

YouTubeの＜ログイン＞から、すでに持っているGoogleアカウントでログインしましょう。Gmailアドレスを持っていれば、そのままGoogleアカウントとして使うことができます。

1 右上の＜ログイン＞をクリックします。

2 Googleアカウント（Gmailアドレス）を入力して、

3 ＜次へ＞をクリックします。

4 パスワードを入力し、

5 ＜次へ＞をクリックします。

6 ログインが完了すると、YouTubeのサイトの右上に自分のアイコンが表示されます。クリックすると、Googleアカウントと登録した名前が表示されます。

Q 登録

012 ▶ Googleアカウントを新しく作成したい！

A Googleアカウントは、「Google」のWebサイトから作成できます。

Googleアカウントを新しく作成するには、Google（https://www.google.co.jp/）にアクセスします。

1 Googleにアクセスし、右上の⊞をクリックします。

2 ＜アカウント＞をクリックします。

3 「Googleアカウント」画面が表示されます。ページ下にある＜Googleアカウントを作成＞をクリックします。

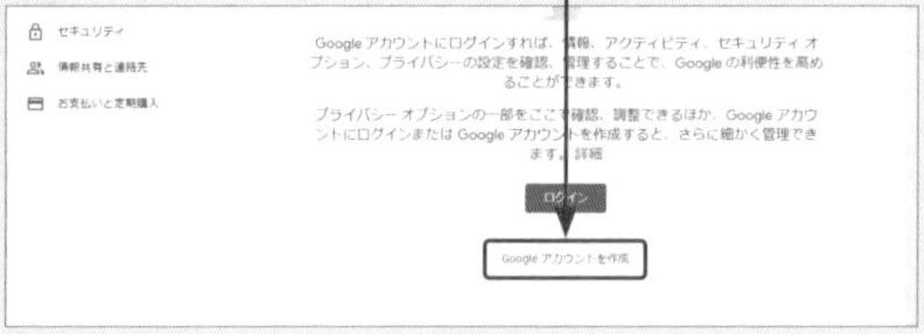

4 姓、名、メールアドレス（ユーザー名）、パスワードを入力します。

5 ＜次へ＞をクリックします。

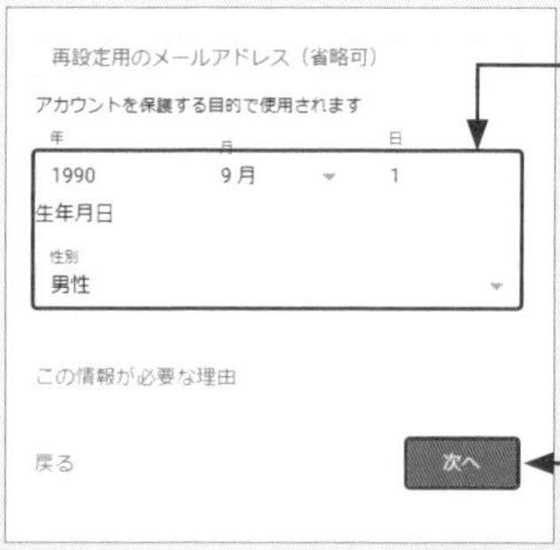

6 生年月日や性別を入力して、

7 ＜次へ＞をクリックします。

8 「プライバシーポリシー」のページが表示されます。ページ下まで移動し、＜同意する＞をクリックします。

9 「ようこそ」画面が表示されれば、アカウントの作成が完了です。

アカウントのユーザー名は、半角英字、数字、ピリオドのみ使用できます。入力したユーザー名がすでに存在している場合は警告が表示されるので、数字や文字、ピリオドを追加して使用できる文字列を入力してください。

Q 登録

013 YouTubeにログインしたい!

A ページ右上の<ログイン>をクリックしてログインします。

YouTubeにログインをするには、Webブラウザで YouTube を表示して、右上の<ログイン>をクリックします。なお、すでにGoogleアカウントでログインしている場合は、この操作は必要ありません。

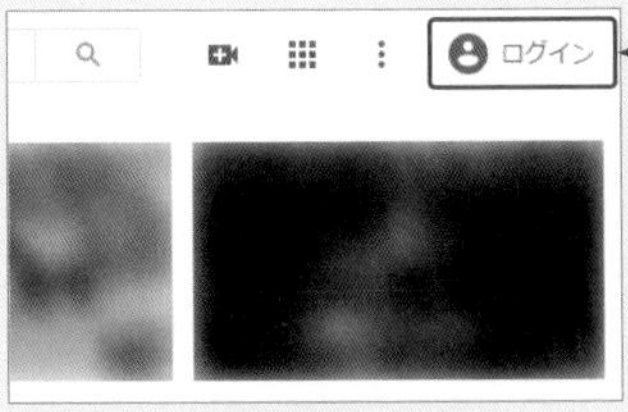

1 右上の<ログイン>をクリックします。

2 Googleアカウント(Gmailアドレス)を入力し、<次へ>をクリックします。

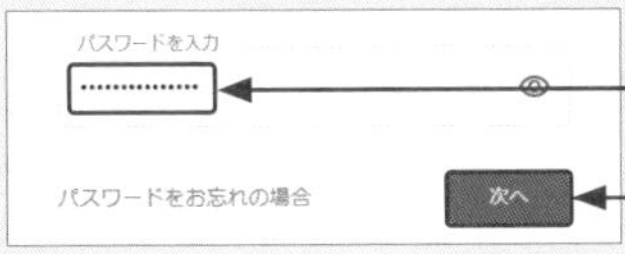

3 パスワードを入力し、<次へ>をクリックします。

4 ログインが完了すると、ページの右上に自分のアイコンが表示されます。クリックすると、Googleアカウントと登録した名前が表示されます。

Q 登録

014 YouTubeからログアウトするには?

A <ログアウト>をクリックします。

YouTube からログアウトするには、右上のアイコンから<ログアウト>をクリックしましょう。家族でパソコンを共用していたり、会社などでほかの人も同じパソコンを利用したりする場合は、ログアウトしておきましょう。

1 右上の自分のアカウントアイコンをクリックします。

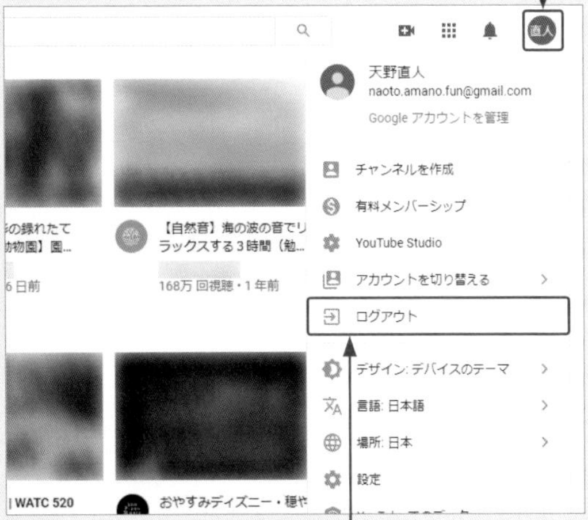

2 <ログアウト>をクリックします。

3 ページ右上のアイコンが<ログイン>に変わります。これでログアウト完了です。

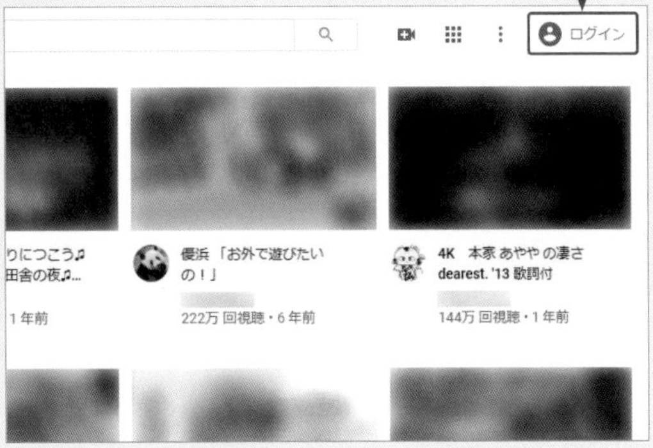

Q 画面構成

015 ▶ YouTubeのトップページの画面構成を知りたい！

A YouTubeの便利な機能が用意されています。

YouTubeにアクセスすると、最初に基本となるトップページが表示されます。ここから動画の検索や投稿など、さまざまな操作を行うことができます。

❶	サイト左上の☰をクリックすると、動画リストや動画のカテゴリ一覧が表示されます。
❷	探したい動画に関するキーワードを入力し、YouTube内の動画を検索できます。
❸	動画をアップロードするための機能がまとめられています。
❹	広告エリアです。企業広告や広告動画へのリンクが表示されます。右側にある⋮をクリックし、＜広告を閉じる＞をクリックすると、広告エリアを非表示にできます。

❺	これらのアイコンから、各種動画リストへと移動できます。
❻	これまで見てきた動画をもとに、関連する動画など、ユーザーにおすすめの動画が表示されます。

Q 画面構成

016 ▶ YouTubeの再生画面の画面構成を知りたい！

A 再生画面の、各種ボタンの使い方をマスターしましょう。

YouTubeの再生画面は、大きく動画再生エリアと、動画の情報、関連動画エリアの3つに分かれています。

❶	動画再生エリアです。エリアの下部に、動画再生の操作アイコンが配置されています。動画の画面サイズを大きくしたり、再生速度を変更したりできます。
❷	動画のタイトルです。
❸	動画を評価したり、共有したりできる機能がまとめられています。
❹	動画を配信しているチャンネルの名前と紹介が表示されています。右側の<チャンネル登録>をクリックすると、このチャンネルを登録できます。
❺	再生している動画の関連動画リストが表示されます。右上の<自動再生>がオンになっていると、ここに表示されている動画が順に自動再生されます。

Q アカウント

017 ▶ チャンネルとは？

A 動画を公開するための拠点となる、小さなテレビ局のようなものです。

YouTubeでは、個人や企業などが自作の動画を公開できますが、その拠点となるのが「チャンネル」です。「チャンネル」はYouTube内に自由に作成できる小さなテレビ局のようなもので、最初に「チャンネル」を設定することで、そこから動画を公開することができます。

動画の再生画面の下に、チャンネル名とアイコンが表示されています。

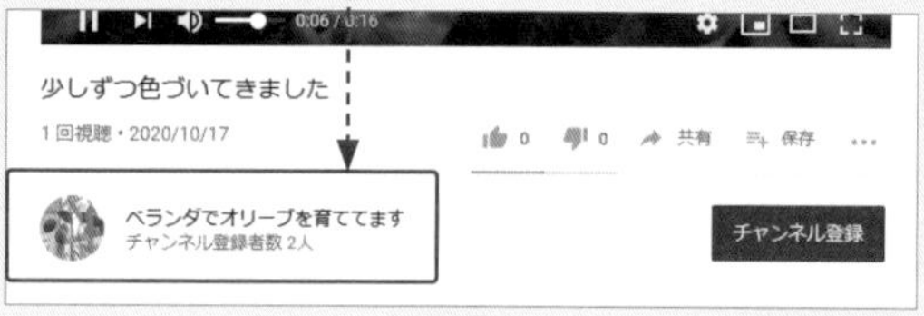

チャンネルのアイコンをクリックすると、チャンネルのトップページが表示されます。

チャンネルアート：どんなチャンネルなのか表す背景画像。

どんなチャンネルなのかを紹介する動画。

チャンネルで公開されている動画。

Q アカウント

018 ▶ ブランドアカウントとは？

A 通常のGoogleアカウントとは別に作成できるアカウントで、チャンネル名になります。

「ブランドアカウント」は、Googleアカウントを持っているユーザーなら誰でも自由に作成することができる、もう1つのアカウントです。好きな名前を付けて作成することができ、ブランドアカウント名がそのままYouTubeのチャンネル名になります。ブランドアカウントでは、好きな名前をアカウント名にすることができるため、趣味やビジネスに特化した動画を公開するときなどに役立ちます。

1つのGoogleアカウントで複数のブランドアカウントを持つことができるため、複数のYouTubeチャンネルを持つことができます。

1 YouTubeのホーム画面を表示して、左下の<設定>をクリックします。

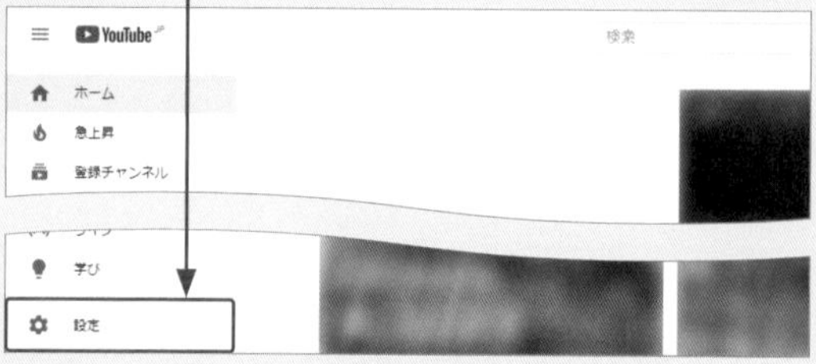

2 <新しいチャンネルを作成する>をクリックします。

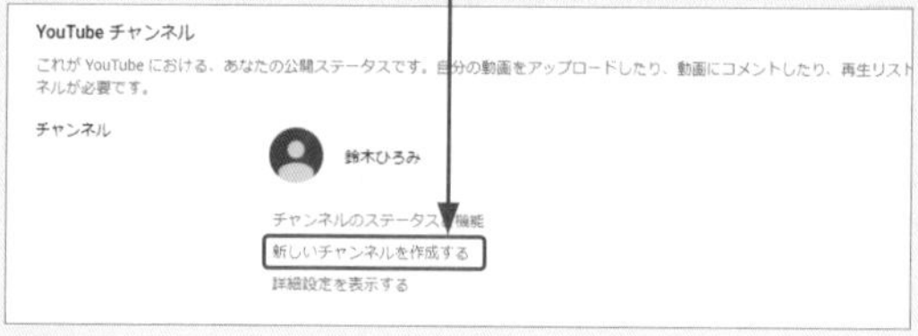

3 好きな名前を入力して<作成>をクリックすれば、ブランドアカウントが作成できます。

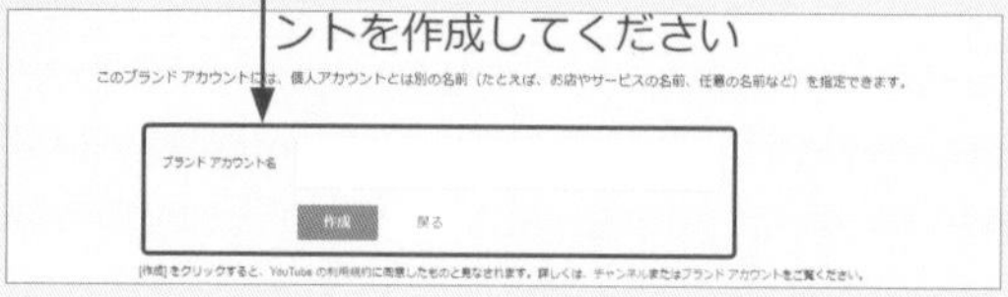

Q アカウント

019 ブランドアカウントのメリットは？

A 公開したい動画に合わせたチャンネル名を設定できます。

動画のテーマに合わせたブランドアカウントを作成することで、チャンネルの特徴を明確にすることができます。たとえば「ドライフラワーの作り方」というチャンネル名で、趣味のドライフラワーのハウツー動画を公開すれば、興味を持ってくれる視聴者を集めやすくなります。またブランドアカウントは、通常のGoogleアカウントとは異なり、複数のGoogleユーザーと共同での運営・管理が行えます。企業やサークル、趣味などのグループでブランドアカウントを持てば、1つのチャンネル名で複数のメンバーが動画を公開して運営することができます。Googleフォトなど特定のサービスも併せて利用できるので、家族内でクローズドに使うなど、プライベートでの動画・画像共有にも活用できます。

● ブランドアカウントのメリット

①チャンネルに好きな名前を付けられるので、趣味やビジネスなどの動画を公開するYouTubeチャンネルを運営する時に役立つ。

②複数人のGoogleユーザーと共有して運営できる。

③YouTubeだけでなく、Googleフォトも共有できる。

Q アカウント

020 通常のGoogleアカウントとは？

A YouTubeやGmailなど、Googleのサービスを利用するときに作成したアカウントです。

通常のGoogleアカウントはGmailのメールアドレスがユーザー名になっていて、Gmailなどほかのグーグルサービスと紐付いて使用されます。YouTubeでチャンネルを作って動画を発信する際、通常のGoogleアカウントでチャンネルを作成すると、このユーザー名がそのままチャンネルの名前として付けられてしまいます。Googleアカウントのチャンネルはプライベート用として使用し、趣味やビジネスなどで使うチャンネルは、ブランドアカウントでの運営がおすすめです。

● Googleアカウント

通常のGoogleアカウントから作成したチャンネルは、YouTubeのチャンネルの名称が自動的にGoogleアカウントの氏名になっています。

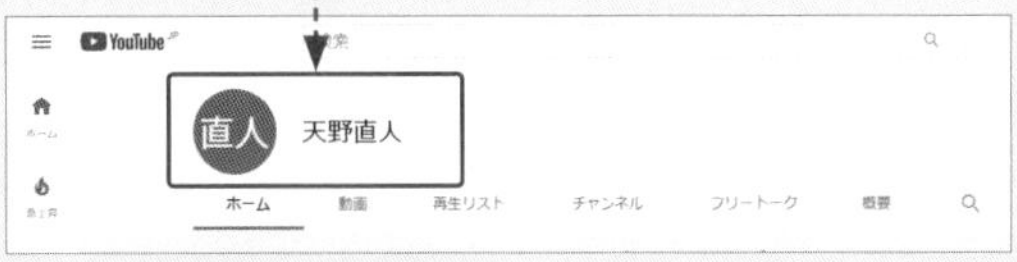

● ブランドアカウント

1 Q.018手順3の画面でブランドアカウント名を入力して、

2 ＜作成＞をクリックします。

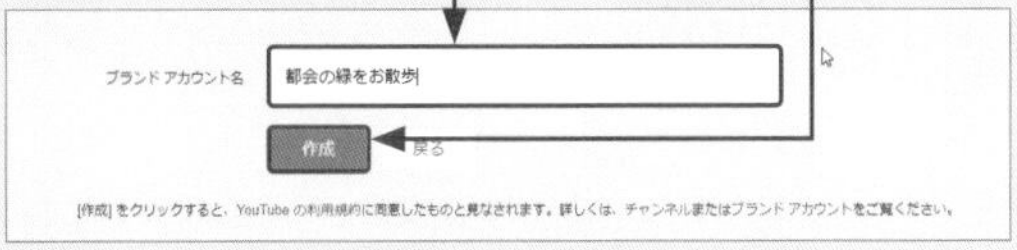

3 次の画面で電話番号を使った本人確認を行うと、ブランドアカウントが作成されます。

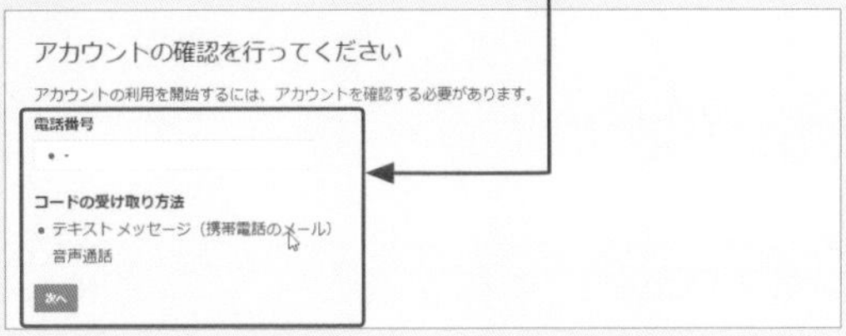

Q チャンネル作成

021 ▶ Googleアカウントのチャンネルを変更したい!

A Googleアカウントの「名前」を変更します。

Googleアカウントでログインすると、Googleアカウントの登録時に設定した氏名で、自動的にチャンネルが作られています。「英語の表記にしたい」など、チャンネル名を変更したい場合は、Googleアカウントの「名前」を変更します。

1 YouTubeにログインし、右上のアカウントアイコンをクリックします。

2 <設定>をクリックします。

3 <Googleアカウントの設定を表示または変更する>をクリックします。

4 <個人情報>→<[ユーザー情報に移動]>の順にクリックして、「基本情報」の「氏名」の右端にあるアイコンをクリックします。

5 「名前」の欄にある✎をクリックします。

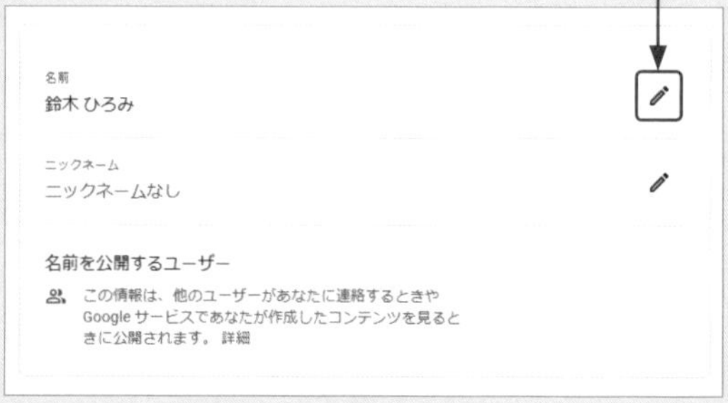

6 「名」「姓」の欄にある✎をクリックし、チャンネル名として表示したい名前を入力して、<保存>をクリックします。

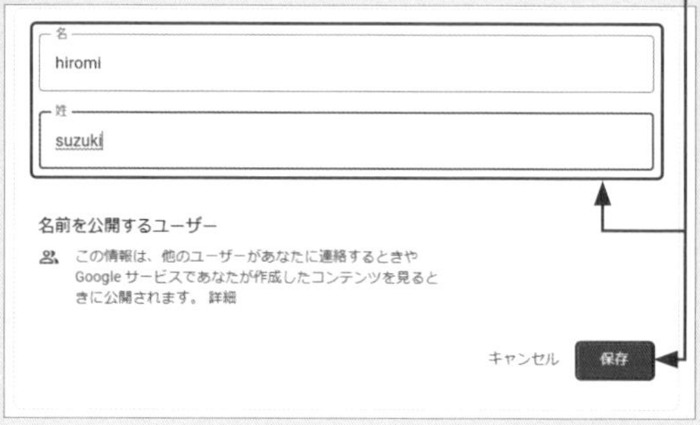

022 ▶ 好きな名前のチャンネルを作成したい！

A ブランドアカウントを使って作成しましょう。

Googleアカウントから作るチャンネルとは別に、Q.018で解説したブランドアカウントを利用すると、Googleアカウント名とは別に自由な名前のチャンネルを作成できます。

1 YouTubeのホーム画面を表示して、左下の<設定>をクリックします。

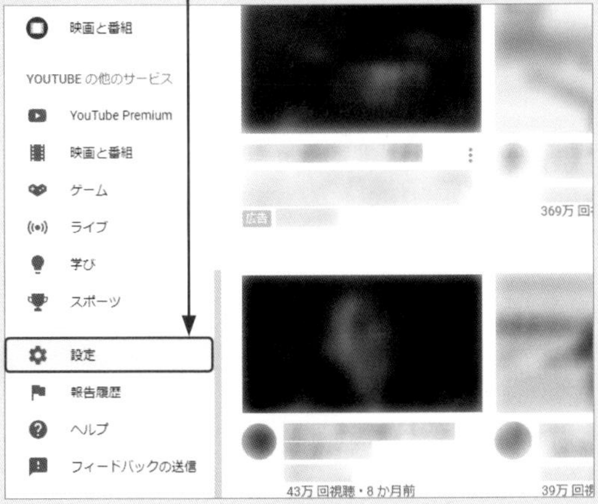

2 <新しいチャンネルを作成する>または<チャンネルを追加または管理する>をクリックします。

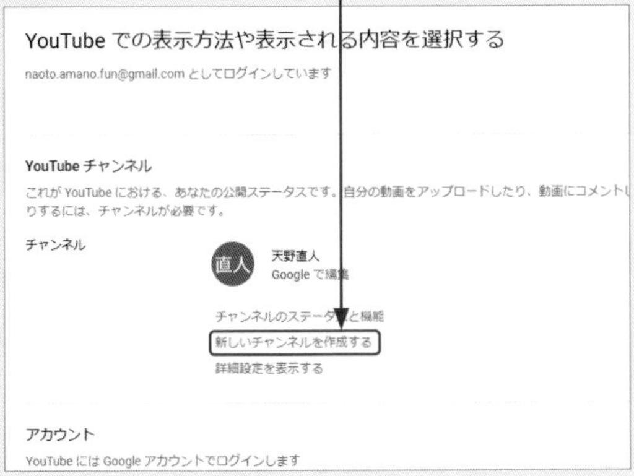

3 「ブランドアカウント名」に好きな名前を入力し、

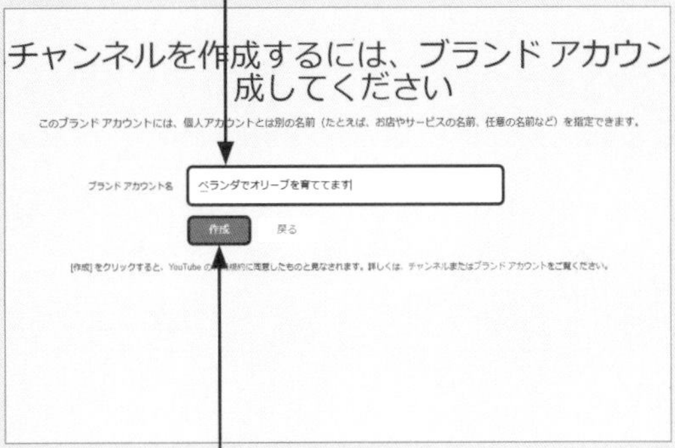

4 <作成>をクリックします。

5 チャンネルの設定画面に移動します。これでチャンネルの作成が完了です。

Q チャンネル作成

023 チャンネルを表示したい!

A <チャンネル>をクリックすると、チャンネルのページへ移動できます。

自分のチャンネルのページでは、動画のアップロードや再生リストの作成、ページのレイアウト変更など、チャンネルに関するさまざまな操作が行えます。

1 ページ右上の<ログイン>をクリックします。

2 自分のGoogleアカウントをクリックします。表示されない場合は、Googleアカウント(Gmailアドレス)とパスワードを入力します。

3 右上にアカウントのアイコンが表示されるのでクリックし、

4 <チャンネル>をクリックします。

5 自分のチャンネルのページが表示されます。

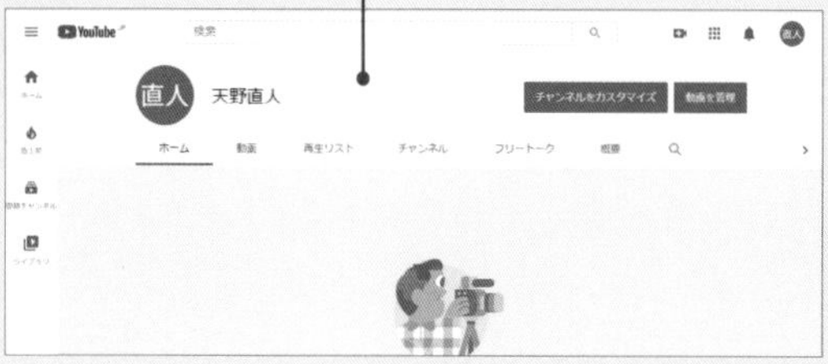

Q チャンネル作成

024 チャンネルは複数作れる?

A ブランドアカウントは複数作れますが、Googleアカウントで作れるチャンネルは1つのみです。

Googleアカウント(=Gmailアドレス)と紐付いているチャンネルは1つだけです。好きな名前で作成するブランドアカウントのチャンネルは複数作成できます。

1 YouTubeにログインし、右上のアカウントのアイコン→<設定>の順にクリックします。

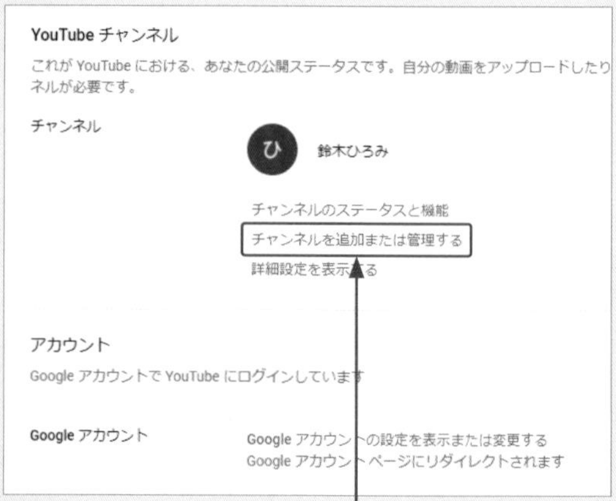

2 アカウントの画面で<チャンネルを追加または管理する>をクリックします。

3 <新しいチャンネルを作成>をクリックすると、ブランドアカウントに紐付けられた新しいチャンネルが作成できます。

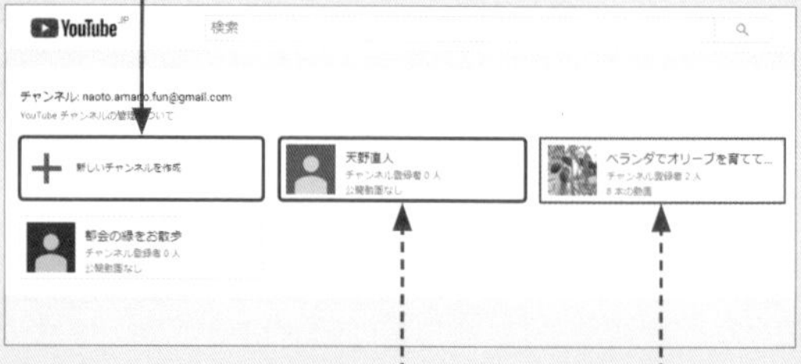

Googleアカウントと紐付いているチャンネルと、ブランドアカウントに紐付けられたチャンネルが表示されます。

Q チャンネル作成

025 アカウントを切り替えたい！

A アカウントの画面から切り替えることができます。

ブランドアカウントを作成すると、YouTubeを利用する際に、Googleアカウントとブランドアカウントを切り替えることができます。ほかの動画にコメントを付けたり、動画をアップロードしたりする際には、どちらのアカウントでログインしているのかを確認し、切り替えて使いましょう。

1 右上のアイコンをクリックして、

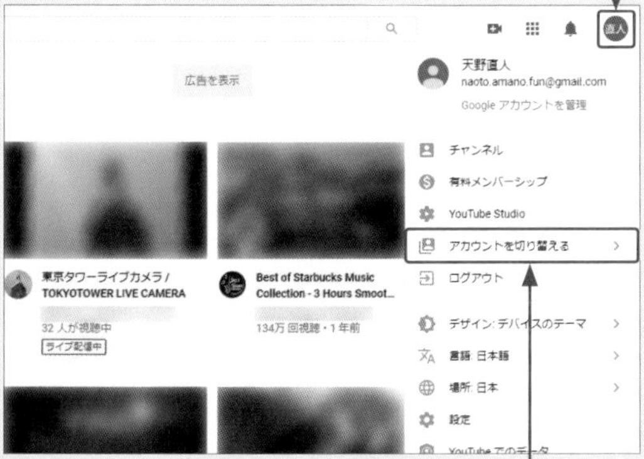

2 ＜アカウントを切り替える＞をクリックします。

3 アカウントの選択画面が表示されます。作成したアカウントやチャンネルが一覧表示されるので、クリックして切り替えることができます。

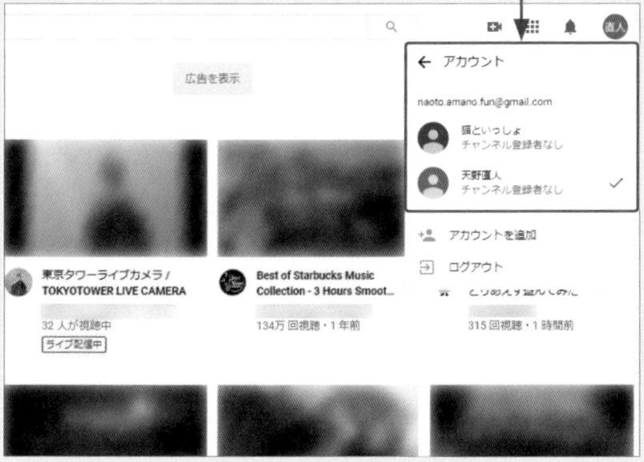

Q チャンネル作成

026 アカウントの認証って何？

A 電話番号を使用して身元を確認することです。

アカウント認証は、YouTubeのコミュニティを保護し、不正行為を防止する対策の一環として行われています。電話番号に確認コードを送信して、アカウント確認を行います。これは、同じ電話番号が複数のアカウントで使われていないかどうかを確認するためのものです。認証後は、「ステータスと機能」画面の「確認」の文字が、「確認済み」へと変更されます。アカウント認証は、Googleアカウントの機能で行うほか、YouTubeの各種カスタマイズや管理を行う「YouTube Studio」の「設定」から行うことができます（詳しくはQ.027参照）。

＜電話番号の確認＞をクリックし、携帯電話番号などで確認コードのやり取りをすれば、アカウント認証が行えます（Q.027参照）。

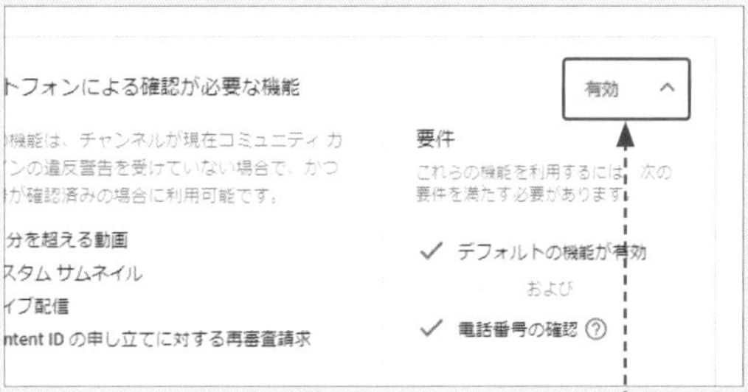

認証が終わると、「利用資格あり」が「有効」に変わります。

Q チャンネル作成

027 ▶ アカウントの認証を行いたい！

A 電話番号に確認コードを送信することで、アカウントの認証が行えます。

アカウントの認証は、アカウントアイコンから「設定」画面を表示して行うことができます。認証後は、「ステータスと機能」の画面の「確認」の文字が「確認済み」へと変更されます。ブランドアカウントでも、認証を行うことができます。

1 右上のアカウントのアイコンをクリックします。

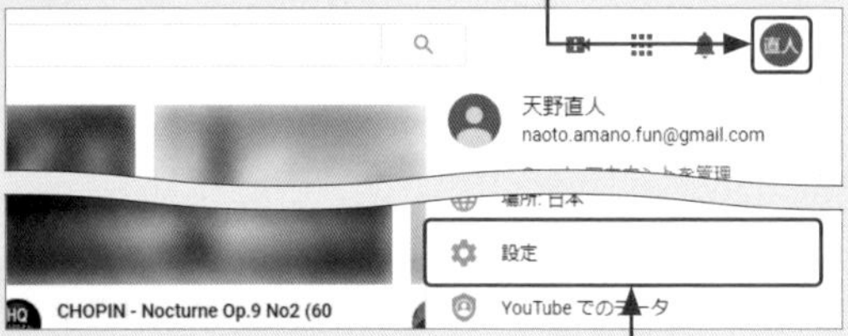

2 <設定>をクリックします。

3 <チャンネルのステータスと機能>をクリックします。

4 <チャンネル>をクリックして、

5 <機能の利用資格>をクリックします。

6 「利用資格あり」の右側にある⌵をクリックして、

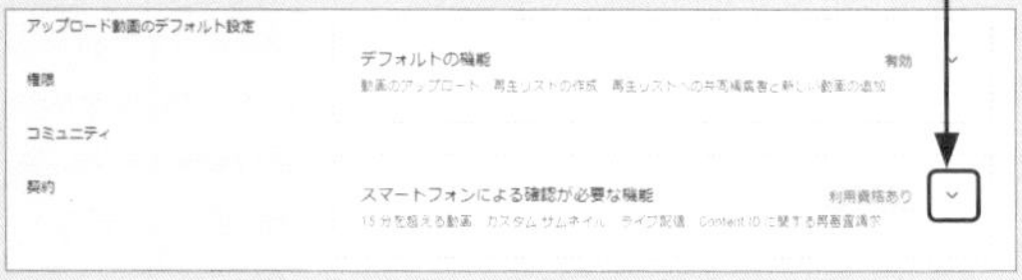

7 <電話番号の確認>をクリックします。

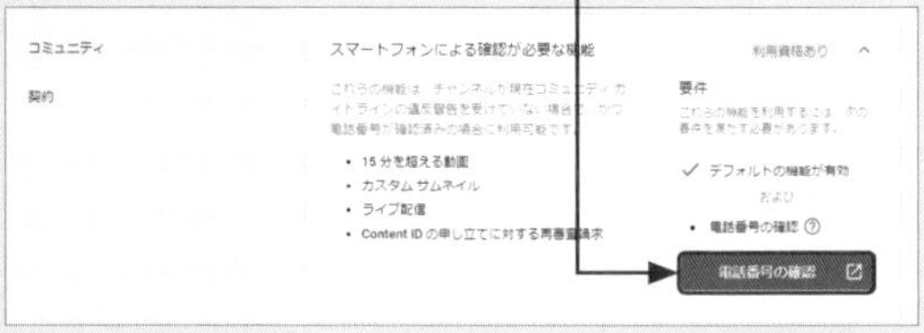

8 「日本」を選択し、

9 確認コードの受け取り方を選択します。

10 確認コードを受け取る電話番号を入力し、

11 <送信>をクリックします。

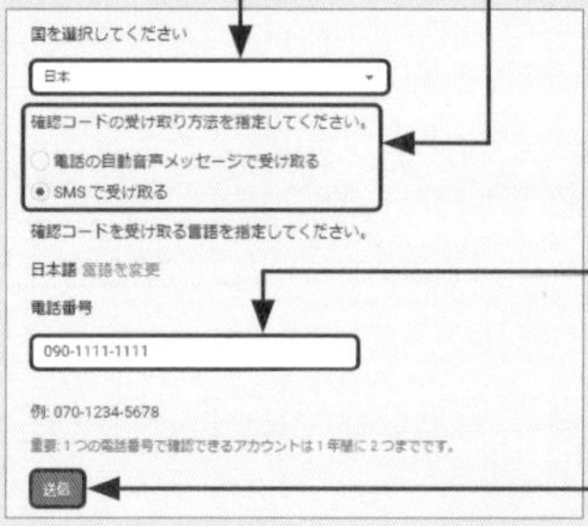

12 受信した確認コードを入力して、

13 <送信>をクリックします。以降は画面の指示に従って操作します。

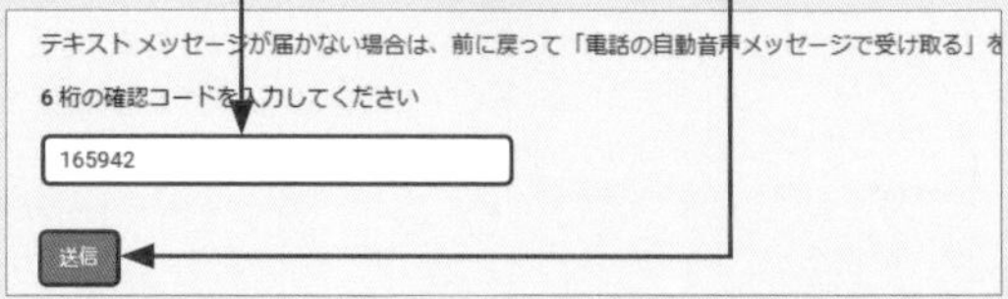

Q チャンネル作成

028 アカウントを認証するメリットとは？

A アカウントの認証を行うと、15分以上の動画のアップロードなどが行えるようになります。

Q.027の手順でアカウントの認証を行うと、以下の４つのことが行えるようになります。
①15分以上の動画をアップロードできる
②動画のサムネイル画像を自由にカスタマイズできる（Q.118参照）
③YouTubeでのライブ配信ができる
④Content ID の申し立てに対する再審査を請求できる（https://support.google.com/youtube/answer/6013276）

「設定」の<機能の利用資格>に、アカウント認証すると利用できるようになる機能が表記されています。

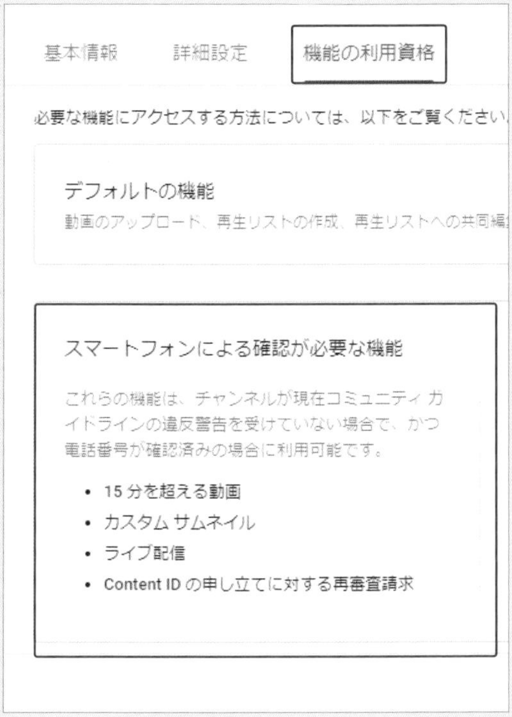

Q チャンネル作成

029 認証が完了しているかどうかを確認したい！

A <機能の利用資格>から確認できます。

「設定」画面の「チャンネル」にある<機能の利用資格>の下方に、「スマートフォンによる確認が必要な機能」という項目があります。ここが有効になっていれば、認証が済んでいます。

1 <チャンネル>をクリックし、

2 <機能の利用資格>をクリックします。

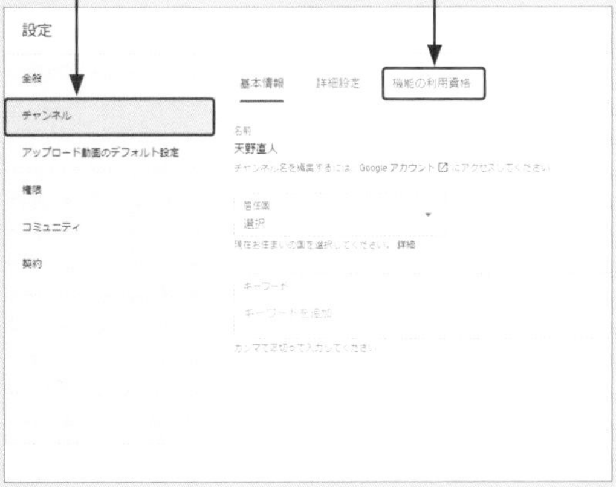

3 「スマートフォンによる確認が必要な機能」の右側にある利用資格が「有効」になっていれば、アカウントは確認済みです。

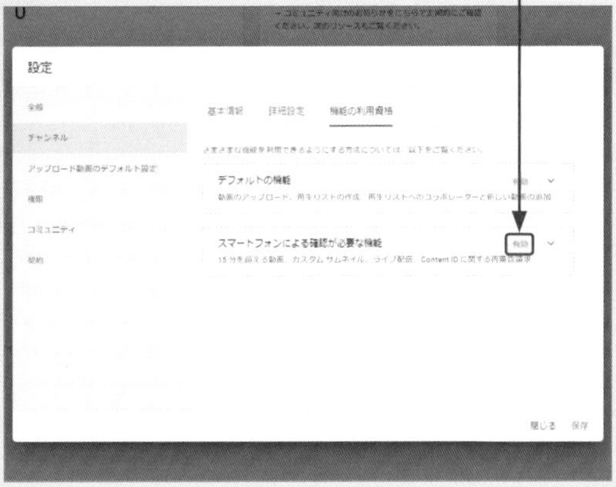

Q チャンネル作成

030 ▶ チャンネルの利用状況をまとめて確認したい！

A ＜チャンネルを追加または管理する＞から、所有しているチャンネルの確認・管理ができます。

チャンネルの機能の利用状況を確認するには、「設定」画面の＜チャンネルを追加または管理する＞をクリックします。

● チャンネルを確認する／切り替える

1 右上のアカウントのアイコンをクリックして、

2 ＜設定＞をクリックします。

3 ＜チャンネルを追加または管理する＞をクリックします。

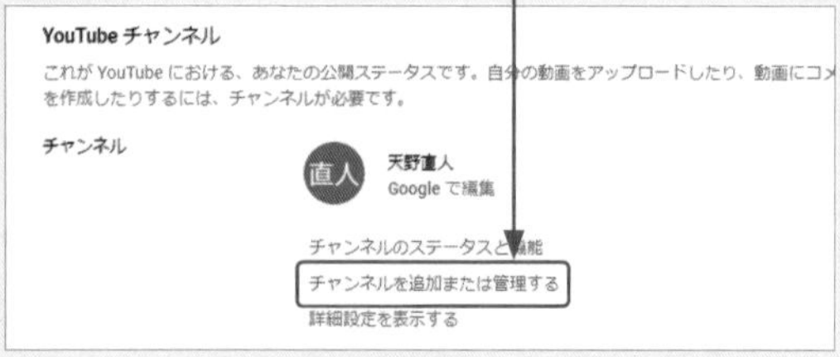

4 Googleアカウントから作成したチャンネルとブランドアカウントから作成したチャンネルが表示されます。各チャンネルをクリックすると、そのチャンネルでYouTubeにログインし、切り替えることができます。

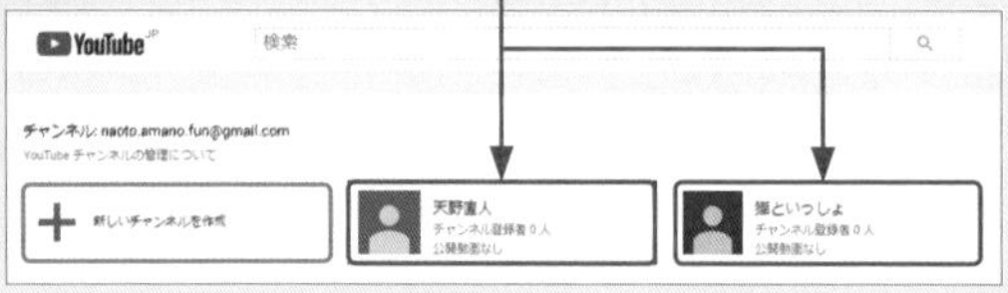

● YouTubeのデフォルトチャンネルを設定する

1 デフォルトにしたいチャンネルに切り替えた状態で、右上のアカウントのアイコンをクリックします。

2 ＜設定＞をクリックします。

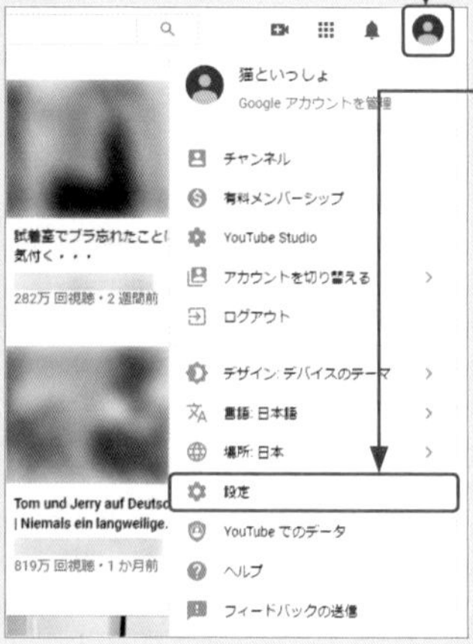

3 ＜詳細設定を表示する＞をクリックします。

4 「デフォルトチャンネル」にチェックを入れて、デフォルトに設定します。

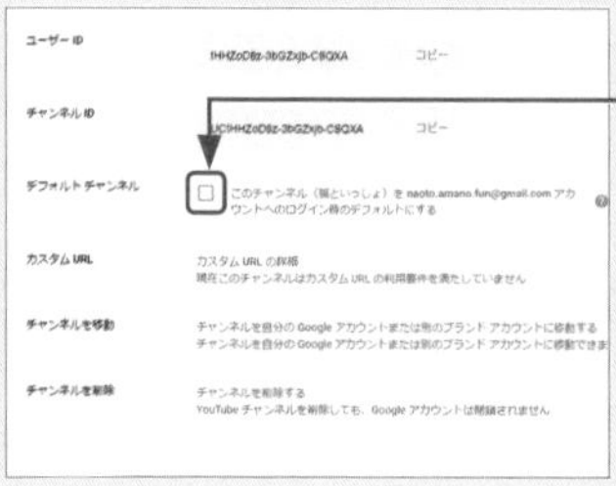

第 2 章

快適・便利に利用する!
動画の視聴技

Q YouTubeの基本画面

031 ▶ YouTubeの視聴に関する機能を知りたい!

A 視聴画面の構成をチェックして、各種機能を覚えましょう。

ここでは、YouTubeで動画を視聴するページの基本構成を確認します。動画ページの構成を押さえておけば、このあとの説明で、どの部分を指しているのかをイメージしやすくなります。

なお、YouTubeで公開されている動画は誰でも視聴できますが、再生リストの作成やコメントの追加にはログインが必要です。実際に操作を始める前に、あらかじめGoogleアカウントでログインしておきましょう(Q.013参照)。

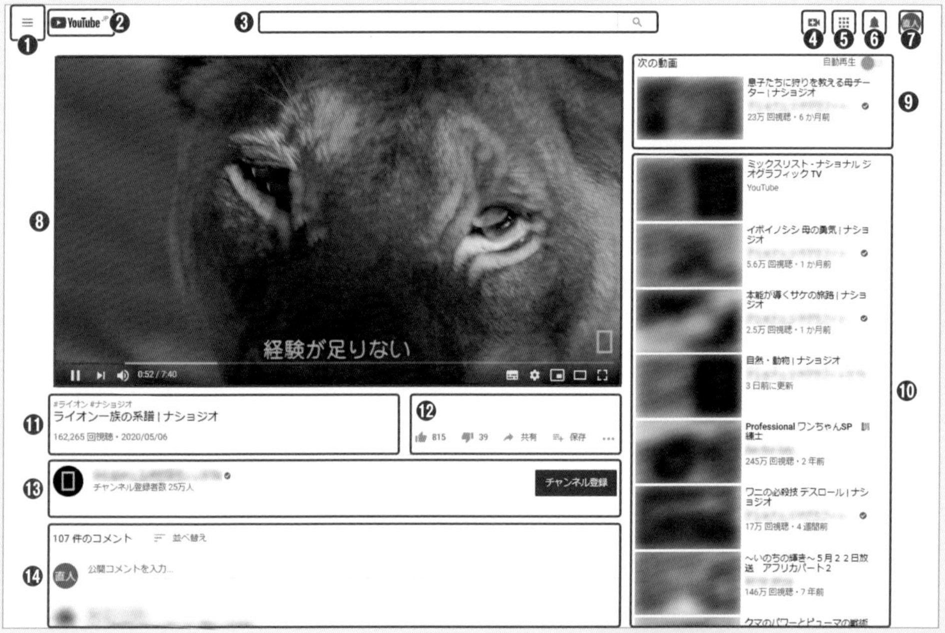

❶メニュー	メニューの表示/非表示を切り替えます。
❷YouTubeロゴ	ホーム画面に移動します。
❸検索	キーワードで動画を検索します。
❹作成	動画のアップロード/配信を開始します。
❺YouTubeアプリ	各種YouTubeアプリを呼び出します。
❻通知	登録チャンネルの新作などのお知らせを通知します。
❼アカウント	アカウント管理メニューを表示します。

❽プレイヤー	動画を再生します。
❾次の動画	次に再生する動画が表示されます。
❿関連動画	再生中の動画に関連する動画が表示されます。
⓫タイトル	動画タイトルや公開日、視聴回数が表示されます。
⓬操作ツール	評価や共有、再生リストへの保存などが行えます。
⓭動画情報	投稿者のチャンネル情報や動画の説明が表示されます。
⓮コメント	動画へのコメントの投稿や閲覧ができます。

Q 検索

032 キーワードで動画を検索したい！

A 画面上部の検索エリアにキーワードを入力します。

YouTubeのホーム画面上部の検索エリアに見たい動画のキーワードを入力すると、キーワード候補の一覧が表示されます。候補の中から目的のキーワードに近いものを選択するか、そのままキーボードの Enter を押すと、検索結果が表示されます。

1 検索エリアにキーワードを入力し、

2 候補をクリック、または Enter を押します。

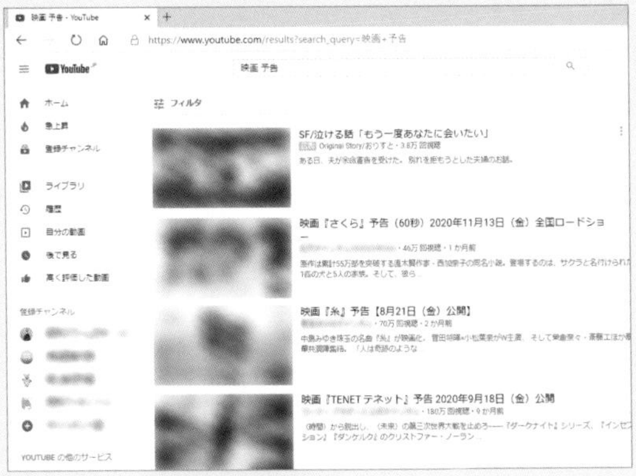

3 検索結果が表示されます。

Q 検索

033 おおよその投稿日を指定して検索したい！

A 「アップロード日」フィルタを使って、動画の投稿日を絞ります。

新着の動画を見たいときは、キーワードで検索後、フィルタを利用することで「1時間以内」「今日」「今週」など、アップロードのおおよそのタイミングを指定して絞り込むことができます。

1 見たい動画をキーワードで検索し、

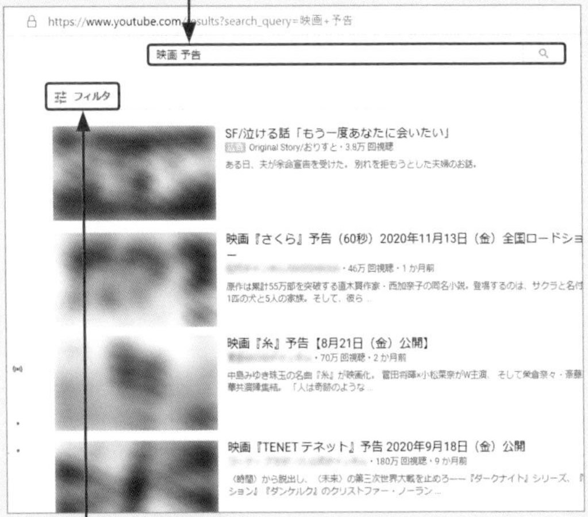

2 <フィルタ>をクリックします。

3 「アップロード日」の中から、任意の項目をクリックします。

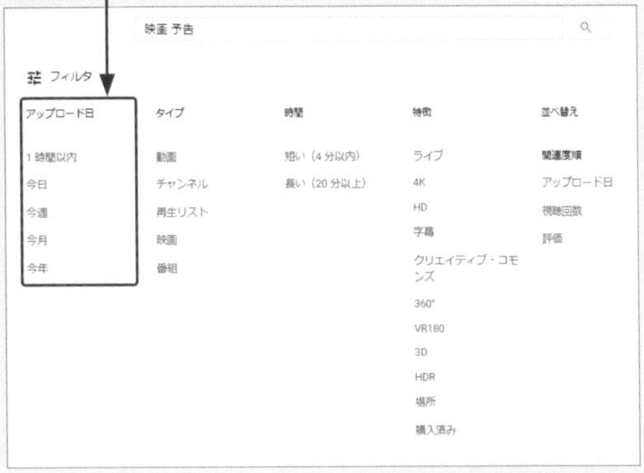

Q 検索

034 検索結果を短い動画に絞りたい!

A 「時間」フィルタを使って、4分以内の短い動画を探します。

「時間」フィルタを使って、4分以内の短い動画に絞り込んで検索します。逆に、20分以上の長い動画の選択肢もあるので、ハイライトだけ見たい、試合の録画をじっくり見たいなど、状況に合わせて選べます。

1 動画をキーワードで検索後、<フィルタ>をクリックします。

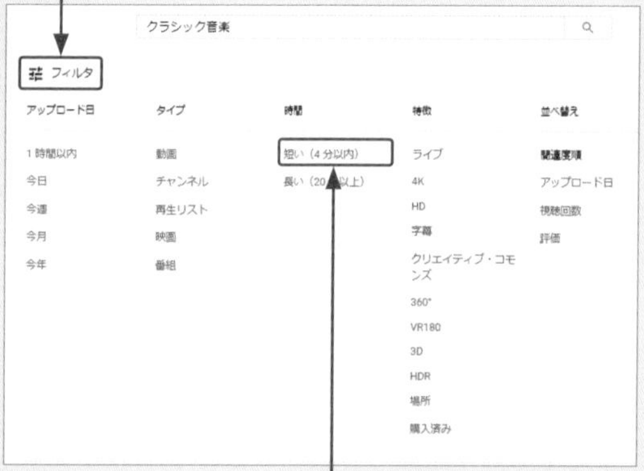

2 「時間」の中から、<短い(4分以内)>をクリックします。

3 4分以内の短い動画だけが検索結果に表示されます。時間は、サムネイルの右下で確認できます。

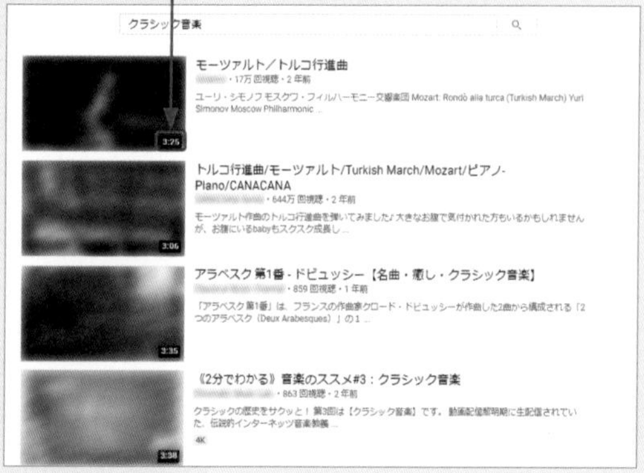

Q 検索

035 動画の特徴を絞って検索したい!

A 「特徴」フィルタで、画質や字幕など動画の特徴を指定します。

「特徴」フィルタは、4KやHD画質のほか、VRや360°、3Dといった特殊な映像などの項目で絞り込みが可能です。ここでは、「ライブ」を選択してイベントなどの生中継の動画だけを検索します。

1 動画をキーワードで検索後、<フィルタ>をクリックします。

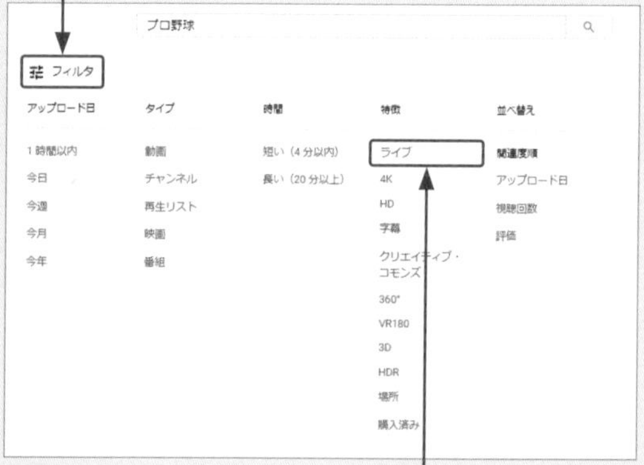

2 「特徴」の中から、<ライブ>をクリックします。

3 ライブ配信中の動画が検索されます。ライブ動画には、「ライブ配信中」マークが表示されます。

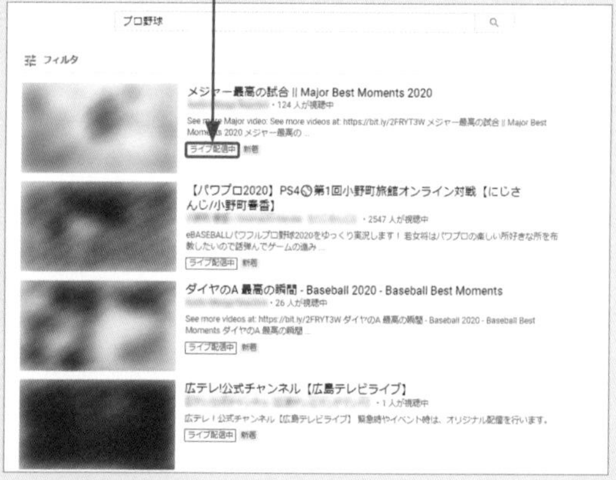

Q 検索

036 ▶ 複数のフィルタで絞り込みたい！

A フィルタは複数組み合わせて検索できます。

複数のフィルタを組み合わせるには、これまでのフィルタを適用する手順を繰り返します。フィルタを選択すると、すぐに検索が始まりフィルタウインドウが閉じてしまうので、その都度＜フィルタ＞をクリックして追加します。

1 ＜フィルタ＞をクリックし、これまでの手順を繰り返してフィルタを追加します。

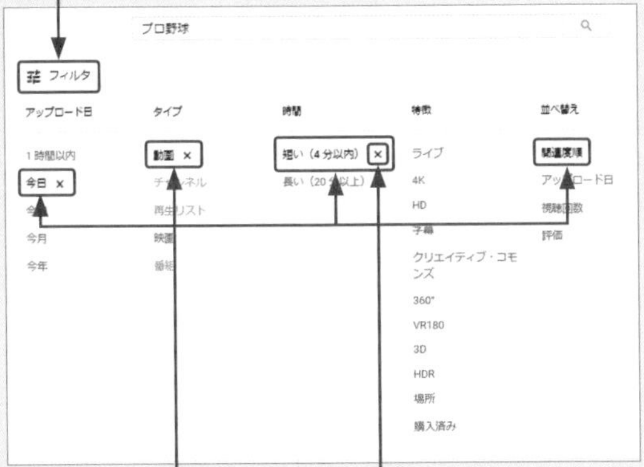

2 適用されているフィルタは太字で表示されます。

3 フィルタを解除するには、フィルタの右側にある☒をクリックします。

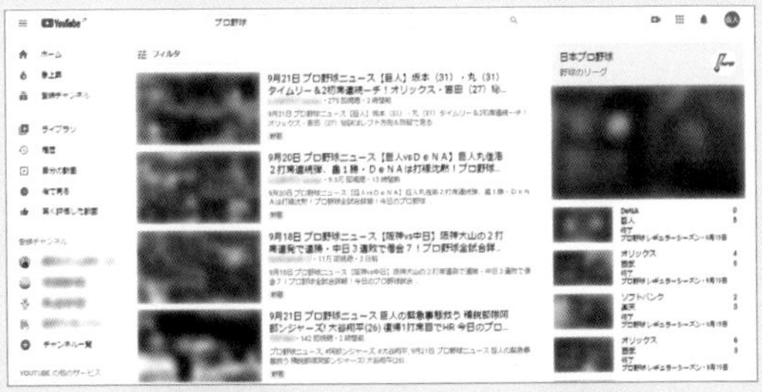

「今日」アップロードされた「短い（4分以内）」の「動画」が検索結果として表示されました。

Q 検索

037 ▶ 検索結果を新しい順に並べ替えたい！

A フィルタで「アップロード日」をクリックします。

YouTubeで検索すると、デフォルトで「関連度順」に結果が表示されます。これを新しい順に並べ替えるには、＜フィルタ＞→＜アップロード日＞の順にクリックします。ほかにも、「視聴回数」や「評価」の数による並べ替えが可能です。

1 検索結果の画面で＜フィルタ＞をクリックし、

2 「並べ替え」の中から、＜アップロード日＞をクリックします。

3 検索結果がアップロード順に並び替わります。

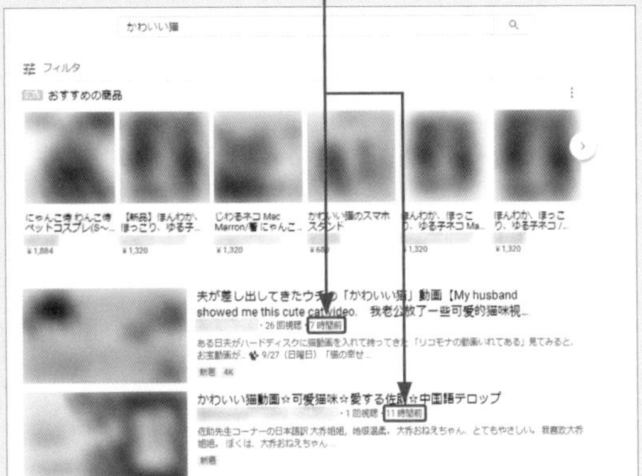

Q 検索

038 検索履歴を削除したい!

A サイドバーの<履歴>をクリックして、検索履歴を削除します。

検索キーワードは、履歴として記録されます。これらの検索履歴は「おすすめ」動画にも影響するため、とくに興味のない検索履歴は削除しておきましょう。

1 サイドバーが表示されていない場合は、画面左上の☰をクリックします。

2 サイドバーのリストから、<履歴>をクリックします。

3 検索履歴を個別に削除するには、キーワードの右側の☒をクリックします。

4 履歴をすべて削除するには<検索履歴>をクリックし、

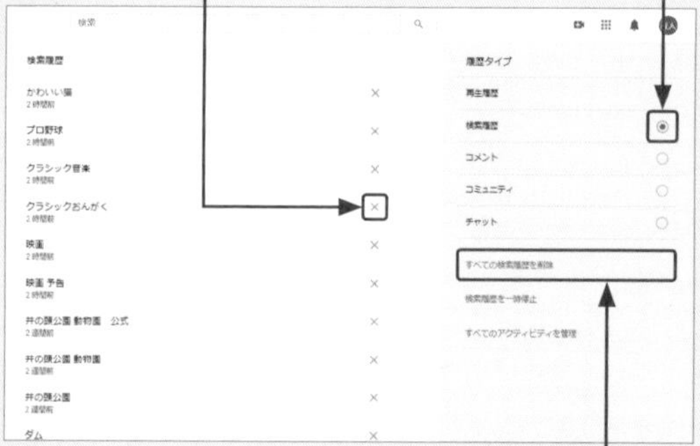

5 <すべての検索履歴を削除>をクリックします。

Q 検索

039 Googleから動画を検索したい!

A YouTubeの動画に絞り込んだ検索が可能です。

Googleを使って動画を検索する場合、YouTubeを含めたすべてのWebサイトが対象になります。YouTube内の動画に絞って検索したいときは、<ツール>をクリックして、<youtube.com>を選択します。

1 Googleで見たい動画のキーワードを入力して、

2 <Google 検索>をクリックします。

3 <動画>をクリックします。

4 <ツール>をクリックし、

5 <youtube.com>をクリックします。

Q 再生

040 ▶ 動画を再生したい！

A プレイヤーのコントローラーを使って、再生や停止の操作を行います。

再生と停止、音量の調整は、プレイヤー下部のコントローラーで操作します。また、動画の上でクリックすることで、再生と停止の切り替えが可能です。

1 見たい動画のページを表示し、▶をクリックすると再生が開始します。

2 再生中に⏸をクリックすると一時停止します。再び▶をクリックすると、一時停止した場所から再生が始まります。

3 スピーカーのアイコンをクリックして、音量の調整やミュート（消音）などの操作を行います。

Q 再生

041 ▶ 動画プレイヤーの大きさを変更したい！

A 3つのサイズが用意されています。

YouTubeのプレイヤーには、「ミニプレイヤー」「シアターモード」「全画面」の3つのサイズが用意されています。プレイヤー右下部に表示されるアイコンをクリックして、表示サイズを切り替えます。

1 切り替えアイコンは、プレイヤーにマウスポインタを合わせると画面右下に表示されます。

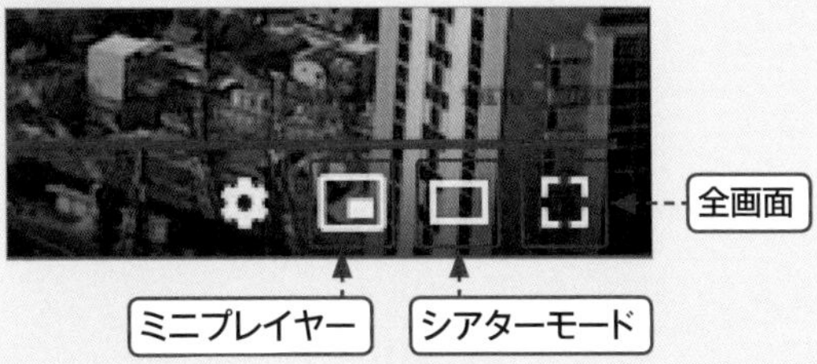

ミニプレイヤーは画面の右下に小さく表示されます。

シアターモードは、プレイヤーがブラウザの横幅いっぱいに配置されます。

Q 再生

042 動画の再生速度を変更したい!

A **<設定>から<再生速度>を選択して、速度を指定します。**

YouTubeでは、動画の再生速度を変更することができます。スローモーションでじっくり動画を見たり、速い再生で流し見をしたりするときなどに活用しましょう。

1 をクリックして、

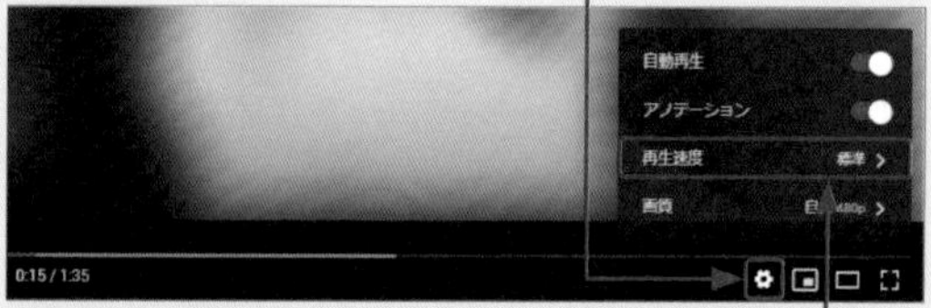

2 <再生速度>をクリックします。

3 好きな速度を選択します。

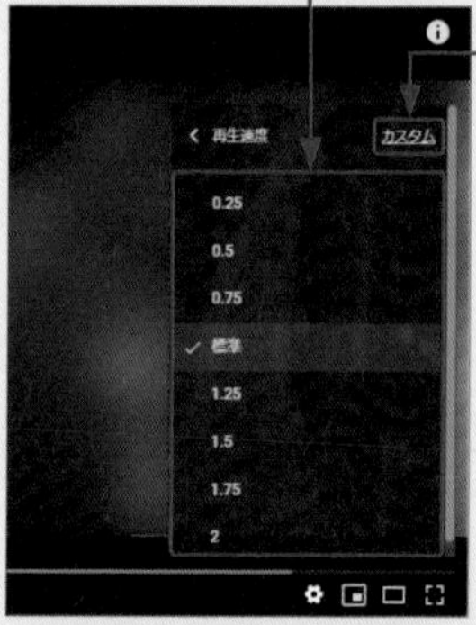

4 自由に速度を設定したい場合は、<カスタム>をクリックします。

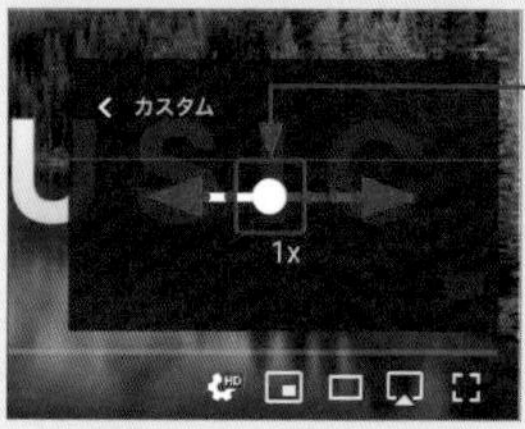

5 カスタム設定では、スライダーを左右に動かして速度を指定できます。

Q 再生

043 動画に字幕を付けて再生したい!

A **プレイヤー下部に表示される<字幕>アイコンをクリックします。**

字幕が利用可能な動画を再生すると、プレイヤー右下に<字幕>アイコンが表示されます。このアイコンをクリックして、字幕の表示/非表示を切り替えます。なお、字幕の色やサイズを変更する場合は、→<字幕>→<オプション>の順にクリックします。

1 プレイヤーの右下に表示されるをクリックします。

2 字幕が表示されます。

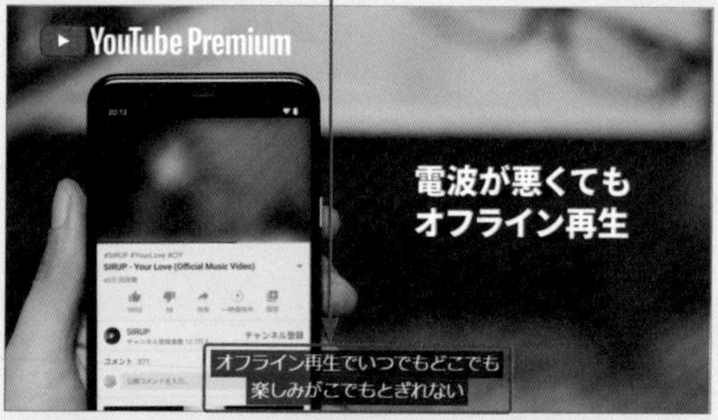

→<字幕>で、字幕の言語や翻訳の設定ができます。さらに<オプション>をクリックすると、文字のサイズや色などが変更できます。

Q 再生

044 再生中の動画に関連のある動画が見たい！

A **画面右側のサムネイルをチェックします。**

YouTubeの画面右側には、現在再生中の動画に関連のある動画がリストアップされます。見たい動画を見つけたら、サムネイルをクリックするとその動画のページが開きます。

1 関連動画のリストをチェックして、

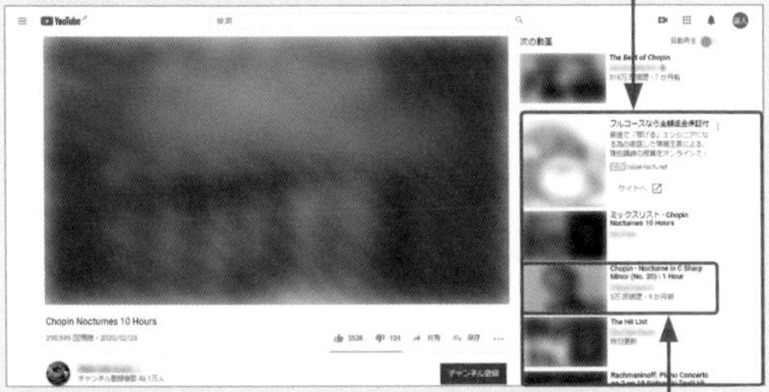

2 見たい動画をクリックします。

3 手順2でクリックした動画の画面に移動します。

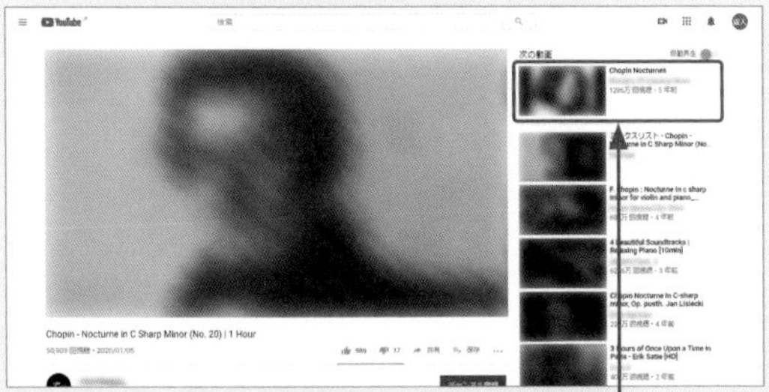

画面右側のリストの先頭には、＜次の動画＞が表示されます。また、次の動画と関連動画の間に広告が表示されることもあります。

Q 再生

045 自動再生しないようにしたい！

A **＜自動再生＞のスイッチをクリックしてオフにします。**

再生中の動画が終了すると、「次の動画」が自動で再生されます。自動再生をオフにするには、「次の動画」の右側にある＜自動再生＞をクリックしてオフにします。自動再生をオフにした場合、再生中の動画が終了すると「次の動画」を再生する代わりに、関連動画のサムネイルがプレイヤーに一覧表示されます。

1 「次の動画」の右側にある＜自動再生＞の をクリックして、オフにします。

2 ＜自動再生＞のスイッチがグレーに変化し、オフになったことがわかります。

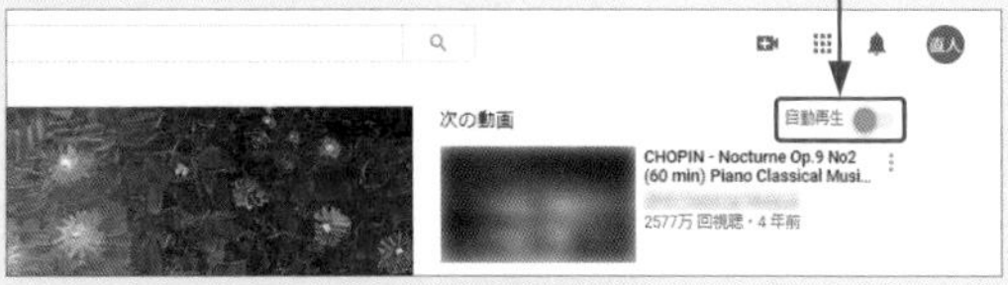

3 動画の再生が終了すると、関連動画のサムネイルが表示されます。

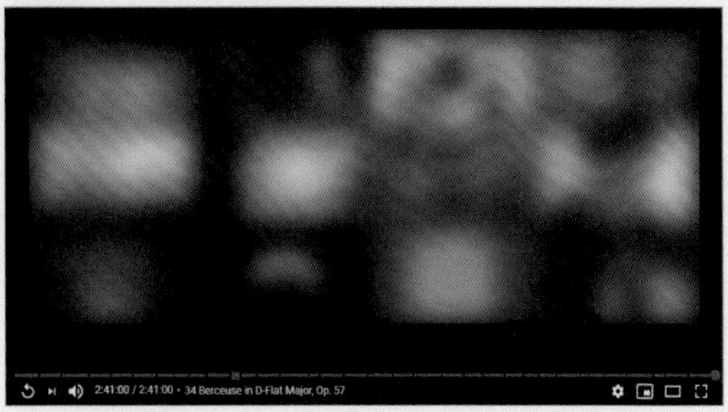

Q 再生

046 再生中の動画の投稿者のチャンネルを見たい!

A 投稿者名をクリックします。

視聴している動画の投稿者が、ほかにどんな動画を投稿しているかを見たいときは、動画の下に表示されている投稿者名をクリックします。投稿者のチャンネルページが表示され、投稿動画や再生リスト、そのユーザが登録しているチャンネル情報などが確認できます。

1 再生中の動画の投稿者名をクリックします。

2 投稿者のチャンネルページが表示されます。

Q 評価

047 動画を評価したい!

A プレイヤーの下に表示される👍をクリックします。

気に入った動画やすばらしい内容の動画には、評価を付けることができます。高い評価には👍、低い評価には👎をクリックします。なお、この操作はYouTubeにログインしている状態でのみ可能です。

1 動画の右下に表示される👍をクリックします。

2 すぐに評価が反映されます。

評価したあと、再度アイコンをクリックすると、評価が取り消されます。

Q 評価

048 高く評価した動画を確認したい！

A 画面左のメニューから＜高く評価した動画＞をクリックします。

高く評価した動画は保存されているので、あとからまとめて視聴したい場合や、「あの動画なんだったっけ」といったときに確認することができます。なお、低く評価した動画の確認方法は用意されていません。なお、この操作はYouTubeにログインしている状態でのみ可能です。

1 ☰をクリックしてメニューを表示し、

2 ＜高く評価した動画＞をクリックします。

3 高く評価した動画が一覧表示されます。

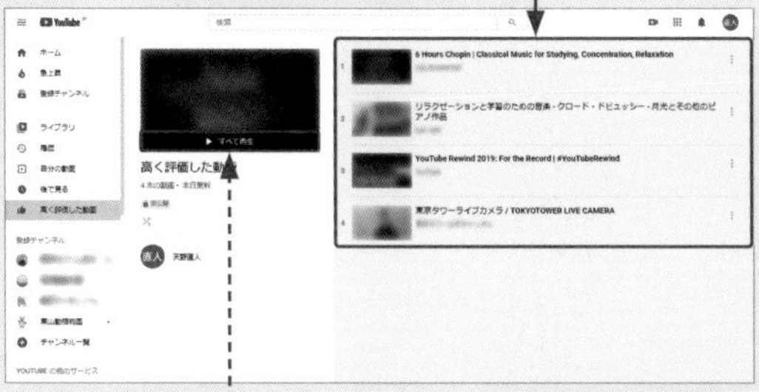

＜すべて再生＞をクリックすると、高く評価した動画が連続して再生されます。

Q コメント

049 動画にコメントを付けたい！

A コメントを付けたい動画のコメント欄に入力します。

動画にコメントを付けたい場合は、画面をスクロールしてコメント欄を表示し、自分のアイコンの右側にある＜公開コメントを入力＞をクリックしてコメントを入力します。なお、コメントが無効に設定されている動画では、コメントの入力はできません。なお、この操作はYouTubeにログインしている状態でのみ可能です。

1 コメント欄の最上部にある自分のアイコンの右側の＜公開コメントを入力＞をクリックします。

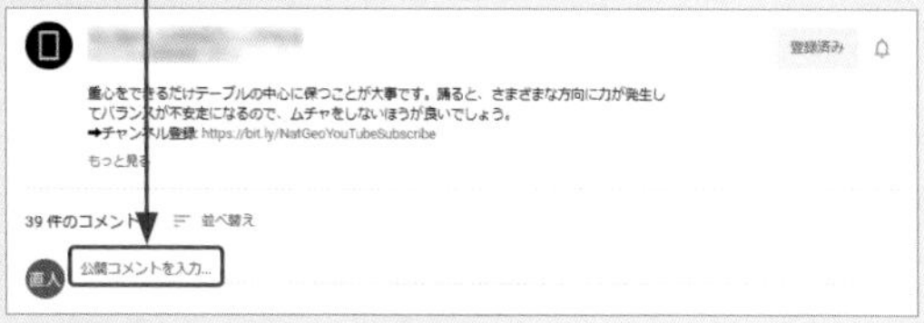

2 コメントを入力して、

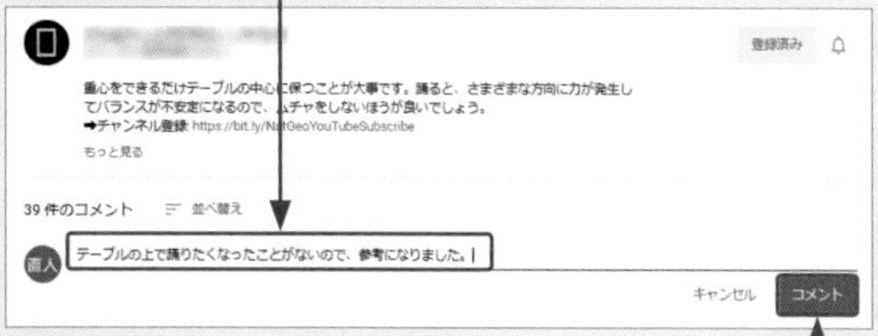

3 ＜コメント＞をクリックします。

4 投稿したコメントが反映されました。

Q おすすめ動画

050 YouTubeのおすすめ動画を見たい!

A ホーム画面を見てみましょう。

YouTubeのホーム画面には、これまでの検索履歴や再生履歴から推測される「おすすめ」の動画が表示されます。一覧を眺めて、気になる動画を見つけましょう。動画のサムネイルをクリックすると、その動画のページが開きます。また、動画タイトルの左側に表示されるチャンネルのアイコンをクリックすると、その動画の投稿者のチャンネルページに移動します。

1 <ホーム>または、画面左上部にある<YouTube>ロゴをクリックして、ホーム画面を表示します。

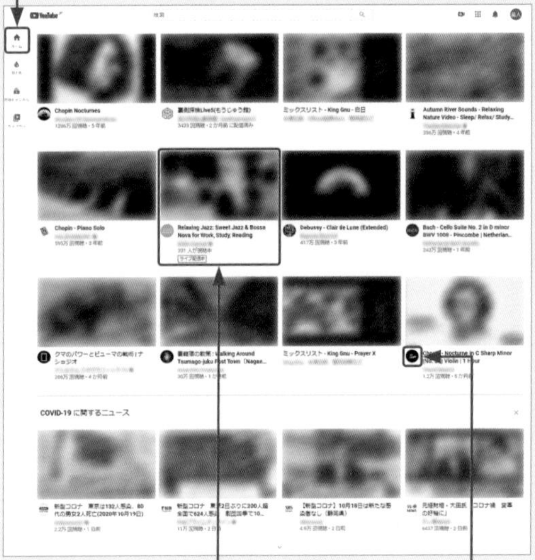

2 動画のサムネイルやタイトルをクリックすると、動画のページが開きます。

3 アイコンをクリックすると、チャンネルのページに移動します。

Q おすすめ動画

051 興味のない動画をおすすめ動画に表示させたくない!

A 「興味なし」を設定します。

おすすめ動画の中には、とくに興味がないものが含まれていることがあります。このような場合は、該当する動画タイトルの右側にある⋮をクリックし、<興味なし>をクリックします。興味がない動画を非表示にすることで、今後その動画はおすすめされなくなります。

1 動画タイトル右側にある⋮をクリックし、

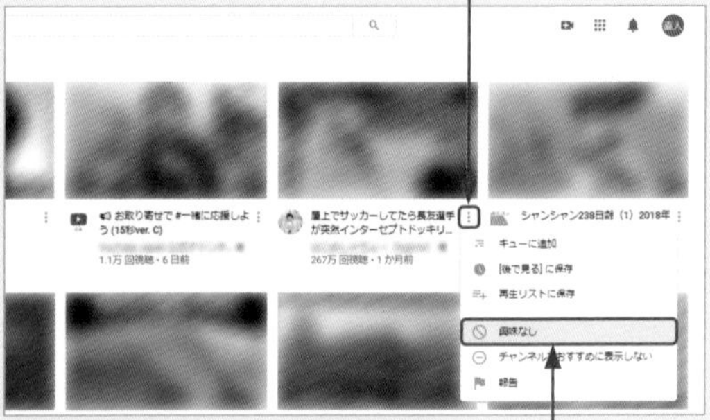

2 <興味なし>をクリックします。

3 おすすめ動画から削除されます。

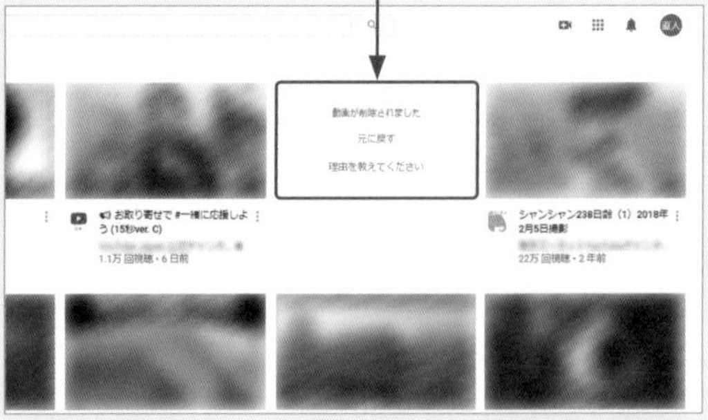

再生履歴

052 前に見た動画をもう一度見たい！

A 再生履歴から再生します。

以前見て気に入った動画をもう一度見たい。そんなときは、履歴画面で＜再生履歴＞を選択します。これまでに再生した動画が一覧表示されるので、見たい動画をクリックして再生します。

1 ☰をクリックし、

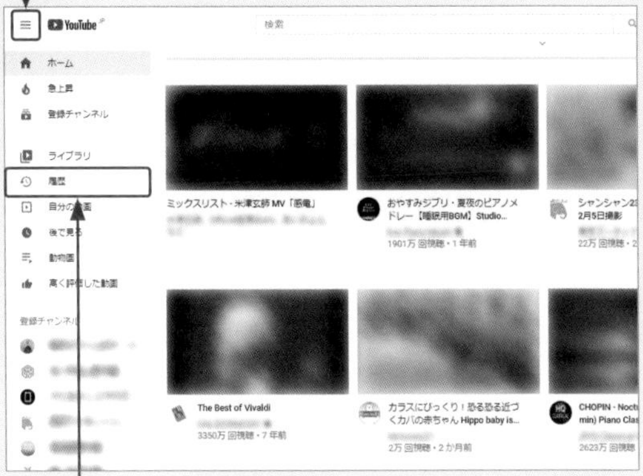

2 ＜履歴＞をクリックします。

3 「履歴タイプ」で＜再生履歴＞をクリックし、

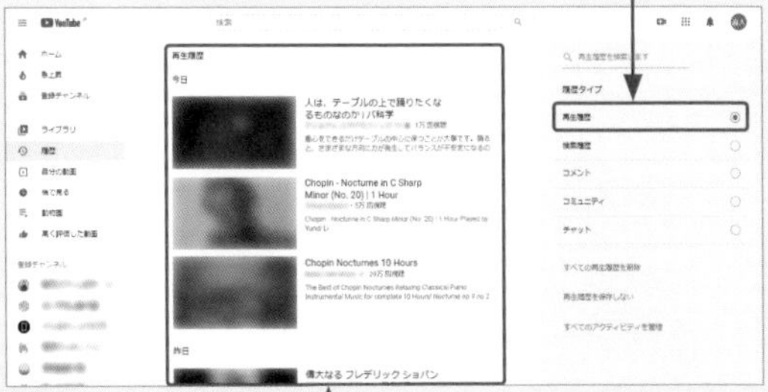

4 表示された再生履歴の中から、見たい動画を探します。

再生履歴

053 再生履歴を残したくない！

A 再生履歴の保存を一時的に停止します。

YouTubeで再生した動画は、再生履歴として随時保存されます。再生の記録を履歴に残したくない場合は、一時的に保存を停止することができます。

1 Q.052の方法で「履歴」画面を表示し、＜再生履歴＞をクリックして選択します。

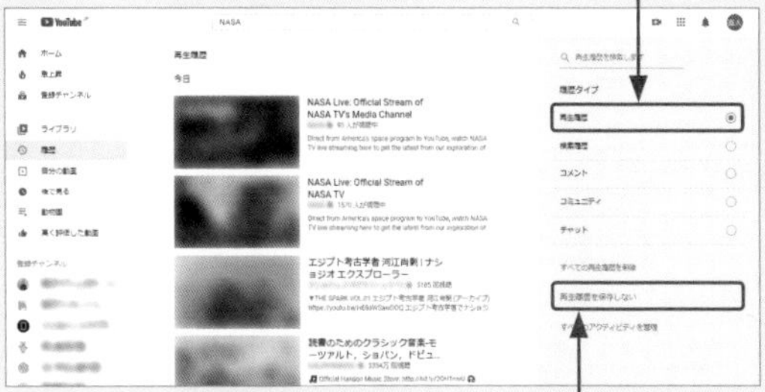

2 ＜再生を保存しない＞をクリックします。

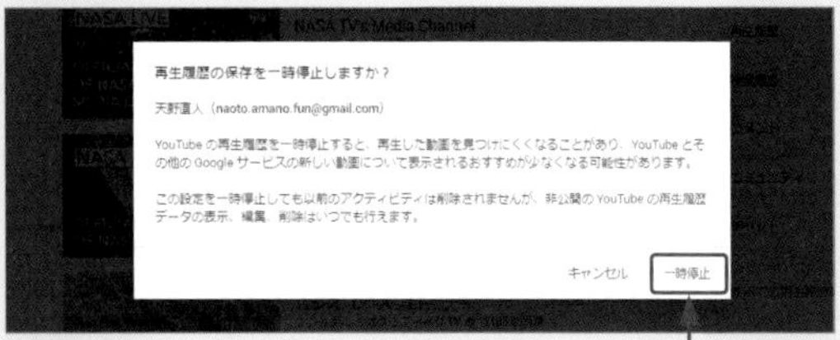

3 確認のウインドウが表示されたら、内容を確認して＜一時停止＞をクリックします。

4 保存を再開するには、＜再生履歴を有効にする＞をクリックします。

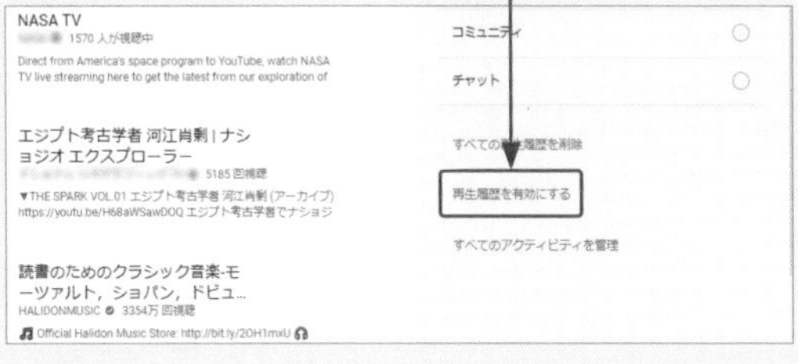

Q 再生履歴

054 すべての再生履歴を削除したい！

A 履歴画面で一括削除できます。

再生履歴を削除するには、画面右側にある＜すべての再生履歴を削除＞をクリックします。なお、特定の動画だけを個別に削除したい場合は、再生履歴のリストで不要な動画にマウスポインタを合わせ、表示された×をクリックします。

1 「履歴」画面で、＜再生履歴＞をクリックします。

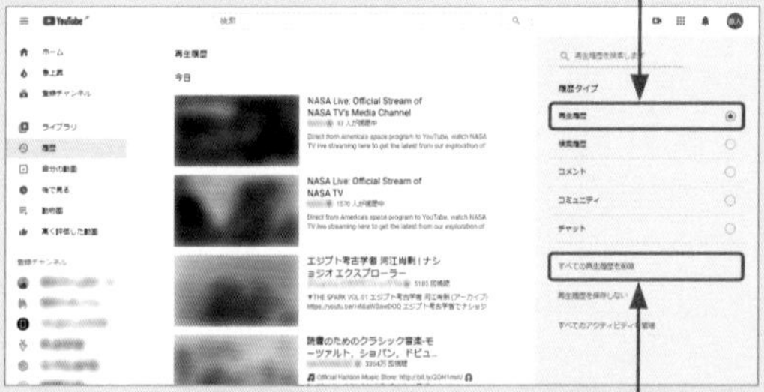

2 ＜すべての再生履歴を削除＞をクリックします。

3 確認のウインドウが表示されたら、内容を確認して＜再生履歴を削除＞をクリックします。

4 すべての履歴が削除されました。

Q キュー

055 次に再生する動画を指定したい！

A 次に見たい動画を「キュー」のリストに追加します。

動画再生中に、画面の右側に表示される関連動画やホーム画面のおすすめ動画などを次に再生させたいときは、動画を「キュー」に追加します。

1 関連動画やおすすめ動画のサムネイルにマウスポインタを合わせ、をクリックします。

2 動画が「キュー」のリストに追加されます。

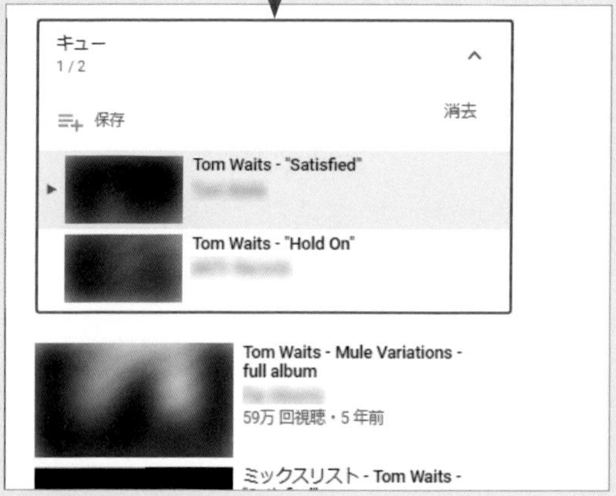

追加された動画は、「キュー」のリストの順番に再生されます。

Q キュー

056 「キュー」の再生順を変更したい！

A 「キュー」のリストから動画をドラッグします。

「キュー」に追加した動画は、リストの順番に再生されます。再生順を変更する場合は、リスト内の動画を上下にドラッグして並び順を入れ替えます。ホーム画面のミニプレイヤー上でも、「キュー」のリストの順番を変更できます。

1 「キュー」のリストで順番を移動したい動画をドラッグします。

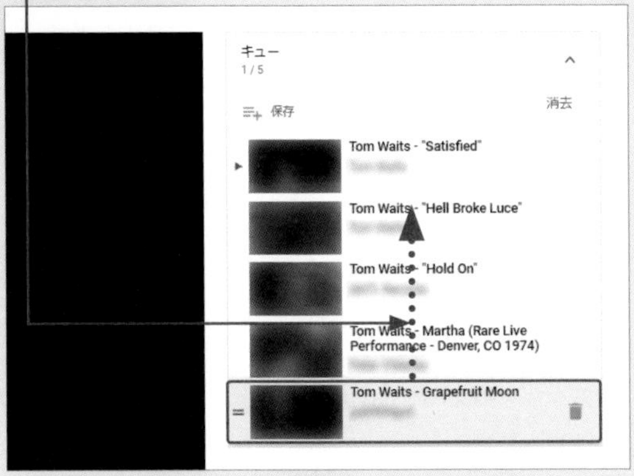

2 順番が入れ替わりました。

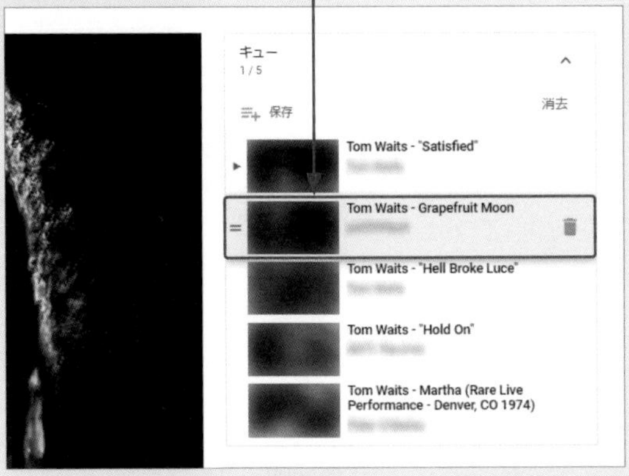

ドラッグして2番目に配置した動画は、現在再生中の動画のあとに再生が開始されます。

Q キュー

057 「キュー」から動画を削除したい！

A 動画の右側に表示されるゴミ箱のアイコンをクリックします。

「キュー」のリスト上にある動画にマウスポインタを合わせると、右側にが表示されます。このアイコンをクリックすると、「キュー」から動画が削除されます。

1 削除したい動画にマウスポインタを合わせ、

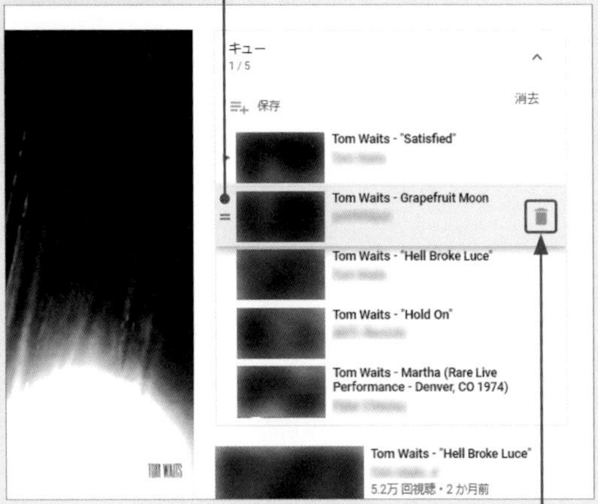

2 をクリックします。

3 動画が「キュー」から削除されました。

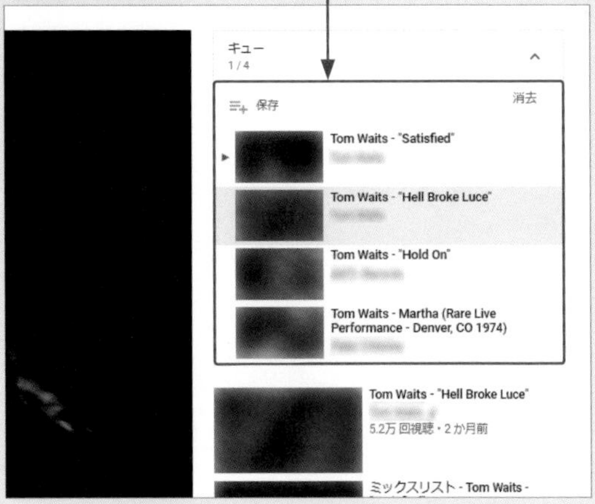

Q キュー

058 ▶「キュー」と「後で見る」はどう違う?

A

「キュー」は、今見たい動画を一時的に待機させる機能です。「後で見る」は「再生リスト」の1つで、いつでもリストから再生できます。

「キュー」と「後で見る」(Q.059)は、似ているようで実は異なる機能です。「キュー(Queue)」という言葉には、「(順番待ちの)列」や「列に並ぶ」といった意味があるように、現在再生中の動画に続いて再生したい動画の「順番待ちの列」と考えるとわかりやすいでしょう。

一方、「後で見る」は、今はゆっくり見る時間がないけれど、後日改めて見直したいといったときに利用する「再生リスト」です。

両者の最大の違いは、動画をリストに保存する「後で見る」に対して、「キュー」に追加した項目は保持されず、ブラウザを閉じると消えてしまう点です。今見たい動画は「キュー」、あとから好きなときに見たい動画は「後で見る」といった使い分けをするとよいでしょう。

なお、「キュー」に追加した内容を保存するには、「後で見る」に追加するか、新規再生リストを作成して「キュー」の内容をそっくりそのまま保存します。

「キュー」は、動画ページやホーム画面上のミニプレイヤーに表示されます。ブラウザを閉じると内容は破棄されます。

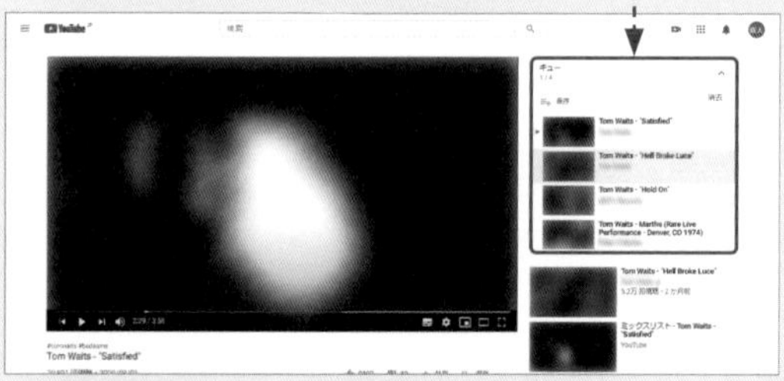

「後で見る」には、専用のページが用意されています。画面左側のメニューで<後で見る>をクリックして表示します。また、「ライブラリ」からアクセスすることもできます。

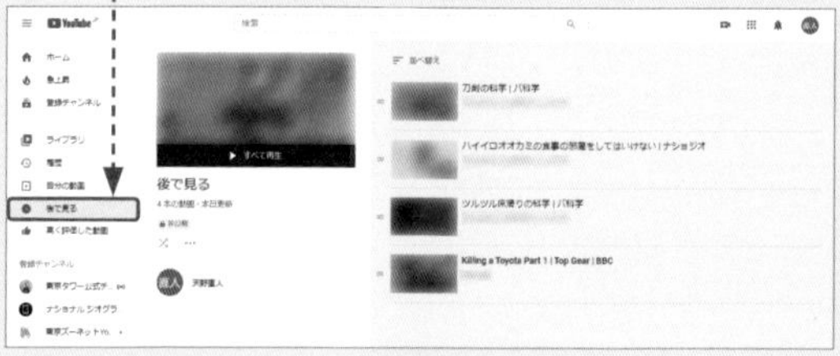

1 「キュー」の内容を保存するには、<保存>をクリックして、

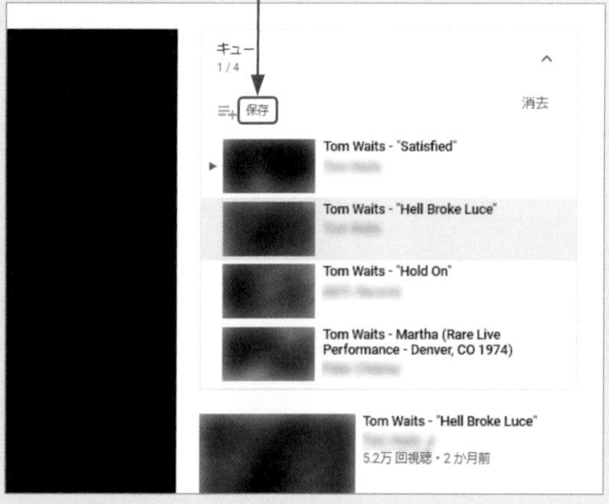

2 <後で見る>にチェックを付けるか、<新しいプレイリストを作成>をクリックして新規プレイリストを作成します。

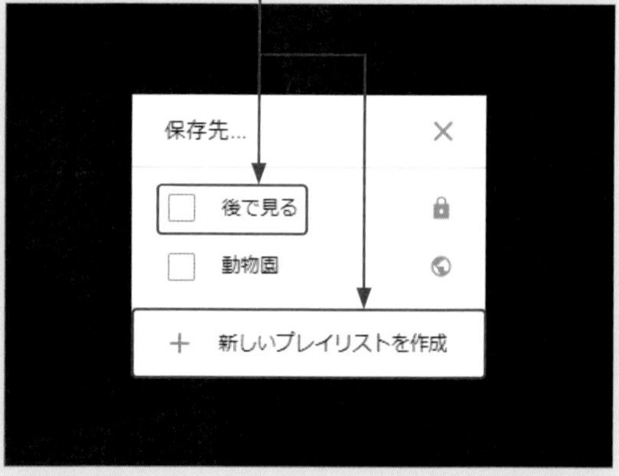

Q 後で見る

059 「後で見る」リストに動画を追加したい!

A プレイヤー下部の<保存>をクリックします。

再生中の動画を「後で見る」リストに追加するには、プレイヤー下部のまたは<保存>をクリックし、次に表示されるウインドウで<後で見る>にチェックを入れます。

1 プレイヤー下部のまたは<保存>をクリックします。

2 <後で見る>にチェックを付けます。

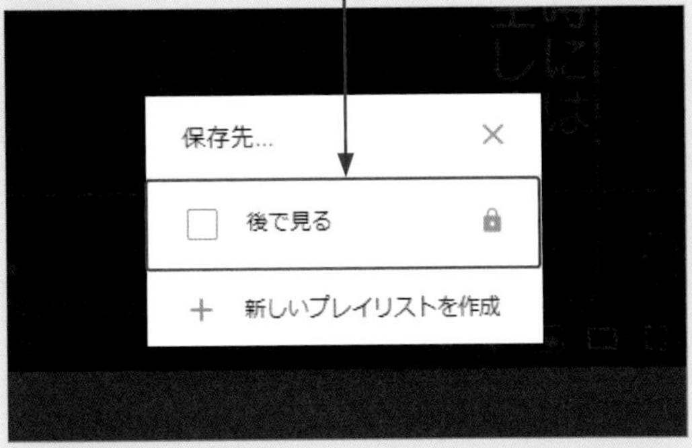

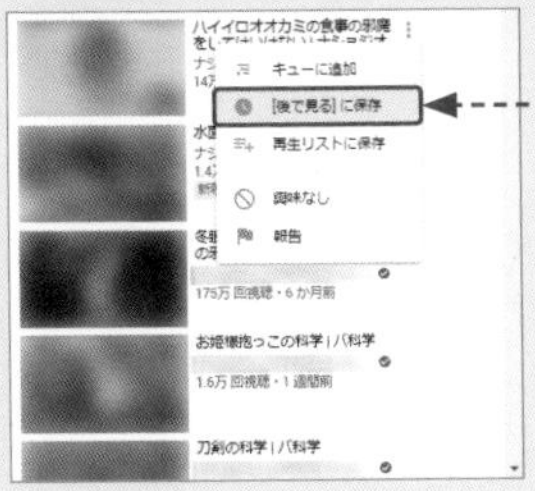

ホーム画面や関連動画のサムネイルから「後で見る」に追加するには、タイトル横の→<[後で見る] に保存>をクリックします。

Q 後で見る

060 「後で見る」リストの動画を連続再生したい!

A 「後で見る」のページで、<すべて再生>をクリックします。

画面左側のメニューで<後で見る>をクリックすると、「後で見る」の画面に切り替わります。この画面のプレイヤー上に表示される<すべて再生>をクリックすると、リスト内の動画がリスト順に連続して再生されます。

1 をクリックし、

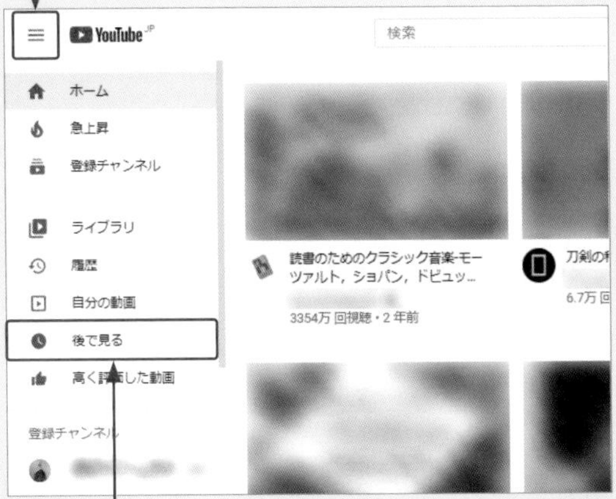

2 <後で見る>をクリックします。

3 「後で見る」ページのプレイヤー上に表示される<すべて再生>をクリックします。

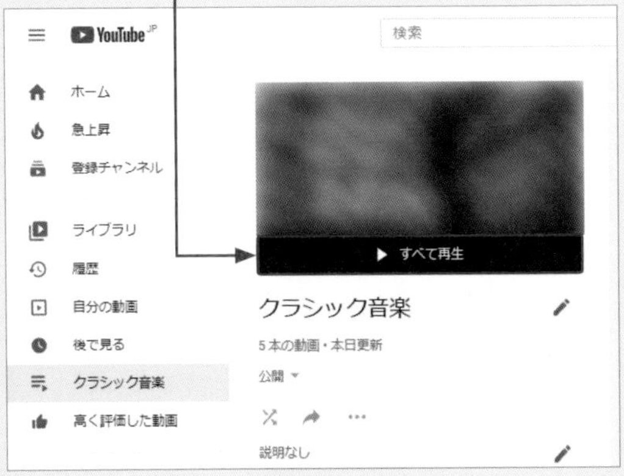

Q 再生リスト

061 ▶ 自分だけの「再生リスト」を作りたい！

A 新しい「再生リスト」を作って、好きな動画を追加します。

「再生リスト」は、リストに登録したい動画のページから作成します。作成ウインドウには、保存先として「後で見る」や作成済みの再生リストが表示されますが、ここでは「新しいプレイリストを作成」を選択します。

プレイリストへの動画の追加も、同じ手順で行います。をクリックしたあと、開いたウインドウで追加したい再生リストを選びます。

なお、再生リストは「公開」「限定公開」「非公開」の３つの中から公開範囲を設定できます。初期値は「公開」になっているので、再生リストの公開を制限したい場合は、「限定公開」か「非公開」に設定しましょう。

1 再生リストに登録したい動画のページを開き、プレイヤー下のをクリックします。

2 「保存先」ウィンドウで、＜新しいプレイリストを作成＞をクリックします。

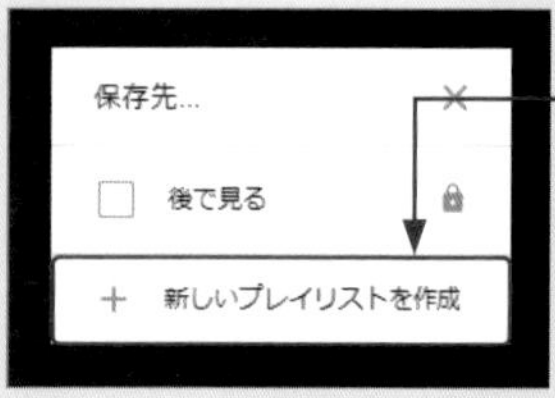

3 再生リストの名前を入力し、

4 ＜プライバシー設定＞で、公開範囲を指定します。

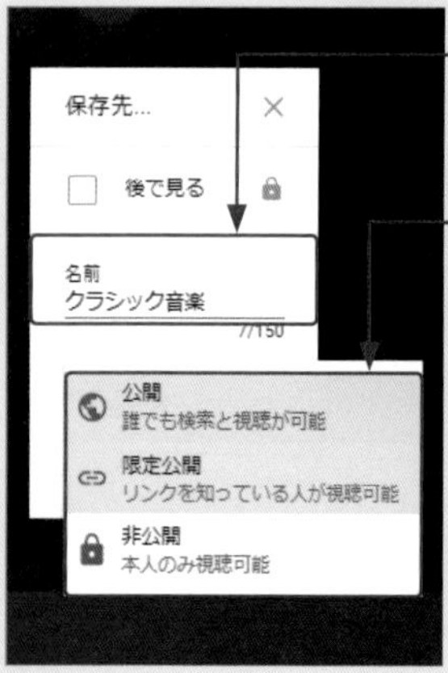

5 ＜作成＞をクリックすると、再生リストが作成されます。

6 作成したプレイリストに動画を追加するには、手順1の方法でをクリックします。

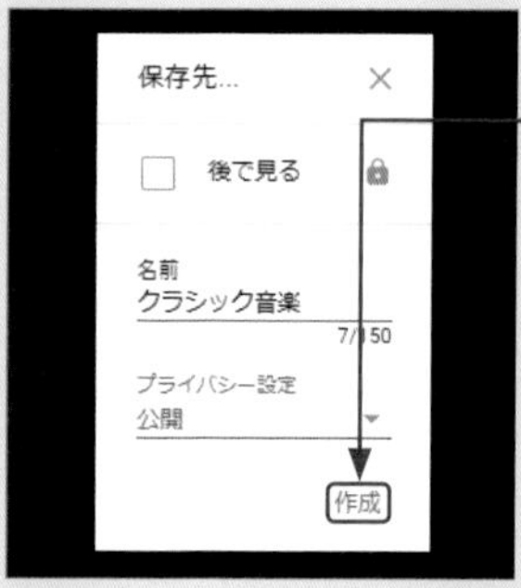

7 「保存先」ウインドウで、作成した再生リストにチェックを付けます。

8 画面左のメニューで作成した再生リストをクリックすると、再生リストのページが表示されます。

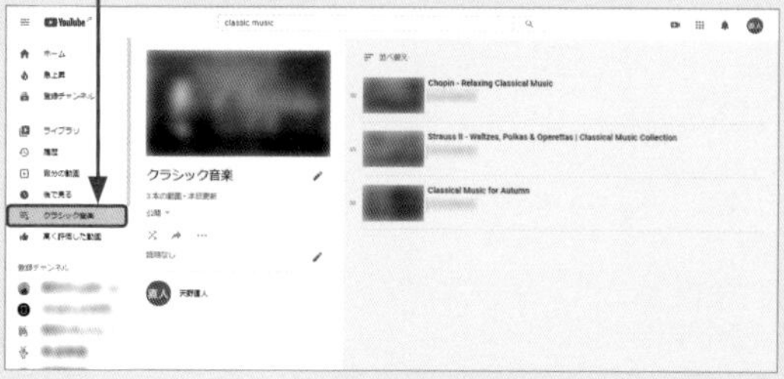

Q 再生リスト

062 「再生リスト」の動画を見たい！

A 再生リストのページで再生できます。

作成した再生リストへは、画面左側のメニューや「ライブラリ」からアクセスします。再生リストのページで、見たい動画を探したり、すべての動画を連続再生したりできます。

1 ☰をクリックして、

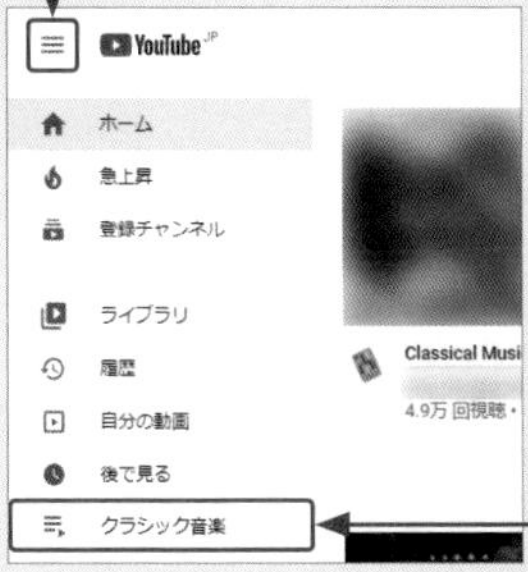

2 見たい再生リストをクリックします。

3 再生リストの画面に切り替わったら、見たい動画のサムネイルか、＜すべて再生＞をクリックします。

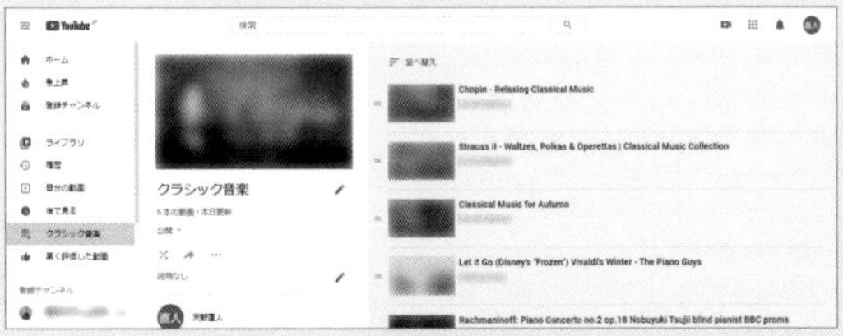

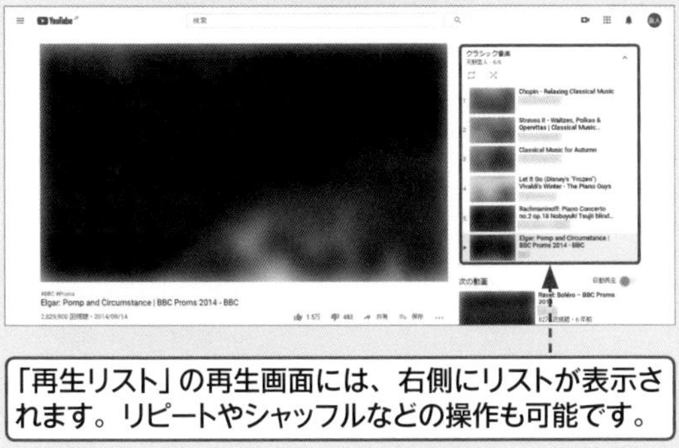

「再生リスト」の再生画面には、右側にリストが表示されます。リピートやシャッフルなどの操作も可能です。

Q 再生リスト

063 「再生リスト」の動画を並べ替えたい！

A リスト内で動画をドラッグして並べ替えます。

再生リスト内の項目は、上下にドラッグして自由に並べ替えができるほか、「追加日」や「人気順」「公開日」などのフィルタを使ってソートできます。

1 サムネイルの左側にある〓の部分にマウスポインタを合わせてドラッグすると、手動で移動できます。

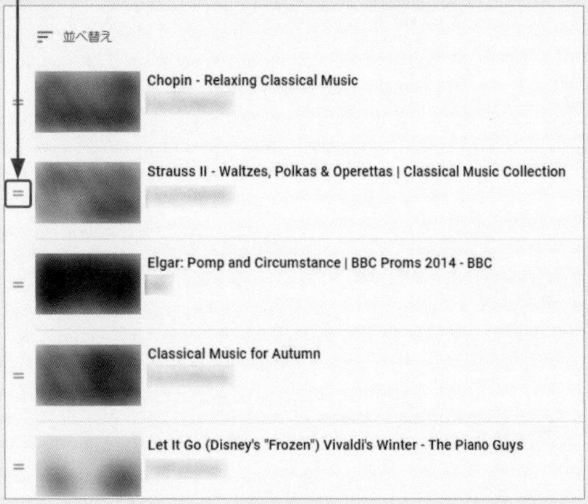

2 ＜並べ替え＞をクリックして、

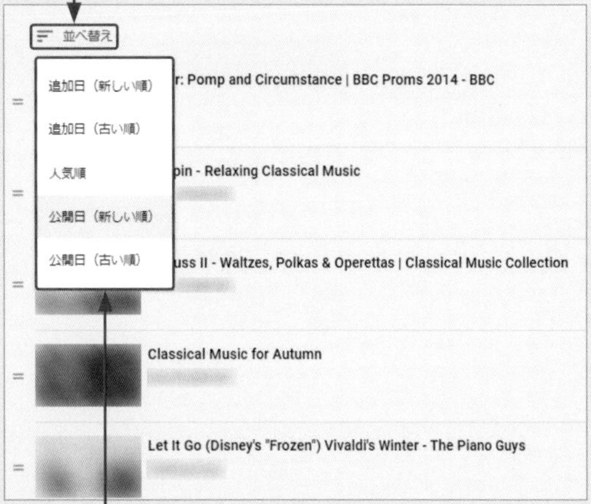

3 フィルタを選択して並べ替えることもできます。

Q 再生リスト

064 再生リストの動画を削除したい!

A 動画の右側にある⋮のメニューから個別に削除します。

再生リストの動画を削除するには、再生リストを表示し、削除したい動画にマウスポインタを合わせると右側に表示される⋮をクリックし、<[再生リスト名]から削除>をクリックします。なお、まとめて削除する方法はありません。すべての動画が不要になった場合は、再生リスト自体を削除します。

1 削除したい動画の⋮をクリックして、

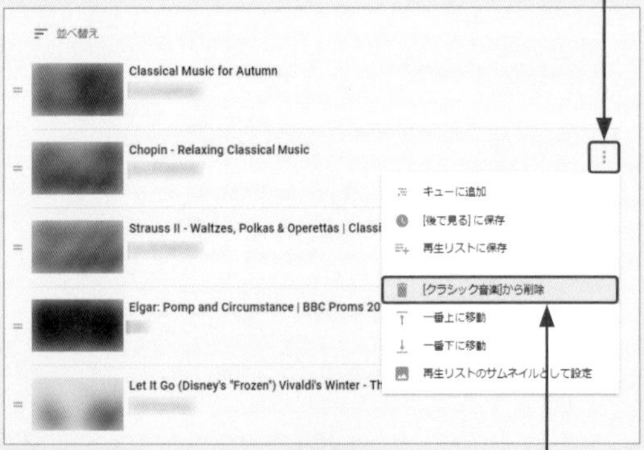

2 <[再生リスト名] から削除>をクリックすると、動画がリストから削除されます。

再生リスト自体を削除する場合は、情報エリア下部にある⋯をクリックし、<再生リストを削除>をクリックします。

Q 再生リスト

065 再生リストの公開設定を変更したい!

A 再生リストの画面からいつでも変更できます。

再生リストの公開範囲は、再生リスト作成時に設定しますが、あとから変更することが可能です。再生リストのページで、公開範囲を変更できます。

1 現在の公開設定が表示されている箇所をクリックします。

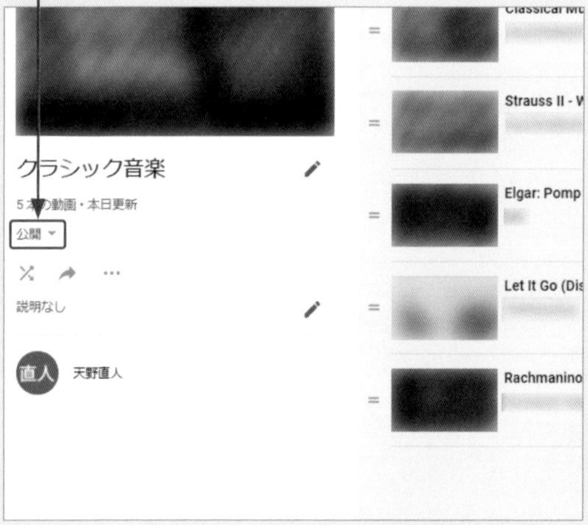

2 表示されたメニューで、変更したい項目をクリックすれば設定は完了です。

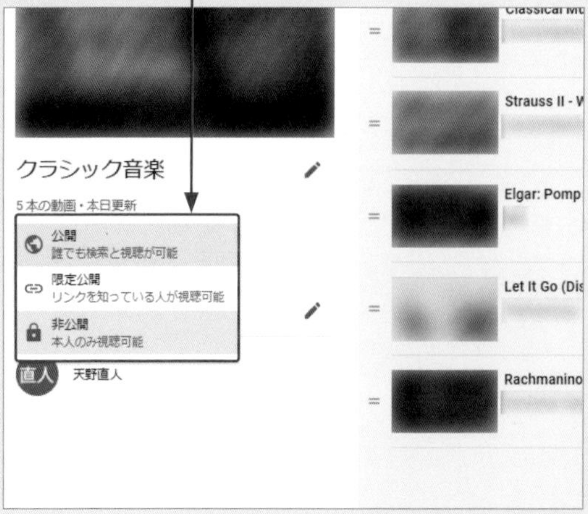

Q チャンネル

066 再生画面からチャンネル登録したい！

A 気に入った動画を見つけたら、その場でチャンネル登録できます。

視聴中の動画を気に入ったら、動画プレイヤーの右下に表示される＜チャンネル登録＞をクリックします。すると、その場で動画投稿者のチャンネルを登録できます。なお、この操作はYouTubeにログインしている状態でのみ可能です。

1 動画再生ページで、プレイヤーの右下にある＜チャンネル登録＞をクリックします。

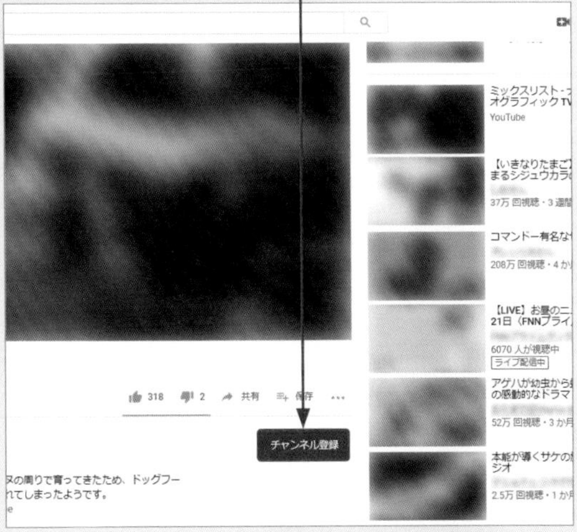

2 表示が＜登録済み＞に変わりました。

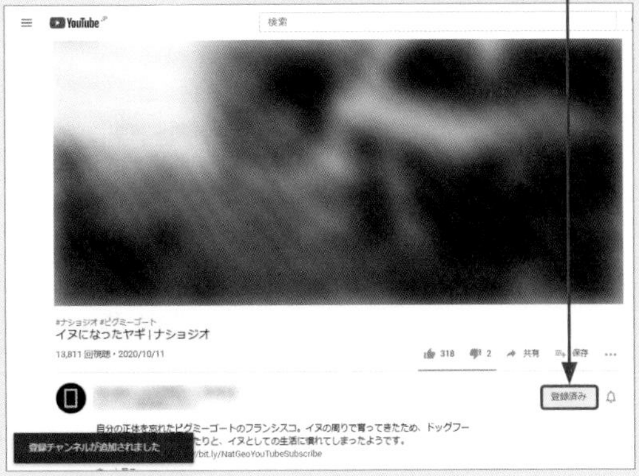

Q チャンネル

067 チャンネルページからチャンネル登録したい！

A チャンネルページで＜チャンネル登録＞をクリックします。

動画の再生画面以外にも、その動画を投稿しているチャンネルページからチャンネル登録をすることができます。チャンネルページを表示して、＜チャンネル登録＞をクリックしましょう。なお、この操作はYouTubeにログインしている状態でのみ可能です。

1 チャンネルページでは、チャンネル名の右側にある＜チャンネル登録＞をクリックします。

2 表示が＜登録済み＞に変わりました。

Q チャンネル

068 チャンネルをキーワードで検索したい！

A フィルタを使って、検索結果をチャンネルだけに絞り込みます。

YouTubeでキーワード検索を行ったあと、フィルタを使うことで検索結果を「チャンネル」だけに絞り込むことができます。趣味や好みが自分に近いチャンネルを探すときに便利です。

1 YouTubeでキーワードで検索したあと、

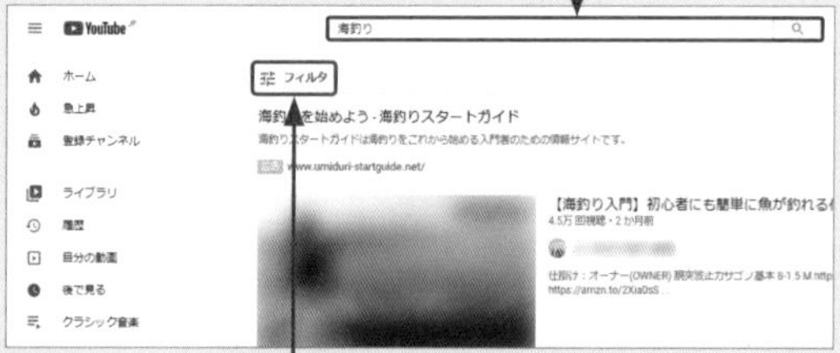

2 ＜フィルタ＞をクリックします。

3 フィルタリストが表示されたら、＜チャンネル＞をクリックします。

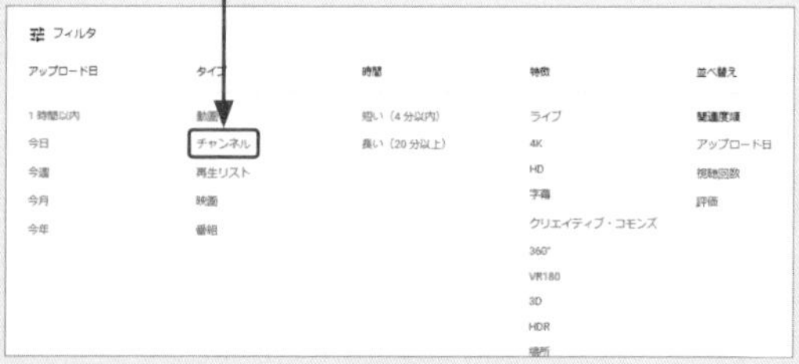

4 検索結果が「チャンネル」に絞り込まれます。

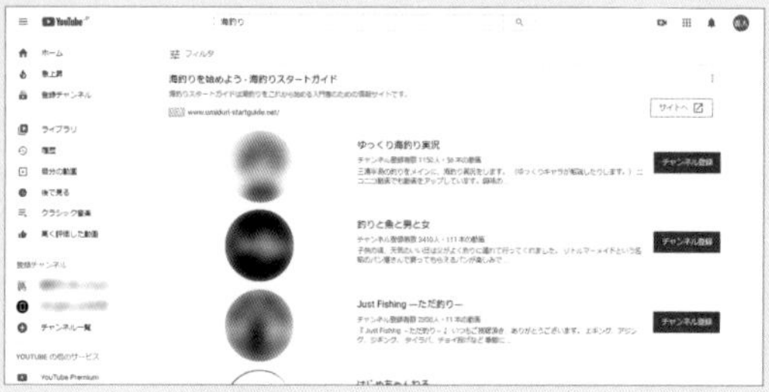

Q チャンネル

069 登録したチャンネルはどこで見られる？

A 画面左のメニューから、登録チャンネルページを開けます。

登録したチャンネルは、画面左側のメニューの「登録チャンネル」から各チャンネルにアクセスできます。また、同じく左のメニューにある＜登録チャンネル＞をクリックすると、登録チャンネルの動画をまとめて表示できます。

1 登録したチャンネルは、画面左のメニュー内に表示されます。

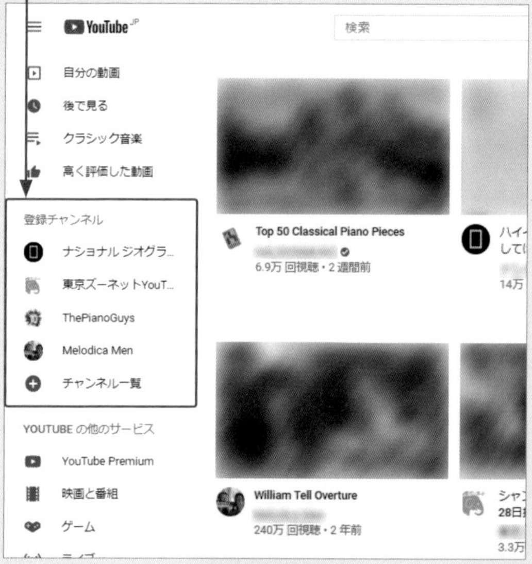

2 左のメニューで＜登録チャンネル＞をクリックすると、登録したチャンネルの動画が一覧表示されます。

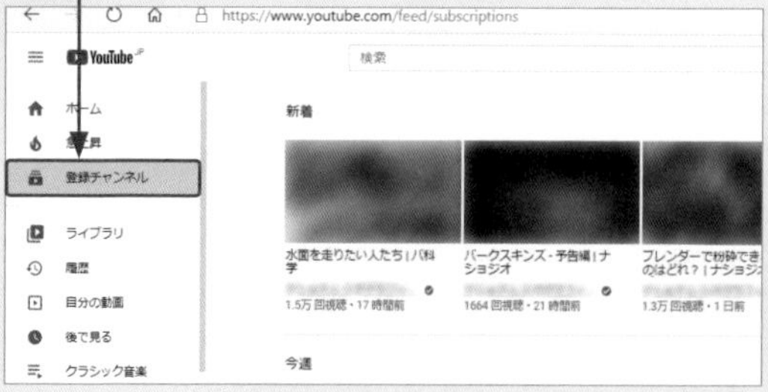

Q チャンネル

070 ▶ チャンネルの概要を確認したい！

A チャンネルページで＜概要＞をクリックします。

チャンネルの＜概要＞では、チャンネルの説明やリンク、登録時期、視聴回数などが確認できます。チャンネルの作成者をよく知りたいときに確認するとよいでしょう。

1 チャンネルページで＜概要＞をクリックします。

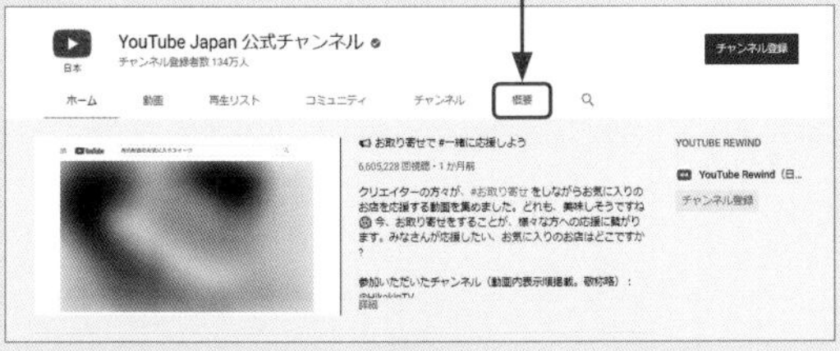

2 チャンネルの説明や視聴回数などの情報が表示されます。

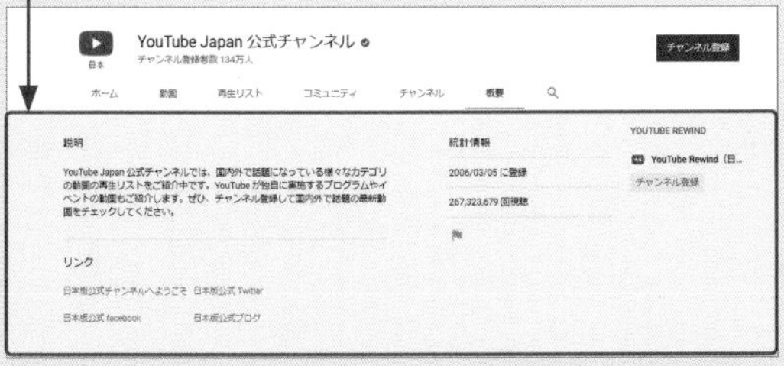

Q チャンネル

071 ▶ チャンネルの新作動画を見たい！

A チャンネルページで、動画一覧を新しい順に並べ替えます。

チャンネルページの「動画」には、すべての動画が表示されます。これらの動画を＜追加日（新しい順）＞で並べ替えると、ページ上位に位置するほど新しい動画になります。

1 チャンネルページの＜動画＞をクリックし、

2 ＜並べ替え＞メニューで＜追加日（新しい順）＞をクリックします。

3 動画が新しい順に並べ替えられました。

Q チャンネル

072 チャンネルの再生リストを再生したい！

A チャンネルページの＜再生リスト＞をチェックしましょう。

チャンネルページの＜再生リスト＞では、チャンネル作成者が作成した再生リストをチェックできます。ただし、ここに表示される再生リストは、チャンネルオーナーが「公開」に設定したものに限ります。

1 チャンネルページで＜再生リスト＞をクリックして、

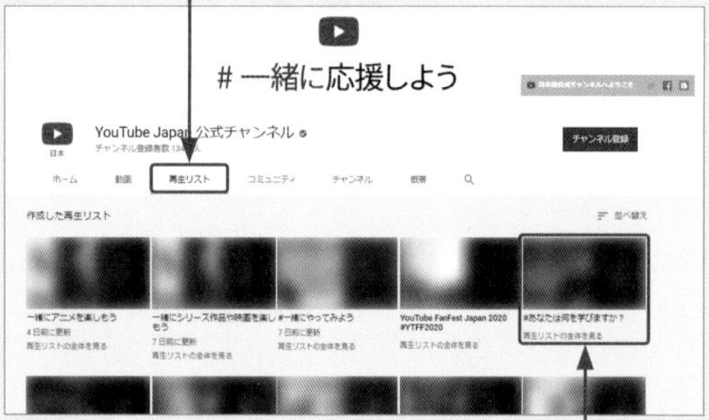

2 見たい再生リストをクリックします。

3 再生リストが再生されます。

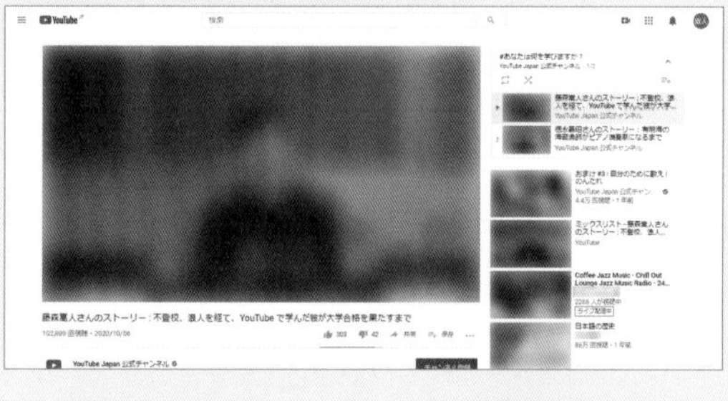

Q チャンネル

073 チャンネル登録を解除したい！

A ＜登録済み＞をクリックします。

チャンネルの登録解除は、登録と同じくらいかんたんです。チャンネルページ、または自分の「登録チャンネル」ページのチャンネル一覧で、＜登録済み＞のボタンをクリックします。

1 左のメニューで＜登録チャンネル＞をクリックし、

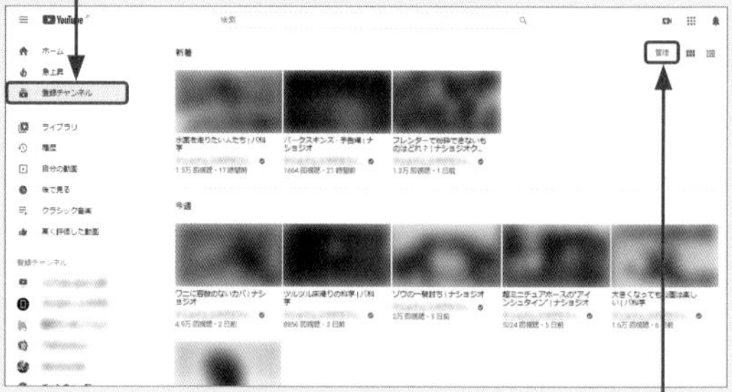

2 ＜管理＞をクリックします。

3 解除したいチャンネルの右側にある＜登録済み＞をクリックします。

4 確認のメッセージが表示されたら、＜登録解除＞をクリックします。

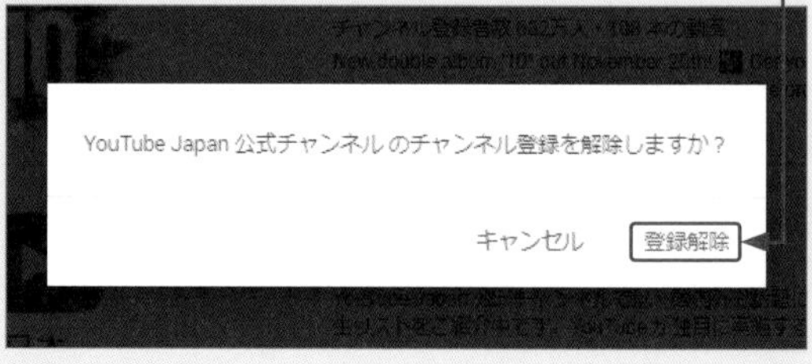

第 3 章

関心を惹き付ける!
動画作成&編集技

Q 撮影機材

074 ▶ どんなカメラで撮影すればよい？

A コンテンツによって複数の選択肢がありますが、最近のスマホカメラでも十分対応できます。

YouTubeで公開する動画を撮影するにあたって、よく利用されているカメラには、大きく4種類があります。中でも、スマートフォンの付属カメラが、その代表格といえるでしょう。最近のスマホカメラは4Kは当たり前、中には8Kでの撮影に対応する機種が登場するなど、充分な機能を持っています。三脚や外部マイクなどの機材を揃えることで、さまざまなシーンに対応できます。

スマホカメラのほかには、家庭用ビデオカメラ、動画機能付きデジタル一眼カメラなどが一般的です。これらのカメラをすでに持っている場合は、初期投資も抑えられます。

もう1つの選択肢は、アクションカメラに分類されるカメラです。アクションカメラは、スポーツやアウトドアでの撮影に最適化された小型のデジタルビデオカメラです。自動車や自転車、身体などに取り付けて、臨場感ある動画を撮影するのが得意です。

一方、デジタル一眼カメラは三脚に設置して人物や風景にフォーカスした定点撮影に向いています。このように、撮りたい動画の内容によって、どのようなカメラを選べばよいかの選択肢は異なります。まずはスマホなど手持ちのカメラから始めて、自分がどんな動画を撮りたいのか見極めてからカメラを選ぶとよいでしょう。

スマートフォン
三脚やジンバルなど状況に合った機材を使うことで、インドア、アウトドア問わず撮影できます。

家庭用ビデオカメラ
スマホと同様にオールマイティーに使用できます。手ブレ防止・補正機能や長時間撮影でも威力を発揮します。

デジタル一眼カメラ
レンズが選べる点が魅力です。大口径レンズを使った背景ボケなど、おしゃれで印象的な映像が撮れます。

アクションカメラ
車載やジンバルなどに設置することを想定した小型ビデオカメラです。アウトドアなど動的な映像を撮りたい人の第一の選択肢です。

Q 撮影機材

075 カメラ以外で撮影に必要なものはある？

A 三脚や外部マイクはあったほうがよいでしょう。

カメラ以外の撮影機材も、どのような動画を作るかによって選択肢は異なります。そんな中でもまず準備したいのは、カメラを固定する三脚です。とくに、トークと撮影を1人で行う場合には、必須のアイテムとなります。屋外で撮影するなら、一般的な三脚のほかに脚の部分が自在に曲がる小型三脚もあると便利でしょう。

次に、マイクです。通常ビデオカメラには内蔵マイクが付いていますが、内蔵マイクは周囲の音を満遍なく拾ってしまうため、出演者の音声だけを際立たせたいタイプの動画には不向きです。トーク主体の動画を作成したい場合は、外付けのマイクも用意するとよいでしょう。

自宅など屋内での撮影では、照明が必要になるかもしれません。日中の撮影では、自然光をうまく取り入れることで明るさを保てますが、撮影が夜間になってしまう人は、照明の導入も検討してみましょう。

最後に紹介するのは、グリーンバックです。動画の背景を別の映像に挿し替えてクロマキー合成をしたいときに使用します。このような合成をしない場合は、グリーンバックを用意する必要はありません。

三脚
自分一人で撮影と出演をこなすなら、三脚は必須。屋外での撮影には、小回りの利く小型の三脚もあると便利です。

照明
自撮り動画からの脱却を目指す場合は、照明の導入も検討してみましょう。人物やアイテムをキレイに映せます。最近では、自宅で動画を撮影するための、自撮り用のリングライトが人気です。

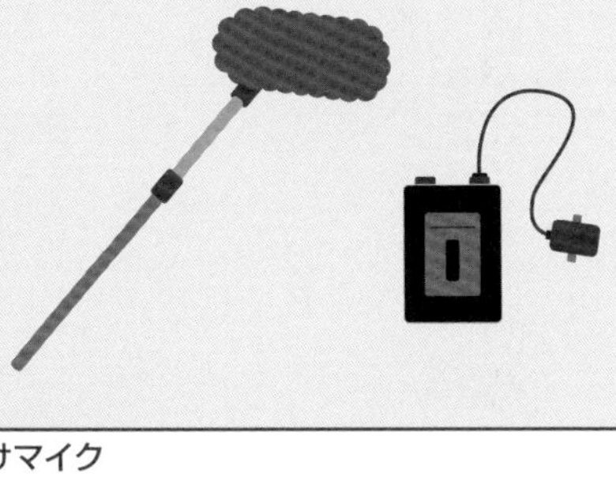

外付けマイク
マイクは話者に近づけるほど音質も安定するので、ピンマイクを使用するのも1つの方法です。

グリーンバック
グリーンやブルーの布地や紙を背景に設置することで、人物を背景から切り抜きやすくします。

Q 構成

076 視聴者のターゲットは想定するべき？

A ある程度想定することで、チャンネル登録者を増やすことができます。

視聴者のターゲットは、ある程度想定するべきです。たとえば、「旅行」がテーマのチャンネルを開設するとします。ひと口に旅行といっても、自由な一人旅を愛するバックパッカーもいれば、贅沢な時間を過ごしたい旅行好きのシニアもいるでしょう。初めから自分のスタイルに近い視聴者層を想定しておけば、動画の方向性も決めやすくなります。

ターゲットとチャンネルのテーマには、密接な関係があります。動画で「何を」「誰に」伝えたいのか。この2つは、セットで考えるとよいでしょう。動画を通して自分がやりたいことや得意な分野を共有したい視聴者層を一度書き出してみるのもおすすめです。

ターゲットを絞ることは、同じ趣味趣向を持つ視聴者を惹き付け、チャンネル登録につなげる狙いもあります。このように、特定の層の視聴者を集めることで、チャンネルをコミュニティとして育てていくのが理想です。

参考：YouTubeの基本10か条：ターゲット選択（#5）
https://www.youtube.com/watch?v=4vjzAi_dUzU

Q 構成

077 1つの動画で伝えることはいくつまで？

A なるべく1つないし2つまでに絞りましょう。

動画の撮影の前には、その動画で伝えたいことをあらかじめ決めておきます。それは、新しく見つけたお店の情報であったり、今が旬の魚の捌き方、あるいは特定の層の視聴者に向けた真摯なメッセージかもしれません。

しかし、1つの動画にそれらすべてを盛り込んでしまうのはNGです。詰め込みすぎて、結局何がいいたいのかわからなくなってしまいます。伝えたいことがいくつもある場合は、それぞれ別の動画に分けて配信したほうが効果的でしょう。

逆に、伝えたいことが不明瞭な動画も、見る側にとって掴みどころがわからず、最後まで見てもらえない可能性が高くなります。動画の冒頭で、その動画のコンセプトを簡潔に説明する方法もあります。

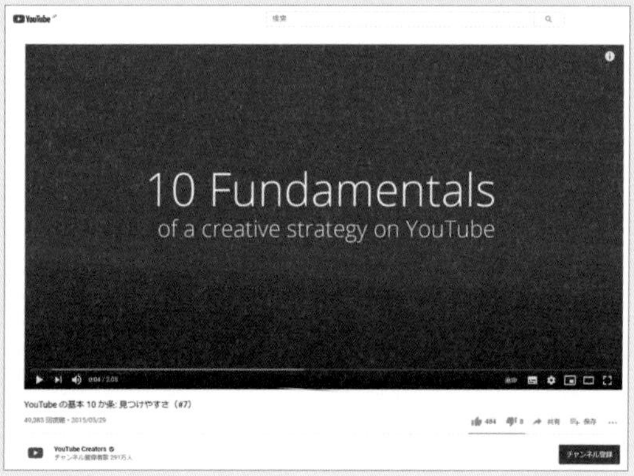

参考：YouTube の基本10か条：見つけやすさ（#7）
https://www.youtube.com/watch?v=iJqmiK-kYso

Q 構成

078 ▶ 動画のシナリオ展開の例が知りたい！

A 導入・展開・結末を意識した、3部構成を基本にしましょう。

小説の基本は「起・承・転・結」といわれますが、個人の動画でそこまで緻密なストーリーを展開するのは至難の技です。だからといって、行き当たりばったりでダラダラと喋っても、余程のキャラクター性がない限り、視聴者はついてきてくれません。
そこで動画の台本（シナリオ）を作成する際に意識したいのが、次のような３部構成です。

1. 導入ー いわゆる「つかみ」の部分
2. 展開ー 問題や課題の提示
3. 結末ー 視聴者が知りたかった解決に導く

たとえば料理のレシピを紹介する場合、まず導入で「食べてみたい」「作ってみたい」と思わせる美味しそうな完成図を見せます。このとき、材料をかんたんに紹介しておきます。次の展開部では、作り方の手順を一通り追います。動画のメインになる部分です。
最後に材料の詳しい分量や火加減のポイント、調味料を入れるタイミングなど、美味しく仕上げるためのコツを解説しながら、再び完成図で締めます。
料理に限らずどのような動画でも、こうした３部構成をベースに展開させるとよいでしょう。

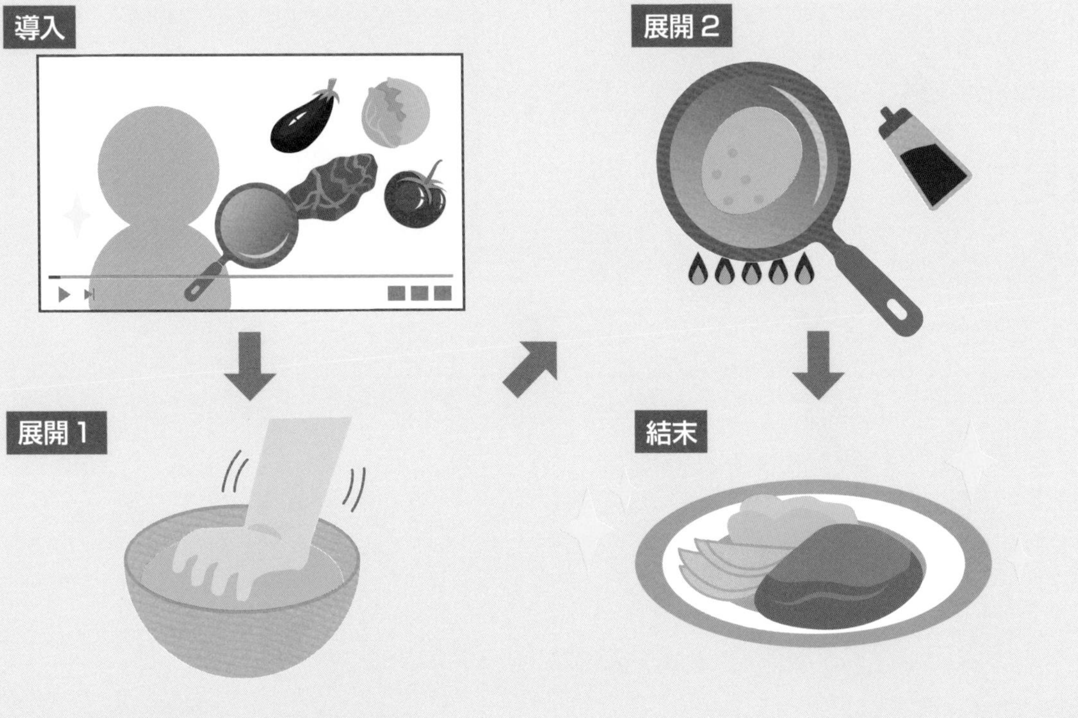

導入で全体の概要を説明し、展開でその過程を見せて、最後に結末で完成を見せるシナリオは、視聴者にわかりやすく伝えることができるシナリオ例です。

Q 撮影の前に

079 ▶ 共感を得るためのコツを知りたい！

A 自分の得意分野や関心分野のコミュニティとつながることが近道です。

動画で共感を得るといっても、すべての視聴者から共感を得るのは不可能と考えるべきです。しかし、それは動画で共感を得ることはできないという意味ではありません。動画を見てくれたすべての視聴者に共感を求めるのではなく、ある特定の視聴者グループの心を掴むことが重要なのです。
ある特定のグループとは、自分が得意としていたり、強い関心を持っている分野の知識や話題を共有できるグループ、つまりターゲットにしたい視聴者層ということになります。
こうしたターゲットとなる視聴者層を引き寄せるには、チャンネルや動画のテーマ選びが重要です。ポイントは、現在のYouTubeにはない、あっても非常に少数のテーマを選ぶことです。ニッチなテーマでは、視聴回数やチャンネル登録者数を増やすのは難しいと思うかもしれません。しかし、すでに人気のテーマを扱っても、その中で頭角を表すのは並大抵のことではできません。
一方、ニッチなテーマであっても、その情報を必要としている人やそのテーマについて語れる仲間を探している人は、思っている以上に存在するものです。そうしたポテンシャルを持った視聴者の共感を得ることで、そのチャンネルが小さなコミュニティを生み出すことができます。

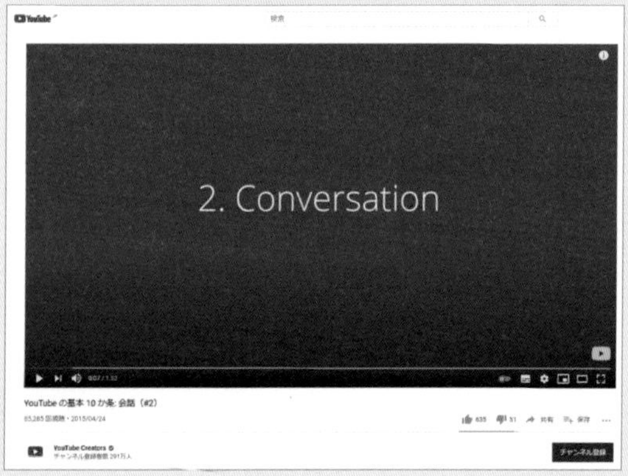
2. Conversation

参考:YouTubeの基本10か条:会話(#2)
https://www.youtube.com/watch?v=hl-s1MOZoME

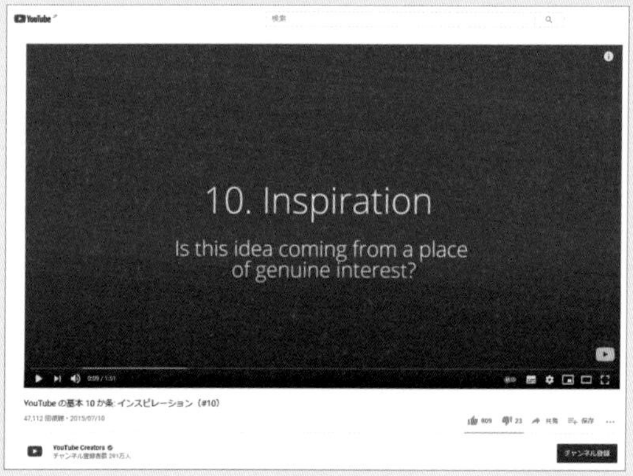
10. Inspiration
Is this idea coming from a place of genuine interest?

参考：YouTube の基本 10 か条: インスピレーション(#10)
https://www.youtube.com/watch?v=K7qEG6SWhUI

080 ▶ 最後まで見てもらえる動画作りのポイントは？

A 冒頭15秒以内の「つかみ」が肝心です。

自分のYouTubeチャンネルや動画を公開したら、視聴回数やチャンネル登録者数と並んでチェックしたいのが「視聴維持率」です。視聴維持率は、視聴者がその動画をどのくらい見続けたのかを計測したものです。
YouTubeの動画全体でもっとも離脱率が高いのが、動画再生開始後15秒以内という統計があります。最後まで視聴者に動画を見続けてもらうためには、まず動画の導入部分を工夫して、興味を持ち続けてもらうことが重要です。
具体的には、①冒頭にインパクトがある映像を持ってくる。②問題の解決など、その動画を見ることで得られる情報を最初に伝える。③視聴者への語りかけや質問の投げかけを行う。④視聴者の好奇心を刺激する。といったテクニックを駆使して、冒頭の離脱を回避します。
もちろん、冒頭の15秒以降も、その動画を必要としている視聴者のニーズに応えることを念頭に、興味を持続してもらえる動画を作成する必要があります。また、動画全体の尺（時間）をコンパクトに収めたほうが、最後まで見てもらえる確率も上がるでしょう。

● スキップされない動画作りのコツ

- 最初の映像を魅力的なものにする
- すぐに視聴者に語りかける
- どのような内容の動画かを冒頭で伝える
- 視聴者の好奇心を刺激する
- 質問を投げかける
- 冒頭部分を動画の「予告編」として使う
- よほどすばらしいものでない限り、宣伝などの表示は 5 秒以内に抑える

参考：YouTubeクリエイターズアカデミー
https://creatoracademy.youtube.com/page/home

● 開始15秒以内で動画のコンセプトを紹介する

参考：動画集客チャンネル「【完全解説】YouTubeアナリティクスの使い方」
https://www.youtube.com/watch?v=EBsCh652KXI

Q ガイドライン

081 投稿できない動画はある?

A 自分以外の人が著作権を保有するものは、基本的に投稿できません。

YouTubeに投稿できるのは、自作の動画または所定の使用許諾を得た動画です。他人の著作物を勝手に投稿することはもちろん、ほかの人が著作権を有するコンテンツ(音楽トラック、テレビや映画の一部、ほかのユーザーが作成した動画など)を許可なく自分の動画に使用することも禁止されています。

また自作の動画であっても、暴力的、性的な内容であったり危険なチャレンジや度を超えたイタズラなど有害なコンテンツと見なされた場合、規制の対象になることがあります。

詳しくは、YouTubeの利用規約やコミュニティガイドラインに記載されているので、動画を投稿する前に確認しておきましょう。

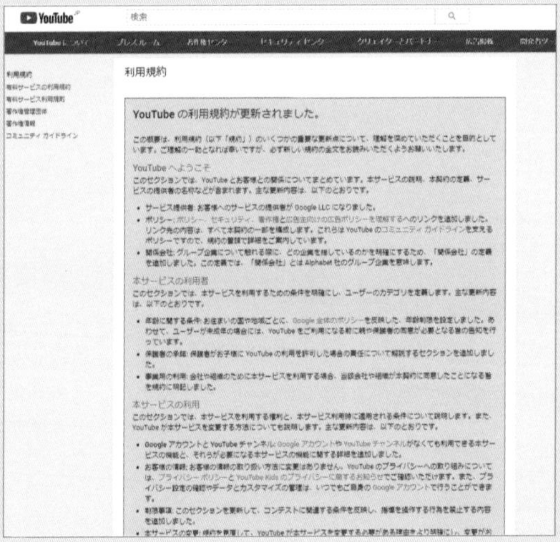

参考:利用規約-YouTube
https://www.youtube.com/static?template=terms

Q ガイドライン

082 撮影で注意するべきことは何?

A 通行人など第三者や著作物の写り込みに注意しましょう。

屋外で撮影する際は、通行人など出演者以外の第三者の写り込みには注意しましょう。また出演者との間でも、事前にモデルリリース(肖像権使用許諾書)を取り交わすなど、権利関係には注意が必要です。

撮影場所の事前リサーチも必要です。撮影禁止の場所や、撮影に許可が必要な場合があります。

参考:文化庁-いわゆる「写り込み」等に係る規定の整備について
https://www.bunka.go.jp/seisaku/chosakuken/hokaisei/utsurikomi.html

Q 撮影Tips

083 ▶ 画面の構図について知りたい！

A 3分割法をベースに、さまざまな構図を試してみましょう。

静止画（写真）の構図の基本は「3分割法」といわれますが、この構図は動画にも当てはまります。3分割法は、画面を縦横それぞれ３つに分割し、分割線が交差する４つの点の周辺に被写体を配置する方法です。

１人でトークするスタイルの動画の場合、画面中央に人物を配置する「日の丸構図」をとってしまいがちですが、ワイプやテロップを入れることを考えると、人物が１人であっても3分割法を取り入れたほうがバランスよく収まります。

出演者が２人いる場合は、人物を左右対象に配置して、それぞれがカメラ目線で話すバランス型もよく見られる構図です。

ほかにも、下から煽り気味に撮影して迫力を演出してみたり、上からのアングルで目線をあえて合わせない構図など、カメラの位置によって見え方に変化を付ける方法もあります。

映像にこだわりがあるユーザーは、いろいろな工夫をしています。そうした動画をたくさん見ると、勉強になるでしょう。

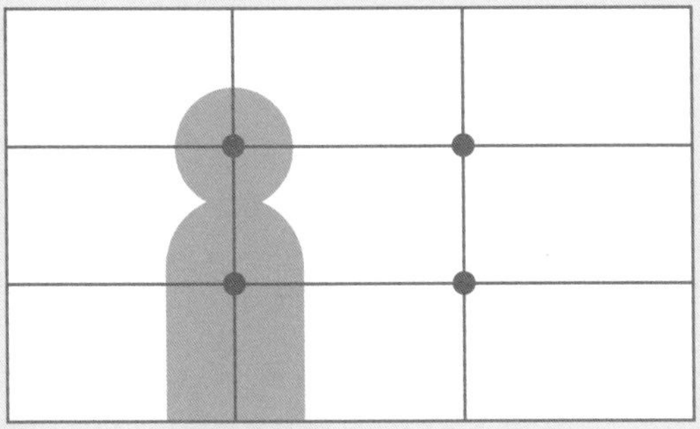

3分割法は、画面を縦と横にそれぞれ3分割し、分割線が交差するポイントに被写体を配置する基本構図です。それぞれのマスにアクセントを置く手法もあります。

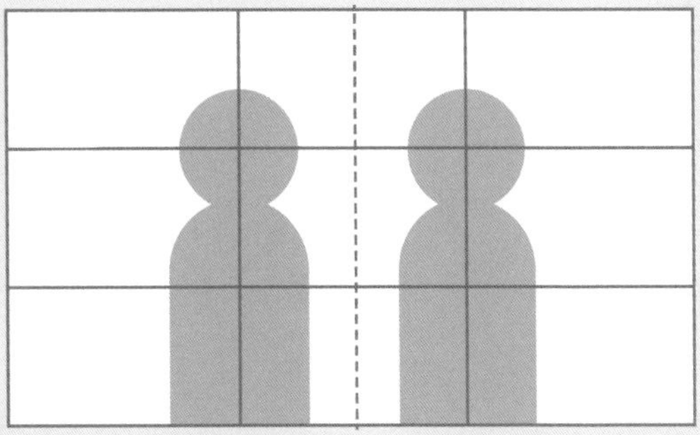

登場人物が2人いるケースでは、1台のカメラを三脚に据えて撮影する場合、人物を左右対象に配置してバランスを取る構図が現実的でしょう。

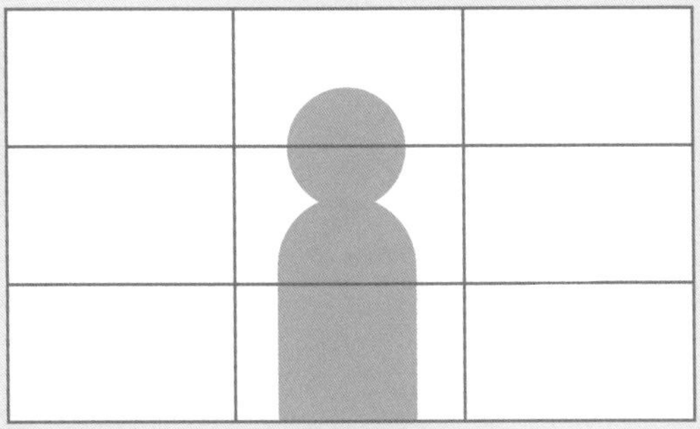

被写体を画面中央に配置する「日の丸構図」は、アイテム紹介などメインで見せたいものをズームで写すときなどにインパクトを与えます。

Q 撮影後の動画データ

084 ▶ 撮影した動画をパソコンに取り込みたい!

A USBケーブルで接続するか、SDカードから取り込むのが一般的です。

ビデオカメラやスマホで撮影した動画をパソコンに取り込む方法は、多くの場合、USBケーブルを使って撮影機器とパソコンを接続することによって行います。また、パソコン本体にSDカードスロットがある場合は、動画ファイルが入ったSDカードを直接挿してパソコンに取り込むこともできます。いずれの場合も、接続したSDカードに保存された動画ファイルをパソコンにコピーすればOKです。

スマホの写真や動画をクラウド上にバックアップしている場合は、クラウド経由でパソコンにダウンロードする方法もあります。

なお、デジタル一眼カメラのビデオ撮影機能を使って撮影した動画は、カメラやSDカードをパソコンに接続したあと、カメラに付属の専用ソフトを用いて汎用フォーマットに変換する必要がある場合があります。使用する機器の説明書を確認して、適切に取り込みましょう。

また、USBケーブルの端子の形状は機器によって異なります。ケーブルが付属していない場合は、機器の仕様を確認の上、正しい規格のUSBケーブルを用意しましょう。

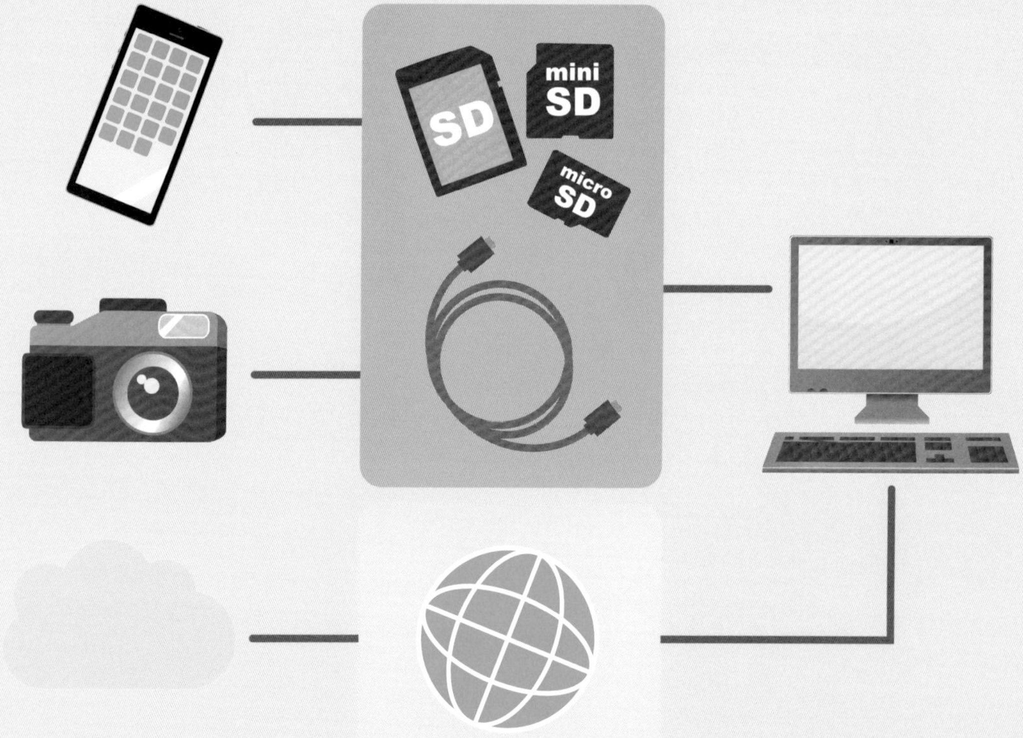

カメラやスマホで撮影した動画をパソコンに取り込む場合は、USBケーブルかSDカードを使うとよいでしょう。

Q 撮影後の動画データ

085 動画のバックアップは必要？

A クラウドや外付けストレージにバックアップしておくと安心です。

パソコンに取り込んだ動画を編集ソフトなどで編集しても、オリジナルの動画ファイルは保持されます。その場合、パソコンに取り込んだファイル自体がバックアップになりますが、ファイルサイズが大きい動画が増えると、パソコンのストレージ容量を消費してしまいます。編集が終わったらクラウドや外付けのストレージに移動して、バックアップとして保管しておくと安心です。
また、動画ファイルをバックアップしておけば、カメラ内（SDカード）の撮影データを消去して次の撮影に備えることもできます。

動画のバックアップを取っておくと、次の動画撮影時にカメラ内のデータを消去しても安心です。

Q 撮影後の動画データ

086 撮影した動画をそのまま投稿してもよい？

A 動画を見やすく編集してから投稿しましょう。

撮影した動画をそのまま投稿するのはNGです。不要な箇所をカットしたり、シーンを並べ替えたりといったことはもちろん、タイトルやテロップを追加して、伝わりやすい動画になるよう編集しましょう。編集の手間を惜しまないことが、「冒頭離脱」を防いで最後まで見てもらえる動画作りにつながります。
なお、YouTubeにアップロードできる動画のファイル形式は以下の通りです。このうち、YouTubeが推奨するファイル形式は「MPEG4（H.264）」です。特別な理由がない限り、投稿用の動画はMPEG4形式で書き出すようにしましょう。

● アップロードできる動画のファイル形式

MOV
MPEG4
MP4
AVI
WMV
MPEGPS
FLV
3GPP
WebM
DNxHR
ProRes
CineForm
HEVC（h265）

Q 撮影後の動画データ

087 ▶ 投稿後の動画も編集できるの？

A YouTube Studioを使えば、投稿後に動画の一部カットやBGMの追加、ぼかし、終了画面の設定が行えます。

YouTube Studioの「エディタ」機能を利用すると、アップロード済みの動画の編集が可能になります。エディタ機能でできる編集内容は、次の4項目です。

- 動画の一部をカットする
- オーディオライブラリから音楽を追加する
- ぼかしを適用する
- カードや終了画面に表示する内容を設定する

以上の4つのうちカードや終了画面の設定以外の編集項目は、投稿後に気づいた問題点を修正する意味合いを持っています。

たとえば問題があるシーンを削除したり、自分に使用権がない楽曲を使って申し立てを受けたときに、ライセンスフリーの音声に変更するといった使い方が想定できます。

一方、終了画面の設定については、過去に投稿した動画の終了画面に最新の動画へのリンクを張るなど、別のコンテンツに誘導することができます。

投稿前に編集を完成させるのが基本ですが、あとから気づいたミスは、これらの機能の範囲内で編集ができることを覚えておくとよいでしょう。

● 終了画面の変更

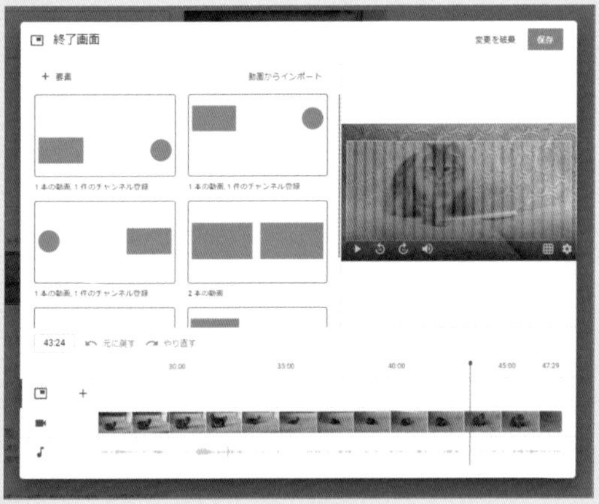

終了画面から次の動画を紹介するのか、チャンネル登録を促す内容にするのかを選択することができます。

● カードの変更

カードにチャンネル登録を促す内容を入れると、チャンネル登録をされる可能性が高まります。

Q 撮影後の動画データ

088 動画の編集に専用ソフトは必要？

A 文字入れや映像効果を取り入れるなら編集ソフトが必要です。

Q.087で説明したように、YouTube Studioでもかんたんな編集ができます。1本の映像とBGMで完結するような動画であれば、専用ソフトがなくても作れるでしょう。

しかし、タイトルやテロップを挿入して流れにメリハリを付けたいときや、複数のカットを効果的に切り替えるトランジションを追加したい場合など、視聴者の目を引く動画を丁寧に作るなら動画編集ソフトは必須といえます。

これまでは、動画編集ソフトというとプロフェッショナル向けのものが主流でしたが、スマホで誰でも気軽に動画が撮れるようになった近年では、一般向けのアプリの選択肢も増えてきました。どのソフトを使うか迷ったら、お気に入りのYouTuberが使っているソフトを調べてみると参考になるでしょう。なお本書では、有料ソフトではありますが、初心者でもかんたんに動画編集を行える「PowerDirector」を紹介します。

● PowerDirector

https://jp.cyberlink.com/products/powerdirector-video-editing-software/features_ja_JP.html

Q 撮影後の動画データ

089 スマホだけで動画編集できる？

A 可能ですが、機能や操作性、効率などの点でパソコンには劣ります。

TikTokやInstagramのストーリーズなど、撮ってすぐに公開したい短い動画であれば、撮影から編集、アップロードまですべての行程をスマホだけで完結する人も少なくありません。

一方で、数分から10分程度の動画を作成するとなると、スマホの小さな画面でテキストを追加したり、ビデオクリップを切り貼りしたりといった細かい操作は、かなりの忍耐と労力を要します。すでにパソコンの環境があるなら、大きな画面で編集するほうがストレスも軽減できるでしょう。

なお、スマホ以外のカメラで撮影する場合、編集環境はパソコンが第一の選択肢となります。自分の制作スタイルを考慮して、最適な環境を選びましょう。

● スマートフォン版PowerDirector

PowerDirectorのスマートフォン用アプリです。高画質の動画にしたい場合は、スマートフォンが対応していれば4Kでの書き出しも可能です。

Q 動画編集

090 ▶ 動画の内容に合った演出をしたい!

A 見せたい場面を効果的に盛り上げるための導線を考えた編集を行います。

シーンに合った演出は、視聴者の関心をキープするための重要なポイントです。たとえば、出演者の表現を拡張するようなテロップの挿入や、その動画の最大の見せ場をスローモーションで強調するなどといった手法が考えられます。
逆に、間延びしがちな場面は倍速で送ったり、その間に説明のテロップを入れたりすることで、視聴者の再生停止やスキップを回避できます。
動画編集では、それぞれの場面をどのように見せたいか、どう処理したら効果的かを考えて、ムービークリップを1つの動画としてつないでいきます。
動画編集ソフトは、さまざまな効果がかんたんに追加できるようになっているので、試しながらもっとも効果的な演出を選ぶことができます。
また、人気の動画を編集の観点から見ることも、動画作りの学びにつながるでしょう。

● 場面を強調させたいとき

● キラキラなエフェクト

● ハートエフェクト

● 場面の切り替わりのとき

● 扉のエフェクト

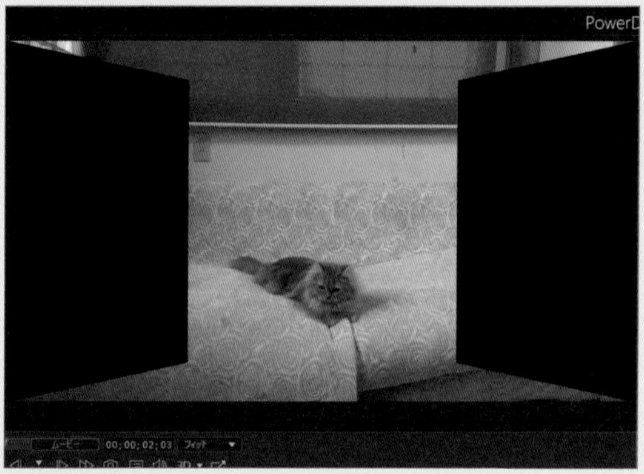

● 勢いのある切り替わりエフェクト

Q 動画編集

091 動画の明るさを調整したい!

A ビデオクリップを選択して、<明るさ調整>をクリックします。

動画の明るさは、「明るさ」のほか「露出」や「輝度」、「シャドー」「ハイライト」など映像の撮影状況に合わせて調整します。ここでは動画編集ソフト「PowerDirector」を例に、明るさを調整する手順を紹介します。なお、調整方法はソフトによって異なりますが、ほとんどのアプリには明るさを調整する機能がついています。書籍などを参考に、学習しましょう。

1 読み込んだ動画をタイムラインにドラッグして追加します。

2 タイムライン上のビデオクリップを選択して、

3 <補正/強調>をクリックします。

4 <明るさ調整>をクリックして、

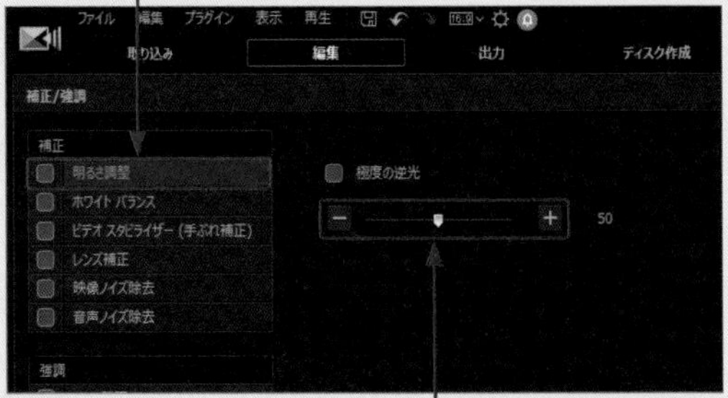

5 スライダーをドラッグして明るさを調整します。

Q 動画編集

092 動画の色合いを調整したい!

A ビデオクリップを選択して、<色調整>をクリックします。

動画の色合いは、「色相」「彩度」「ホワイトバランス」などで調整します。それぞれ、色味や鮮やかさ、色温度に対応します。たとえば、少し色褪せたレトロ調にしたいときは、彩度を下げて調整します。黄味を強くして暖かみを出したいときは、ホワイトバランスで調整します。

1 読み込んだ動画をタイムラインにドラッグして追加します。

2 タイムライン上のビデオクリップを選択して、

3 <補正/強調>をクリックします。

4 <色調整>をクリックして、

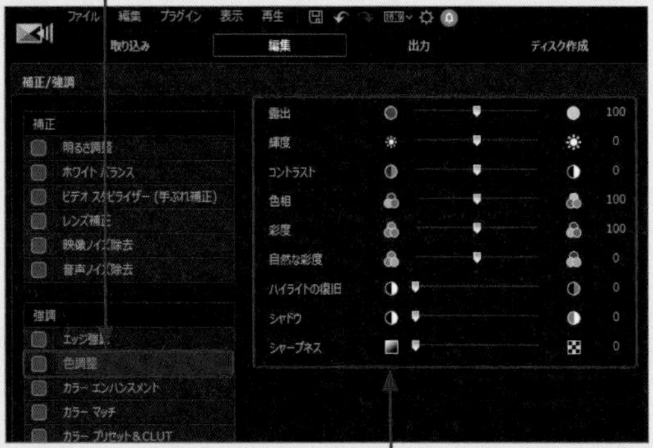

5 スライダーをドラッグして色合いを調整します。

Q 動画編集

093 動画のブレを補正したい!

A 撮影時の手ブレは、編集で修正できます。

撮影時の手ブレが気になる場合は、編集で補正することができます。ビデオスタビライザーの機能を使うと、自動で補正してくれます。

1 補正したいビデオクリップを選択し、

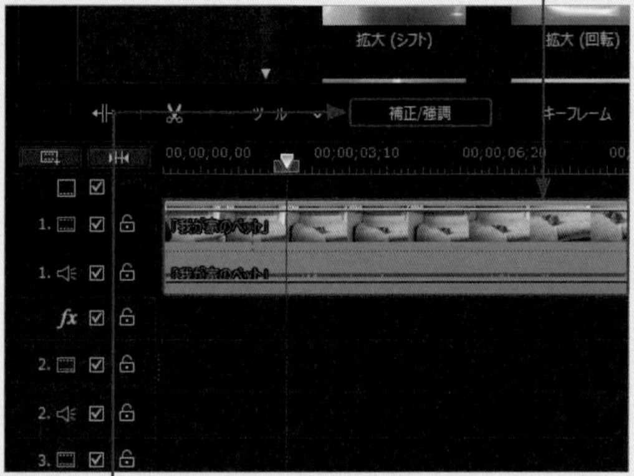

2 ＜補正／強調＞をクリックします。

3 ＜ビデオスタビライザー（手ぶれ補正）＞をクリックして、

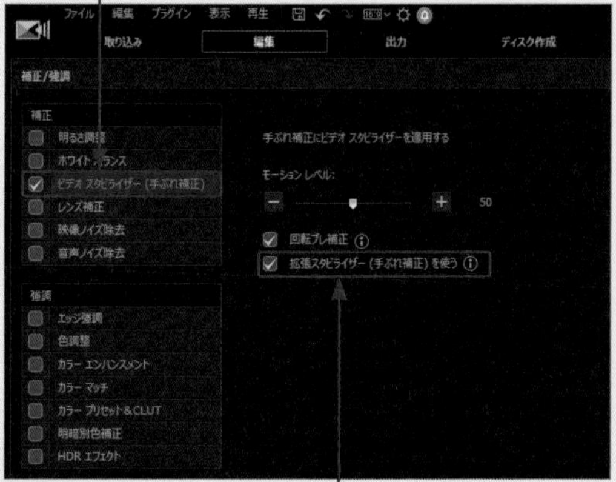

4 ＜拡張スタビライザー（手ぶれ補正）を使う＞をクリックしてチェックを付けます。

Q 動画編集

094 動画の再生速度は変えられる？

A 再生速度は、倍速またはスローに調整できます。

動画の再生速度は、倍速で早送りにしたりスローにしたりといった調整が可能です。たとえば、そのまま再生すると冗長になるような動きの少ないシーンは倍速で、一瞬の出来事を印象的に強調するならスローでというように、効果的な使い方ができます。

1 調整したいビデオクリップを選択します。

2 ＜ツール＞をクリックして、

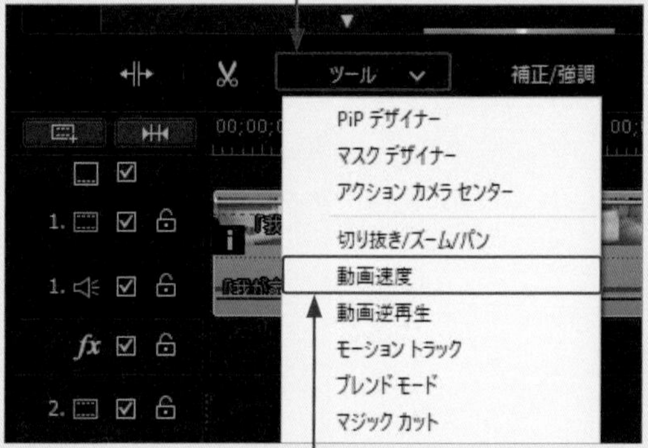

3 ＜動画速度＞をクリックします。

4 「新規の動画長さ」を変更すると、動画の長さを変更することができます。

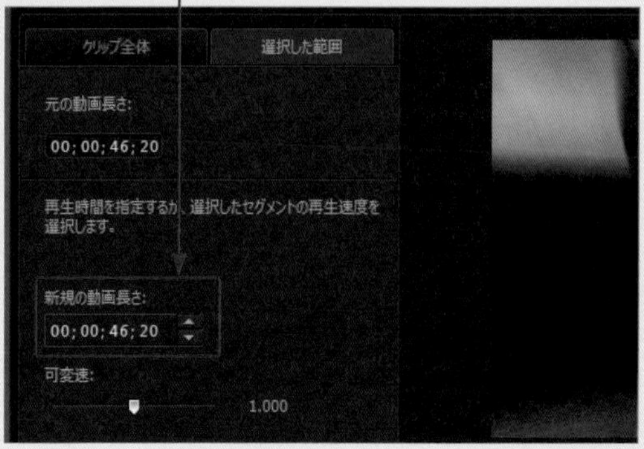

Q 動画編集

095 動画にタイトルを表示したい！

A タイトルのテンプレートをタイムラインに追加します。

動画の編集用ソフトには、タイトルやテキストのテンプレート一覧（PowerDirectorでは「タイトルルーム」）が用意されています。イメージに近いテンプレートのサムネールをタイムラインにドラッグし、プレビュー画面でタイトルを書き換えます。テキスト編集モードで、フォントの種類やサイズ、色などを設定し、必要に応じてアニメーションなどの効果を追加します。

1 Tをクリックして、

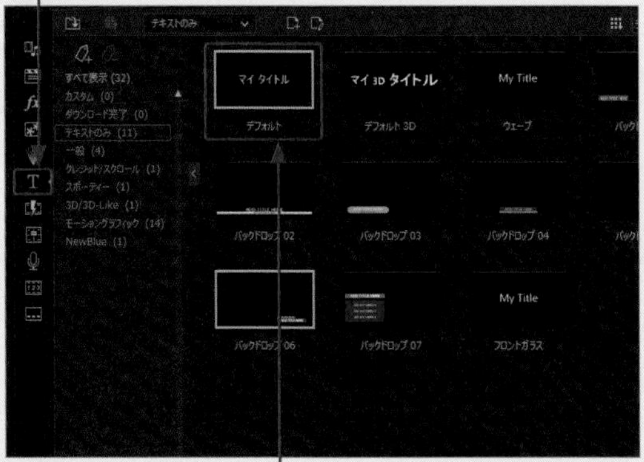

2 使いたいテンプレート（ここでは<デフォルト>）を選択します。

3 タイトルの文章を入力します。

我が家のペット

Q 動画編集

096 効果的なテロップの入れ方を知りたい！

A インパクトのあるテロップは、タイトルテンプレートから作ります。

PowerDirectorには、字幕を作成するための「字幕ルーム」の機能が用意されています。字幕ルームは、画面下部に表示する説明のような静的なテキストに適しています。バラエティー番組のような動的なテロップを入れたい場合は、「タイトルルーム」のテンプレートやエフェクトを利用するとよいでしょう（Q.095参照）。

1 Tをクリックして、

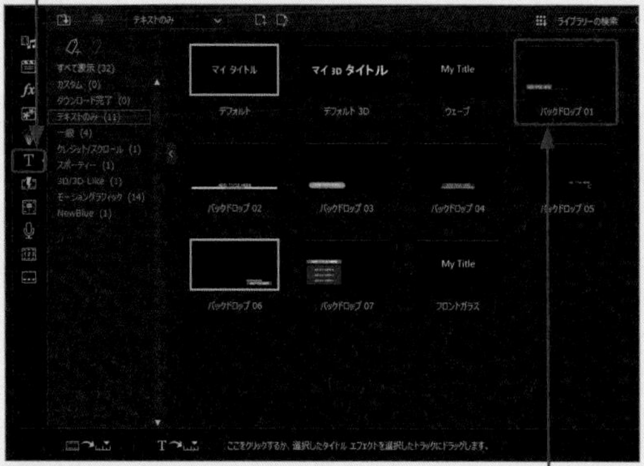

2 使いたいテンプレート（ここでは<バックドロップ01>）を選択します。

3 テロップの文章を入力します。

今日はどこでお昼寝しようかな？

Q 動画編集

097 版権フリーの効果音やBGMを使いたい！

A ソフトの付属音源のほか、素材サイトやYouTube Studioで探せます。

自分が権利を持たない市販の音楽CDや配信されている楽曲を、無断で動画に使うことはできません。効果音やBGMを入れたい場合は、自作するか、版権フリーの音源素材を利用します。

版権フリーの音源は、素材サイトから入手できるほか、YouTube Studioの「オーディオライブラリ」からも利用できます。また、編集ソフトに用意された音源を使う方法もあります。

ただし、フリー素材であっても商用利用を制限している音源については、収益化を目的とした動画に使用できるかどうかを確認する必要があります。

● DOVA-SYNDROME（フリー音源素材）

https://dova-s.jp/

● YouTube Studio「オーディオライブラリ」

Q 動画編集

098 ナレーションを追加したい！

A 外部マイクまたは内蔵マイクを使って録音します。

ナレーションも動画編集ソフトで追加することができます。パソコンの内蔵マイクを利用できますが、音質にこだわるなら外部マイクを用意するとよいでしょう。ナレーションは、動画のプレビューを見ながらタイミングを合わせて録音できます。録音したナレーションが気にいらない、間違えてしまったという場合は、何度でもやり直しができます。

● 動画編集ソフトでナレーションを追加する

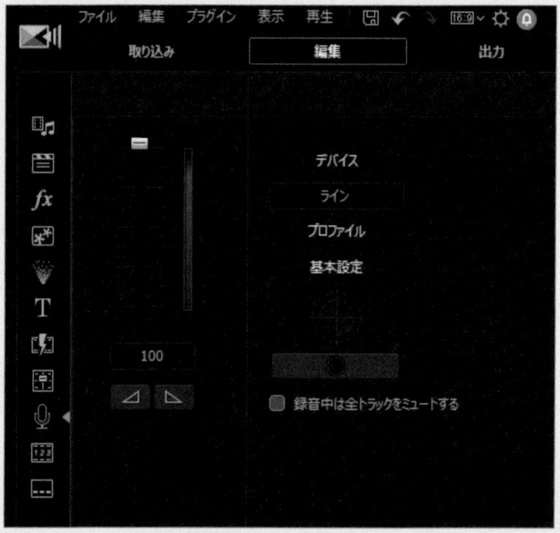

Q 動画編集

099 ▸ 切り替え効果で動画のつなぎ目をカッコよくしたい!

A クリップとクリップの間にトランジションを挿入します。

動画編集の基本は、ビデオクリップをつなぎ合わせる作業です。複数のシーンを効果的に並べたり、動画の不要な部分をカットしてテンポよくつなぎ直すことで、視聴者を飽きさせない動画に仕上げていきます。
そのとき、ビデオクリップをただ並べただけでは、突然シーンが変わって細切れの印象になってしまうことがあります。

そこで使用するのが「トランジション」です。トランジションは、前のクリップから別のクリップに移行するタイミングで挿入する切り替え効果で、動画編集ソフトには多彩なトランジションのテンプレートが用意されています。
クロスオーバーでシーンの切り替えをスムーズにしたり、ブラックアウトで場面転換を際立たせたりといった効果が期待できます。

1 をクリックして、

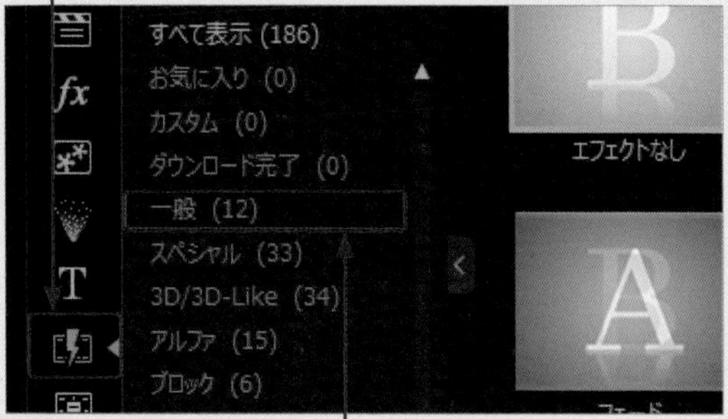

2 エフェクトの種類（ここでは<一般>）をクリックします。

3 トランジションの一覧が表示されます。

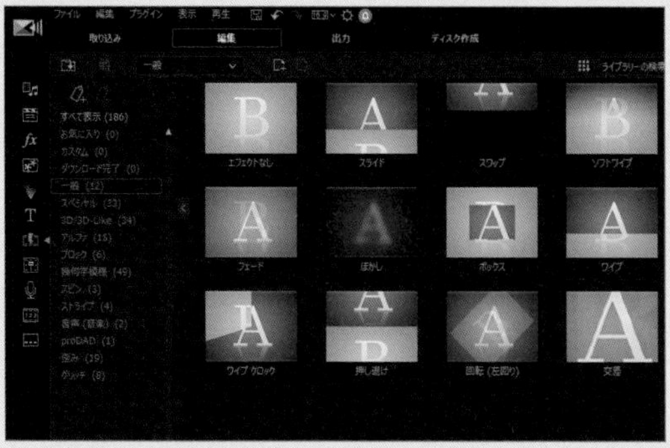

4 使いたいトランジション（ここでは<フェード>）をクリップの切り替え位置にドロップ&ドロップします。

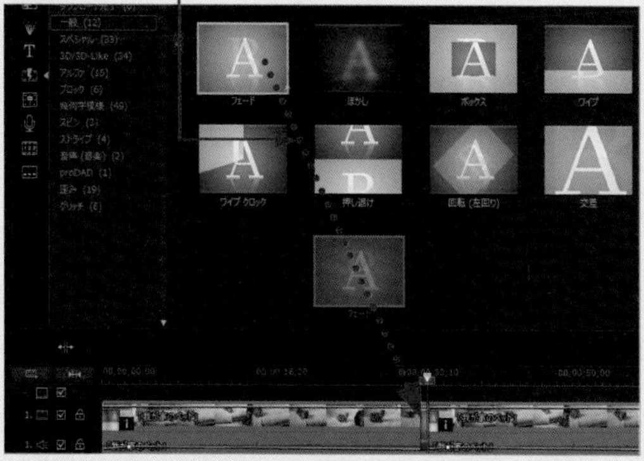

5 動画にトランジションが追加されます。

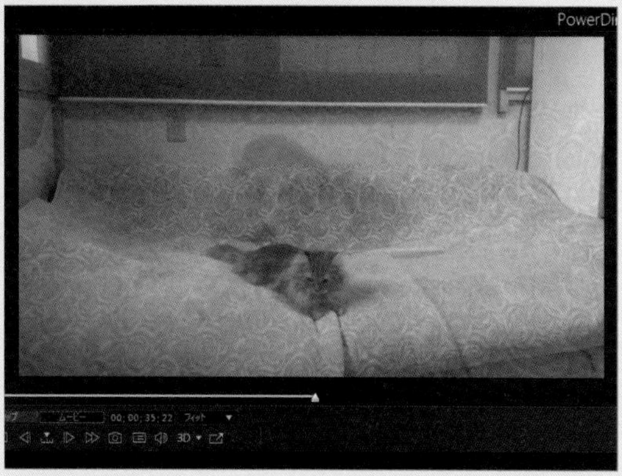

Q 動画編集

100 ▶ 切り替え効果を多用しても大丈夫？

A トランジションの多用は禁物！

トランジションを追加すると、なんとなくカッコイイ動画になったような気がしてしまいます。しかし、トランジションの多用は禁物です。

動画のつなぎ目ごとにトランジションを入れてしまうと、かえって見づらくなります。また、大きな場面転換やトークのトピックが変わるときなど、ここぞというタイミングでトランジションを使用することで、その効果を最大限に高めることができます。

画面が頻繁に切り替わると視聴者の目が疲れてしまい、動画の視聴を止めることにつながる可能性もあります。トランジションだけではなく、エフェクトの使い過ぎにも気を付けましょう。

Q 動画編集

101 ▶ 動画全体の音量がバラバラだ！

A トラックやクリップごとに音量を調整しましょう。

異なる日に撮影したり、複数の場所に分けて撮影したりした場合、それぞれの動画の音量が異なることがあります。

そのような場合はいったん動画をつないだあとで、トラック全体の音量を調整します。PowerDirectorでは、「音声ミキシングルーム」でトラック全体またはクリップごとの音量の調整を行います。

1 をクリックして、

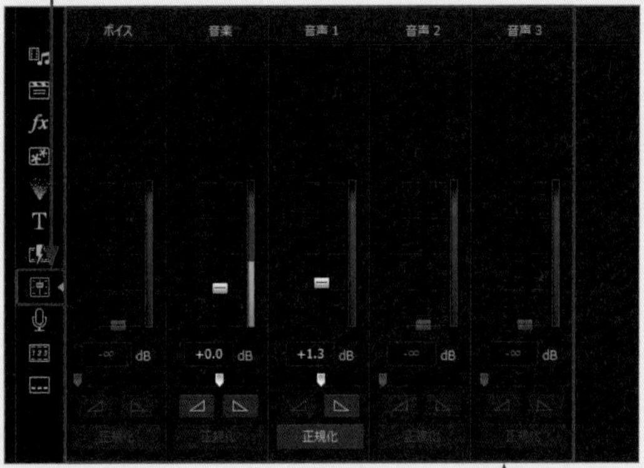

2 ミキシングルームを表示します。

3 スライダーを上下にドラッグして、音量を調節します。

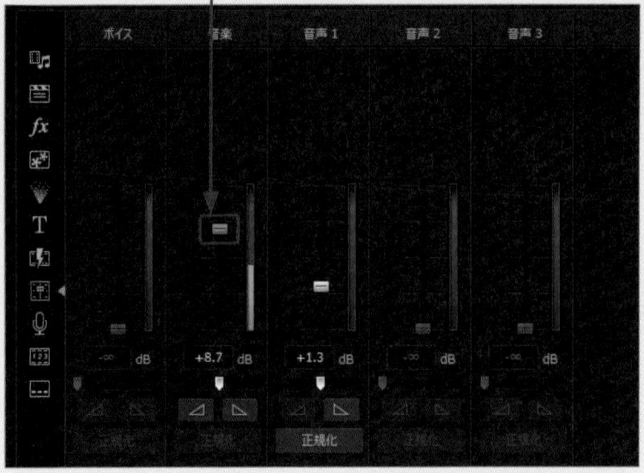

102 ▶ 見せ場を効果的にアピールするには？

A 映像の流れに緩急を付けるようにします。

動画を撮影する場合、通常は一定の時間の経過を収録しています。1人語りのトーク主体の動画なら、同じ場所で最初から最後まで一気に撮影することもあるでしょう。こうして撮影した動画をそのまま公開しても、見る人はすぐに飽きてしまいます。それを見やすく、かつ視聴者の関心を惹き付けるように演出するのが編集テクニックです。
たとえば、強調したいポイントには大きめのテロップを挿入したり、すべて見せる必要がないようなシーンは倍速で送るなど、映像にアクセントを付けるための手法があります。

また、いよいよ見せ場となる場面では、今までの流れを断ち切るような変化が効果的です。たとえば、これまでのナチュラルなカラー映像から、一転してモノクロのスローまたは数秒程度の静止を挟むことで、動画の内容が急展開することがわかります。これと同じように、その場面だけ音声をオフにすることも、大きなインパクトがあります。
笑いを誘う面白いハプニングなら、そのシーンをリピートしたり巻き戻したりすることで強調できます。ただし、しつこく繰り返すと嫌われるので、ほどほどにしましょう。

● 可愛いアピール

可愛い動物などの登場シーンにはハートなどで可愛い演出をしてあげると、より可愛さが引き立ちます。また、ピンクや黄色は可愛さを印象付ける色合いでもあるので、テロップの文字色を変更してもよいでしょう。逆に青などの寒色は、緊張感を持たせる効果があります。

● 衝撃的なアピール

画面が急にモノクロに変換されると、「このあと何かが起きるのでは？」と期待感を持たせることができます。大きめのテロップを一緒に使うとより視聴者の期待感を煽ることができ、視聴時間を増やすことができます。

Q 動画編集

103 不要な場面を削りたい!

A 不要な「間」を削ってテンポよく見せる「ジャンプカット」がおすすめです。

動画を作り始めたばかりのときは、台本を作って練習していても、カメラの前ではトークが間延びしてしまったり、微妙な「間」ができてしまったりするものです。もちろん、効果的な「間」も存在しますが、不要な「間」は見る人を退屈させてしまいます。

「ジャンプカット」は、不要な場面をザクザク削って、動画をテンポよく見せるテクニックです。たとえば、トーク中の不要な空白をどんどんカットしてつなげ直します。そのとき、別アングルのカットやズームを加えることで、畳み掛けるようなトークを演出できます。

また、場面をカットしているため、再生時間を短縮できるというメリットもあります。

1 タイムライン上のビデオクリップを選択して、

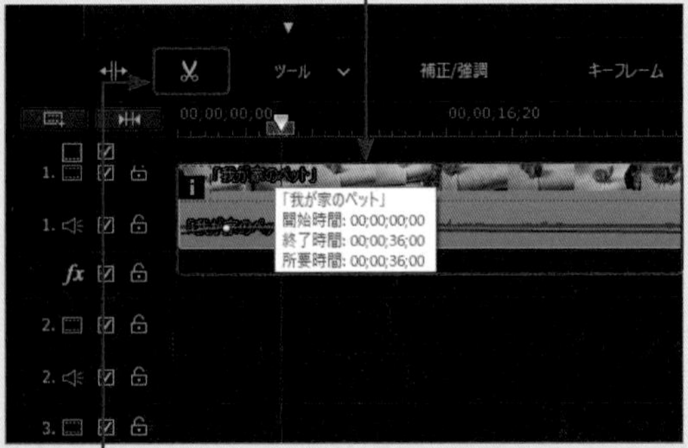

2 をクリックします。

3 スライダーをドラッグして、不要な部分をトリミングします。

4 プレビューで確認して問題なければ、<OK>をクリックします。

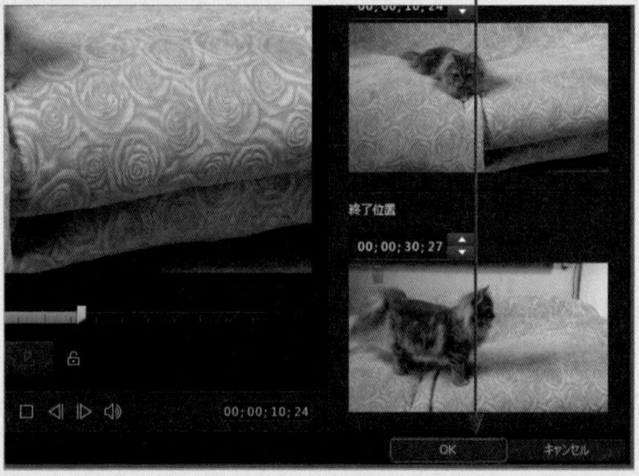

「マルチトリミング」では、動画のサムネイルを見ながらトリミングが行えます。選択している範囲だけ削除したり、選択していない範囲を削除したりできるので、効率よく作業が行えます。

第 4 章

世界に向けて発信!
動画の投稿技

Q 投稿準備

104 ▶ 動画の投稿に必要なものって何？

A パソコンと安定したインターネット環境、そしてGoogleアカウントとYouTubeチャンネルです。

動画の投稿はスマートフォンからもできますが、パソコンで動画を編集する場合やファイルサイズが大きな動画は、やはりパソコンからアップロードするのがベストです。動画の投稿では大きなファイルを扱うため、インターネット環境も重要です。不安定な回線やWi-Fiルーターの電波が届きづらい環境下では、アップロードに失敗するケースもあるからです。また、スマートフォンやモバイルルーターなどのモバイル回線を使用すると、契約しているプランの上限を使い切ってしまう可能性もあります。光回線など、安定したインターネット環境を整えておきましょう。

動画をアップロードする環境が整ったら、アップロード先の準備をしましょう。YouTubeのアカウントを開設するには、まずGoogleアカウントを取得する必要があります。その上で、Googleアカウントを使ってYouTubeにログインします。
次に、YouTubeチャンネルを登録します。YouTubeにログインしてそのままYouTubeチャンネルを作成すると、Googleの個人アカウントの情報が引き継がれます。個人アカウントと切り離したい場合は、ブランドアカウントを作成するとよいでしょう。なお、チャンネルの登録方法は、Q.021を参照してください。

パソコン
動画ファイルの取り込みや編集、アップロードまで、パソコンがあると便利です。

Google

Googleアカウント
YouTubeで動画を投稿するには、最初にGoogleアカウントを取得しておく必要があります。

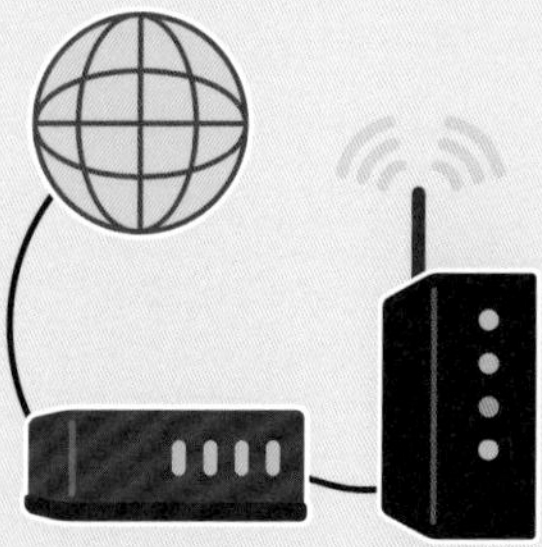

安定したインターネット環境
大きなサイズの動画ファイルのアップロードには、安定したインターネット環境が重要です。

YouTube Channel

YouTubeチャンネル
動画の投稿や管理には、YouTubeチャンネルを作成する必要があります。

Q 投稿準備

105 YouTube Studioって何？

A YouTubeチャンネルの管理やデータ解析などを行うツールです。

YouTube Studioでは、YouTubeチャンネルにアップロードした動画やライブ配信の確認や、再生リストの作成、字幕の追加などの管理を行うほか、YouTubeアナリティクスを用いて、チャンネルや各動画のパフォーマンスを調べることができます。チャンネルや動画の管理、マーケティングツールとして活用したいサービスです。

Q 投稿準備

106 YouTube Studioを表示したい！

A パソコンではWebブラウザで表示します。

スマートフォンでは、専用の「YouTube Studio」アプリをインストールします。パソコンでは、Webブラウザからアクセスします。YouTubeチャンネルにログインした状態でアカウントのアイコンをクリックし、表示されたメニューから「YouTube Studio」を選択します。

あらかじめYouTubeチャンネルにログインしておきます（Q.013参照）。

1 アカウントのアイコンをクリックして、

2 ＜YouTube Studio＞をクリックすると、

3 YouTube Studioのダッシュボードが表示されます。

Q 投稿準備

107 ▶ 動画を投稿したい！

A 画面右上の＜作成＞から＜動画をアップロード＞をクリックします。

動画を投稿するには、YouTube Studio画面右上の＜作成＞をクリックし、表示されたメニューから＜動画をアップロード＞をクリックします。「動画のアップロード」ウインドウが表示されるので、動画ファイルをドラッグ＆ドロップするか、＜ファイルを選択＞をクリックして投稿したい動画ファイルを選択します。なお、一度にアップロードできるファイル数は、最大15本となっています。

動画ファイルのアップロードが完了したら、YouTube Studioの画面が表示されます。YouTube Studioでは、タイトルや説明文など動画の基本情報を入力するほか、詳細設定や収益化の方法など、動画を公開する前に必要な各種設定を行います。設定が完了したら、最後にプライバシーや公開のスケジュールなど公開に関する設定を行えば、あとは公開を待つだけです。

1 ＜作成＞をクリックし、

2 ＜動画をアップロード＞をクリックします。

3 動画ファイルをドラッグ&ドロップ、または選択してアップロードします。

4 タイトルや説明、サムネイルなど動画の設定をして、

5 ＜次へ＞をクリックします。

6 公開設定では、＜非公開＞＜限定公開＞＜公開＞のいずれかを選択するか、スケジュール投稿を設定します。

7 ＜保存＞をクリックします。

Q 投稿準備

108 投稿する動画に時間制限はある？

A **15分を超える動画の投稿には、アカウント確認が必要です。**

YouTubeの初期設定では、アップロード可能な動画の長さは15分までに制限されています。「アカウントの確認」を完了させることで、それ以上の長さの動画のアップロードが可能になります。
アカウントの確認は、「https://www.youtube.com/verify」にアクセスし、画面の表示に従って操作します。

1 「https://www.youtube.com/verify」にアクセスし、確認コードを受け取る電話番号を入力して、

YouTube JP
検索
アカウントの確認（ステップ 1/2）
電話でアカウントを確認すると、YouTube のさまざまな機能を使用できるようになります。
国を選択してください
日本
確認コードの受け取り方法を指定してください。
電話の自動音声メッセージで受け取る
SMS で受け取る
確認コードを受け取る言語を指定してください。
日本語 言語を変更
電話番号
090-1234-5678
例: 070-1234-5678
重要: 1 つの電話番号で確認できるアカウントは 1 年間に 2 つまでです。
送信

2 <送信>をクリックします。

Q 投稿準備

109 動画のファイル容量に制限はある？

A **サイズは最大で128GBまたは12時間のどちらか小さいほうです。**

YouTubeにアップロードできるファイルの最大サイズは128GB、または12時間の、いずれか小さいほうの数値です。ファイルサイズか再生時間のどちらかが上限を超えてしまうと、アップロードできないので注意が必要です。また20GB以上のファイルのアップロードには、最新のWebブラウザの使用が推奨されています。

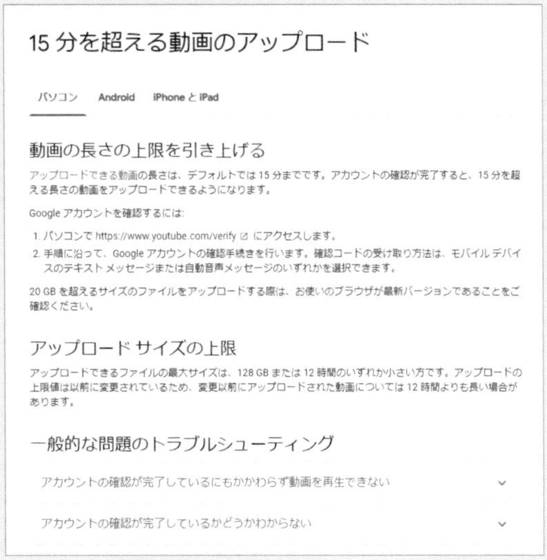
15 分を超える動画のアップロード
パソコン
Android
iPhone と iPad
動画の長さの上限を引き上げる
アップロードできる動画の長さは、デフォルトでは 15 分までです。アカウントの確認が完了すると、15 分を超える長さの動画をアップロードできるようになります。
Google アカウントを確認するには:
1. パソコンで https://www.youtube.com/verify にアクセスします。
2. 手順に沿って、Google アカウントの確認手続きを行います。確認コードの受け取り方法は、モバイル デバイスのテキスト メッセージまたは自動音声メッセージのいずれかを選択できます。
20 GB を超えるサイズのファイルをアップロードする際は、お使いのブラウザが最新バージョンであることをご確認ください。
アップロード サイズの上限
アップロードできるファイルの最大サイズは、128 GB または 12 時間のいずれか小さい方です。アップロードの上限値は以前に変更されているため、変更以前にアップロードされた動画については 12 時間よりも長い場合があります。
一般的な問題のトラブルシューティング
アカウントの確認が完了しているにもかかわらず動画を再生できない
アカウントの確認が完了しているかどうかわからない

参考：15分を超える動画のアップロード
https://support.google.com/youtube/answer/71673?hl=ja&ref_topic=9257439

Q 投稿準備

110 投稿できる動画のファイル形式が知りたい!

A さまざまな形式に対応していますが、推奨形式は「MP4」です。

YouTubeにアップロードできる動画のファイル形式は、下記の通りです。このうち、YouTubeが推奨するファイル形式は「MP4（H.264）」です。特別な理由がない限り、投稿用の動画はMP4形式で書き出すようにしましょう。
なお、音声ファイル（MP3、WAVなど）はアップロードできません。音声のみを投稿したい場合は、動画編集ソフトを使って動画のファイル形式で書き出しましょう。

● 投稿できる動画のファイル形式

MOV
MPEG4
MP4
AVI
WMV
MPEGPS
FLV
3GPP
WebM
DNxHR
ProRes
CineForm
HEVC（h265）

Q 投稿準備

111 動画のアップロードがなかなか進まない!

A ファイルサイズや解像度によって時間がかかることがあります。

動画のアップロードがなかなか進まない原因として考えられるのは、まずファイルサイズが大きい場合です。ファイル形式がファイルサイズやアップロードの所要時間に影響することも少なくありません。たとえば、WMVは無圧縮ファイルですが、MP4は圧縮ファイルです。この場合、圧縮ファイルのほうがファイルサイズが小さいので、早くアップロードできます。まずは、推奨されるファイル形式であることを確認しましょう。
次に考えられるのが、インターネットの通信速度が遅い、または不安定な場合です。スピードテストなどで通信速度を確認し、回線が混雑している時間帯を避けるなど、安定したインターネット環境下でアップロードするようにしましょう。
また、4Kなど動画の解像度が高い場合も、アップロードに時間がかかります。
いずれの場合も、少しずつでも進んでいるのであれば、アップロードが完了するまで待ってみましょう。

4K動画はアップロードに時間がかかります。

Q 投稿準備

112 エラーメッセージが出て動画がアップロードできない!

A エラーメッセージの内容によって、対応が異なります。

エラーメッセージが表示されたら、内容を確認します。たとえば、「予期しない問題が発生しました」というメッセージが表示されたら、それはYouTube側に問題がある可能性があります。少し時間を置いてから、もう一度アップロードを試みるとよいでしょう。
エラーメッセージは、多くの場合エラーの原因と対処方法を知るヒントになります。以下に、エラーメッセージの例を掲載します。

「予期しない問題が発生しました」
YouTube側で問題が発生している可能性があります。時間を置いてもう一度アップロードしてみましょう。

「この動画はすでにアップロードされています」
YouTubeチャンネル内には、同じ動画をアップロードできません。同じ動画をもう一度アップロードする場合は、動画を編集して内容を少し変更からアップロードします。

「サーバーがファイルを拒否しました」
YouTubeが対応していない形式のファイルをアップロードしようとしている可能性があります。ファイル形式を確認しましょう。

「ネットワーク上でデータを送信中にエラーが発生しました」/「ネットワークエラーが発生しました」
Webブラウザのバージョンを確認しましょう。古いバージョンのブラウザは問題が起こることが多いため、最新のブラウザを使うことが推奨されています。

「アップロードされたファイルの読み取り中にエラーが発生しました」
外付けのストレージからアップロードを行う場合に表示されることがあります。このエラーが出た場合は、動画ファイルをパソコンの内蔵ディスクに保存してからアップロードを試みます。

Q YouTube Studio

113 動画の再生URLが知りたい!

A YouTube Studioのアップロード動画一覧から調べます。

YouTubeにアップロードした動画は、YouTube Studioで管理します。「このチャンネルの動画」画面の「アップロード動画」のリストで、URLを知りたい動画のサムネイルをクリックします。「動画の詳細」画面で、動画のURLを確認できます。なお、プライバシー設定で非公開や限定公開に設定した動画のURLをここで取得して、リンクを共有することも可能です。

1 YouTube Studioを表示して、<コンテンツ>をクリックします。

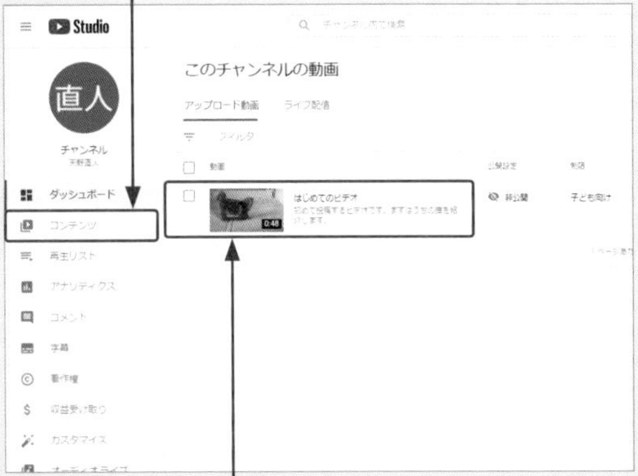

2 URLを知りたい動画をクリックします。

3 「動画の詳細」画面で、URLを確認します。

Q YouTube Studio

114 ▶ 動画の管理画面を表示したい！

A YouTube Studioの「動画」画面で、管理画面を表示したい動画のサムネイルをクリックします。

YouTube Studioでは、チャンネルの管理からアップロードした動画の編集まで、投稿したすべての動画を扱うことができます。

動画の情報を個別に管理・編集するには、YouTube Studioにアクセスし、画面左側のメニューから<動画>（または<コンテンツ>）をクリックします。

表示された動画一覧から、内容を確認したい動画のサムネイルをクリックすると、「動画の詳細」画面に切り替わります。

「動画の詳細」画面では、タイトルや説明文の編集のほかに、サムネイルの変更や再生リストへの追加、公開設定、終了画面などの確認や編集が可能です。

1 アカウントのアイコンをクリックし、

2 <YouTube Studio>をクリックします。

3 <コンテンツ>をクリックします。

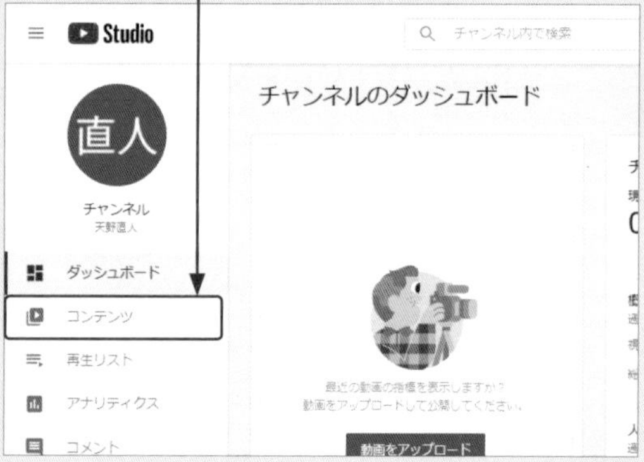

4 「動画」画面で、詳細を確認したい動画のサムネイルをクリックします。

5 「動画の詳細」画面が表示されます。

Q YouTube Studio

115 ▶ 動画のタイトルと説明を編集したい！

A 「動画の詳細」画面を表示して、タイトルと説明をそれぞれ編集します。

動画のタイトルや説明は、アップロード時にも設定できますが、一度非公開で投稿しておいて、あとからゆっくり編集することもできます。
個別の動画ごとに内容を編集するには、Q.114の手順に従って、YouTube Studioの「動画の詳細」画面を表示します。
「動画の詳細」画面上部にある＜タイトル＞や＜説明＞の入力欄をクリックして内容を書き換え、＜保存＞をクリックすると、変更内容が確定します。

1 YouTube Studioを表示して、

2 ＜コンテンツ＞をクリックします。

3 「動画」画面で、タイトルと説明を編集したい動画のサムネイルをクリックします。

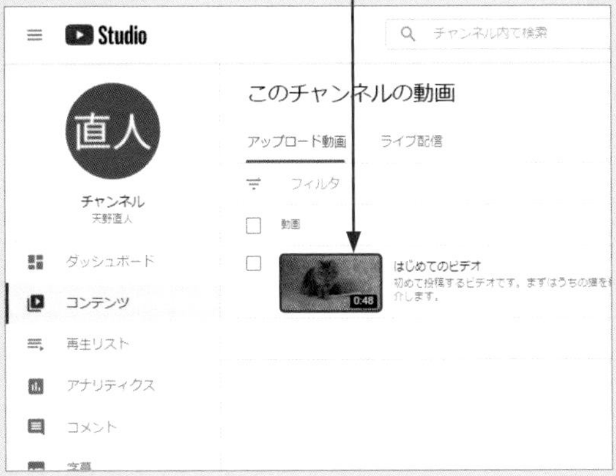

4 ＜タイトル＞または＜説明＞入力欄をクリックし、タイトルや説明を入力して、

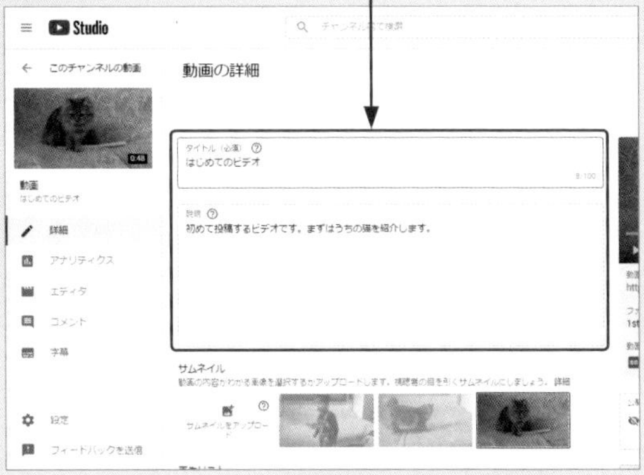

5 ＜保存＞をクリックします。

↗

Q YouTube Studio

116 ▶ タイトルや説明の書き方にコツはある？

A タイトルや説明には、検索されやすいキーワードを含めます。

タイトルと説明は、視聴者に動画の内容を伝える役割があるほか、検索ワードとしても機能します。動画の内容に関連するキーワードを1つないし2つ程度含めるとよいでしょう。

キーワードは、自分の動画の内容を反映していることはもちろんですが、多くの人が検索しているトレンドワードを取り入れると、検索から自分の動画を見てくれる人を増やすことができます。

検索されやすいキーワードは、「Google トレンド」などで調べることができます。トレンドのキーワードをただ並べるのではなく、自然な文章の中に含めるとよいでしょう。

なお、説明はあくまでも動画の内容を伝えるためにあります。動画の内容と関係のないキーワードは使わないようにしましょう。

参考：Googleトレンド
https://trends.google.com/trends/

Q YouTube Studio

117 ▶ 動画にハッシュタグを付けたい！

A タイトルまたは説明にハッシュタグを含めます。

ハッシュタグは、「#」に続けてキーワードを入力することで作成できる、タグの1種です。文字列の先頭に「#」を付けることで自動的にリンクを生成し、クリックすると同じハッシュタグが付いた動画を一覧表示できます。

YouTubeでは、＜タイトル＞または＜説明＞欄にハッシュタグを記載することができます。＜説明＞欄に記載したハッシュタグのうち上位3つは、再生ページのタイトル上部に表示され、ページを開いた人の目に留まりやすくなります。

なお、大量のハッシュタグを使用するのは好ましくありません。関連性の低い動画が検索される可能性があるため、YouTubeでは15個を超えるハッシュタグが記載された場合、すべてのハッシュタグを無視する仕様になっています。動画にマッチしたハッシュタグを数個記載するのが効果的といえます。

1 ＜説明＞欄に、任意のハッシュタグを入力します。

2 再生画面では、タイトルの上に上位3つのハッシュタグが表示されます。

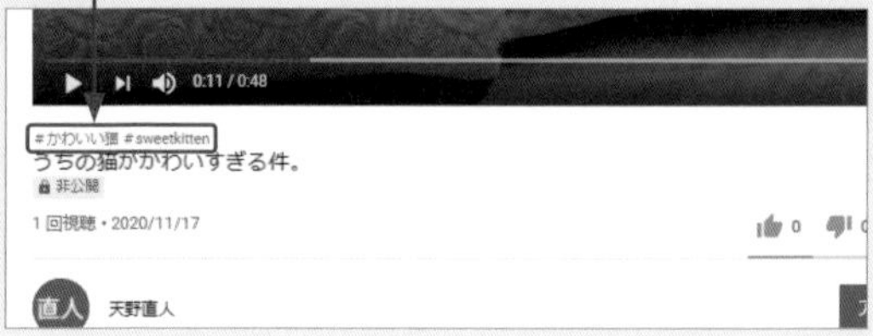

Q YouTube Studio

118 ▶ 動画のサムネイルを設定したい！

A 自動生成される3つの場面から選択できます。

YouTubeでは、動画をアップロードすると、自動的に3つのサムネイルが生成されます。この中から、気に入ったものをクリックして選択します。サムネイルの選択は、動画のアップロード時のほか、YouTube Studioの「動画の詳細」画面で設定できます。

1 YouTube Studioを表示して＜コンテンツ＞をクリックし、

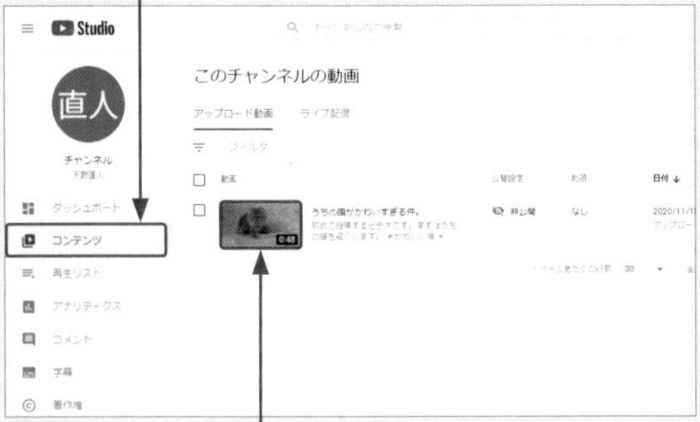

2 編集する動画のサムネイルをクリックします。

3 「動画の詳細」画面で使用するサムネイルをクリックして、

4 画面を上方向にスクロールして＜保存＞をクリックします。

Q YouTube Studio

119 ▶ 候補以外の画像をサムネイルにしたい！

A サムネイル用の画像をアップロードします。

YouTube Studioが自動的に生成するサムネイルではなく、サムネイル用に自分で作成した画像を別途アップロードしてサムネイルにすることができます。
なお、サムネイル画像をアップロードするには、電話番号によるアカウント確認が必要です。Q.026を参考に、アカウント確認をしておきましょう。

1 「動画の詳細」画面でサムネイルを表示し、＜サムネイルをアップロード＞をクリックします。

2 サムネイルの画像ファイルを選択して、

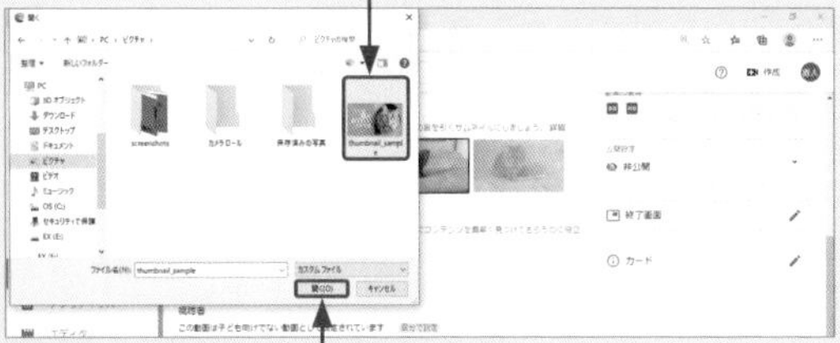

3 ＜開く＞をクリックします。

4 ＜保存＞をクリックします。

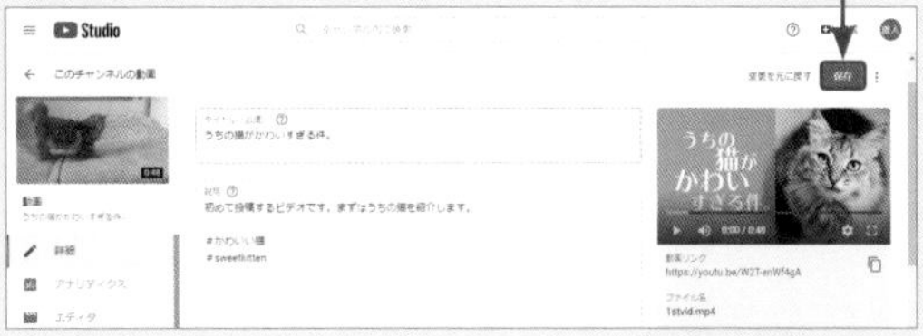

Q YouTube Studio

120 サムネイル用の画像を作りたい!

A グラフィック作成ソフトやオンラインサービスを使って作れます。

動画のサムネイル画像を自作するには、グラフィック作成ソフトやWebブラウザで作成できるオンラインサービスを利用します。
オンラインのグラフィック作成ツールには多彩な選択肢がありますが、ここではよく利用されている2つのツールを紹介します。どちらも、無料で利用できるYouTubeのサムネイル用テンプレートや素材が用意されています。
グラフィックソフトで自作する場合は、下記の画像サイズと解像度を参考にしましょう。

- 解像度: 1280x720(最小幅 640px)
- 画像ファイル形式: JPG、GIF、PNG など
- 画像サイズ: 2 MB 以下
- アスペクト比: 16:9(推奨)

Canva
https://www.canva.com/ja_jp/

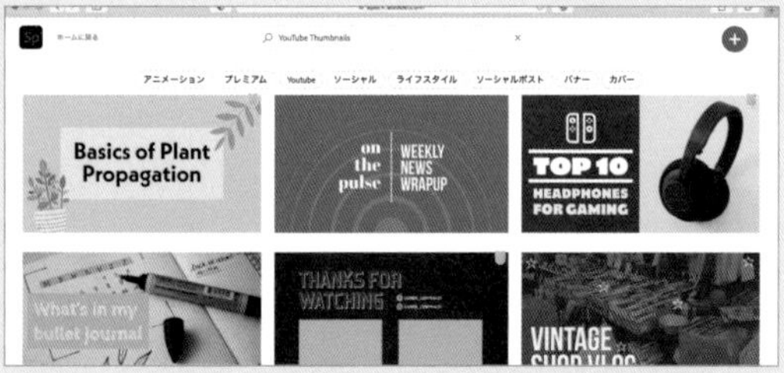

Adobe Spark
https://spark.adobe.com/ja-JP/sp/

Q YouTube Studio

121 目を引くサムネイルを作るコツが知りたい!

A 文字や被写体が大きく一目でわかるサムネイルを作りましょう。

検索結果や関連動画として表示されるサムネイルは、決して大きなサイズでは表示されません。それでも一目で内容が想像できる画像にするには、タイトル文字やメインとなる被写体(人物や動物、アイテムなど)が大きく、はっきり見て取れるように作るのが基本です。
その上で、太く見やすいフォントや動画を見てみたくなる個性的なフォントを選んだり、オブジェクトの背景を切り抜いて明るい背景に差し替えたりするなど、視認性とデザイン性を高めると効果的です。

参考:動画集客チャンネル【動画削除の危険】#ハッシュタグの入力方法と注意点
https://www.youtube.com/watch?v=O-nkV00Xtl0&ab&ab

Q YouTube Studio

122 投稿画面にある「視聴者」って何？

A **動画が子供向けであるか否かを申告する必要があります。**

YouTubeの本拠地、アメリカの「児童オンラインプライバシー保護法（COPPA）」に基づいて、YouTubeで動画を公開するクリエイターは、動画が子供向けであるかどうか申告する必要があります。これは米国居住者だけでなく、すべてのYouTube利用者に適用されます。

「子供向けの動画」にはっきりした定義はありませんが、視聴者の対象として子供を想定している場合や主な出演者が子供である場合などは、「子ども向け」に設定します。また、YouTubeのヘルプページに判断のヒントが記載されているので、目を通しておきましょう。

では、子供向けに設定したコンテンツは、一般向けとどう違うのでしょうか。COPPAは、子供向けのコンテンツによるデータの収集と使用を制限しているため、コメントや通知が制限されることがあります。また、子供向けコンテンツではパーソナライズド広告の掲載が無効になるため、広告収入を目的としたコンテンツでは、収入が減少する可能性があります。

なお、視聴者についての設定を正しく行わなかった場合、米国連邦取引委員会またはそのほかの規制当局に法令遵守義務違反とみなされたり、YouTubeアカウントになんらかの措置が取られたりする可能性があることに留意して、正しく設定しましょう。

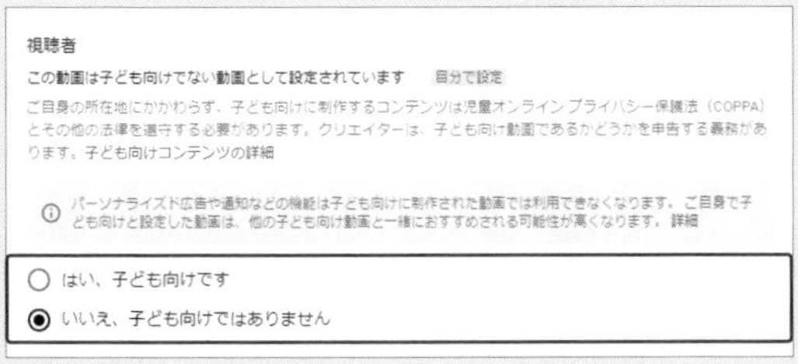

視聴者
この動画は子ども向けでない動画として設定されています　自分で設定
ご自身の所在地にかかわらず、子ども向けに制作するコンテンツは児童オンラインプライバシー保護法（COPPA）とその他の法律を遵守する必要があります。クリエイターは、子ども向け動画であるかどうかを申告する義務があります。子ども向けコンテンツの詳細
パーソナライズド広告や通知などの機能は子ども向けに制作された動画では利用できなくなります。ご自身で子ども向けと設定した動画は、他の子ども向け動画と一緒におすすめされる可能性が高くなります。詳細
はい、子ども向けです
いいえ、子ども向けではありません

動画の内容が明らかに子ども向けの場合は「はい、子ども向けです」に設定しましょう。

Q YouTube Studio

123 投稿画面にある「年齢制限」って何？

A **18歳未満の視聴者にふさわしくない動画に年齢制限を設定します。**

YouTubeのガイドラインによると、18歳未満の視聴者が見る動画としてふさわしいとはいえない内容を含むものについては、年齢制限を設定できるとあります。また、年齢制限を設けるか否かの判断の基準として、次のような内容が挙げられています。

- 暴力
- 不快感を与える映像
- ヌード
- 性的内容を示唆するコンテンツ
- 危険な行為の描写

なお、年齢制限が設定された動画を見るには、視聴者が18歳以上で、YouTubeにログインしている必要があります。

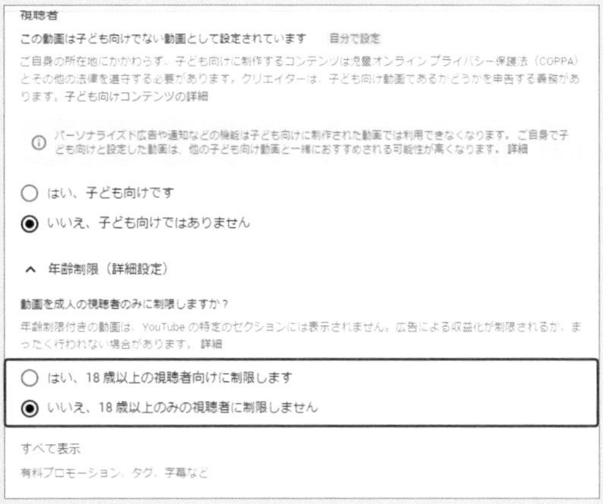

視聴者
この動画は子ども向けでない動画として設定されています　自分で設定
ご自身の所在地にかかわらず、子ども向けに制作するコンテンツは児童オンラインプライバシー保護法（COPPA）とその他の法律を遵守する必要があります。クリエイターは、子ども向け動画であるかどうかを申告する義務があります。子ども向けコンテンツの詳細
パーソナライズド広告や通知などの機能は子ども向けに制作された動画では利用できなくなります。ご自身で子ども向けと設定した動画は、他の子ども向け動画と一緒におすすめされる可能性が高くなります。詳細
はい、子ども向けです
いいえ、子ども向けではありません
年齢制限（詳細設定）
動画を成人の視聴者のみに制限しますか？
年齢制限付きの動画は、YouTube の特定のセクションには表示されません。広告による収益化が制限されるか、まったく行われない場合があります。詳細
はい、18 歳以上の視聴者向けに制限します
いいえ、18 歳以上のみの視聴者に制限しません
すべて表示
有料プロモーション、タグ、字幕など

18歳未満の視聴がふさわしくないと思われる動画は、「はい、18歳以上の視聴者向けに制限します」に設定しましょう。

Q 公開設定

124 非公開で投稿した動画を公開にしたい!

A 「公開設定」で<公開>を選択します。

「非公開」で投稿した動画は、自分しか視聴することができません。YouTubeでどのように再生されるかを確認するために「非公開」で動画を投稿する機会も多いでしょう。問題ないようであれば「公開」に変更して、多くの人に動画を見てもらいましょう。

1 YouTube Studioを表示して、<コンテンツ>をクリックします。

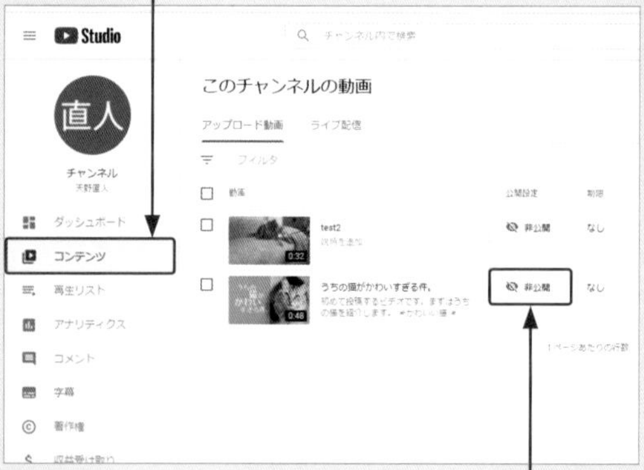

2 設定を変更したい動画の右側にある<公開設定>項目をクリックします。

3 表示されたメニューから<公開>を選択して、

4 <保存>をクリックします。

Q 公開設定

125 動画を限定公開にしたい!

A 「公開設定」で<限定公開>を選択します。

「限定公開」は、動画のURLを知っている人だけが視聴できる公開方法です。家族や親戚、友達どうしなど、特定の個人またはグループ間でURLを共有します。

限定公開に設定した動画は、検索や関連動画の対象にはなりません。ただし、URLを知っている人が、その動画を公開中の再生リストに追加したり、SNSやブログに掲載したりした場合、リンクから動画にアクセスできてしまうので注意が必要です。

1 YouTube Studioを表示して、<コンテンツ>をクリックします。

2 設定を変更したい動画の右側にある<公開設定>項目をクリックします。

3 表示されたメニューから<限定公開>を選択して、

4 <保存>をクリックします。

Q 公開設定

126 ▶ 動画を非公開にしたい！

A 「公開設定」で＜非公開＞を選択します。

「非公開」は、動画を投稿した本人と特定の人だけが視聴できる設定です。非公開に設定した動画を見るには、投稿時のユーザーアカウントでYouTubeにログインしている必要があります。限定公開と同様に、検索や関連動画の対象にはなりません。また、URLでアクセスしても動画は再生できない状態になっています。特定の人に見せたい場合は、「公開設定」で＜動画を非公開で共有する＞をクリックし、対象者を招待します。

1 YouTube Studioを表示して、＜コンテンツ＞をクリックします。

2 設定を変更したい動画の右側にある＜公開設定＞項目をクリックします。

3 表示されたメニューから＜非公開＞を選択して、

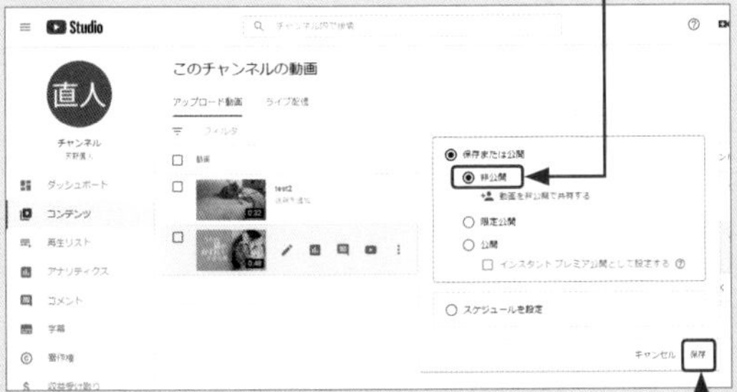

4 ＜保存＞をクリックします。

Q 公開設定

127 ▶ 指定した日時に動画を公開したい！

A スケジュール配信を設定します。

今すぐ公開せずに指定した時間に公開したいときや、毎週決まった曜日に動画を配信する際に利用したいのが、スケジュール配信です。
日時を指定して動画を公開するには、YouTube Studioの「動画」画面を表示し、任意の動画の「公開設定」で設定します。ほかに、「動画の詳細」画面でも設定可能です。なおスケジュールを設定した動画は、設定した日時まで「非公開」の扱いとなります。

1 YouTube Studioを表示して、＜コンテンツ＞をクリックします。

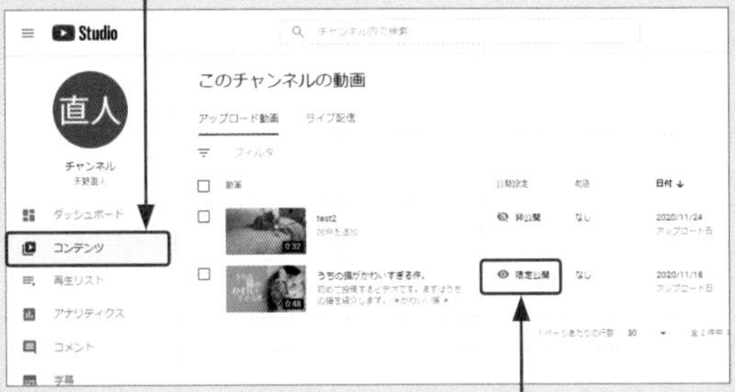

2 設定を変更したい動画の右側にある＜公開設定＞項目をクリックします。

3 ＜スケジュールを設定＞をクリックして選択し、公開日時を指定します。

4 ＜スケジュールを設定＞をクリックします。

Q カード

128 動画に設定できるカードとは？

A 動画上に表示される通知です。ほかの動画やチャンネルなどにリンクできます。

「カード」は、再生中の動画上に表示される通知の1種で、ほかの動画やチャンネル、再生リストなどに誘導したいときに利用します。

カードを表示するタイミングは自由に選べるので、動画の中で言及しているトピックに関連するほかの動画やチャンネルのカードを表示させると効果的です。

またカードを追加した場合、YouTubeアナリティクスを使ってカードのパフォーマンスを確認することができます。カードには、次の4種類が用意されています。

1. 動画カード
2. 再生リストカード
3. チャンネルカード
4. リンクカード

このうち外部のWebサイトにリンクできる「リンクカード」には、「関連ウェブサイトカード」「クラウドファンディングカード」「商品紹介カード」が含まれます。なお、このリンクカードを使用できるのは「YouTubeパートナープログラム」に参加しているチャンネルに限られます。

1 ⓘをクリックすると、

2 カードが展開して表示されます。

Q カード

129 動画にカードを設定したい！

A 「動画の詳細」画面で<カード>を選択します。

動画にカードを追加するには、YouTube Studioにログインし、「動画の詳細」画面を表示します。画面右下の<カード>をクリックしてカードの種類を選択し、動画のタイムラインでカードを表示するタイミングを指定します。必要に応じてティーザーテキストやカスタムメッセージを入力し、<保存>をクリックします。

1 YouTube Studioを表示して<コンテンツ>をクリックします。

2 <カード>をクリックします。

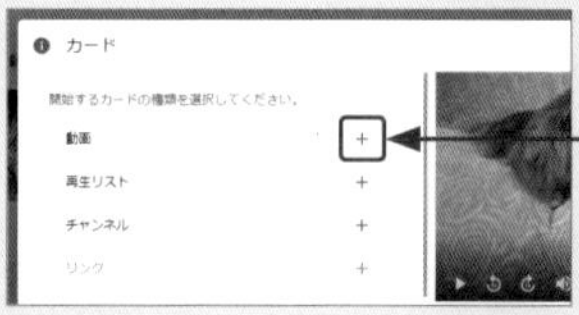

3 カードの種類（ここでは<動画>）の<+>をクリックします。

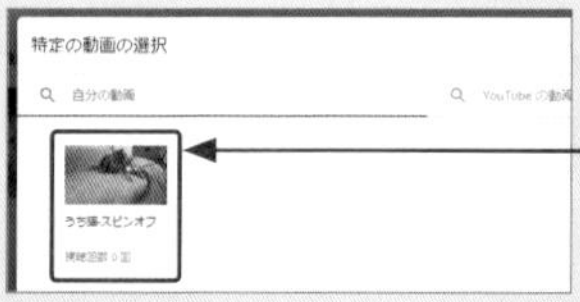

4 カードに追加したい動画を選択します。

5 カスタムメッセージやティーザーテキストを入力し、

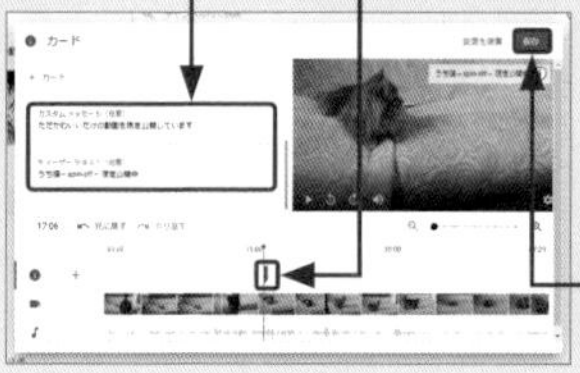

6 カードを表示するタイミングを指定して、

7 <保存>をクリックします。

Q 終了画面

130 ▶ 終了画面って何？

A 動画の最後に表示して、最新の動画やチャンネル登録に誘導する画面です。

YouTubeで最後まで動画を視聴したあと、チャンネル登録やほかの動画のリンクが付いた画面を見たことはないでしょうか？　それが終了画面です。動画の最後に5〜20秒ほど表示される画面で、関連する動画に誘導したり、チャンネル登録を促したりすることができます。
終了画面の編集は、YouTube Studioの「エディタ」画面で行います。また、終了画面にはいくつかのテンプレートが用意されているので、活用しましょう。

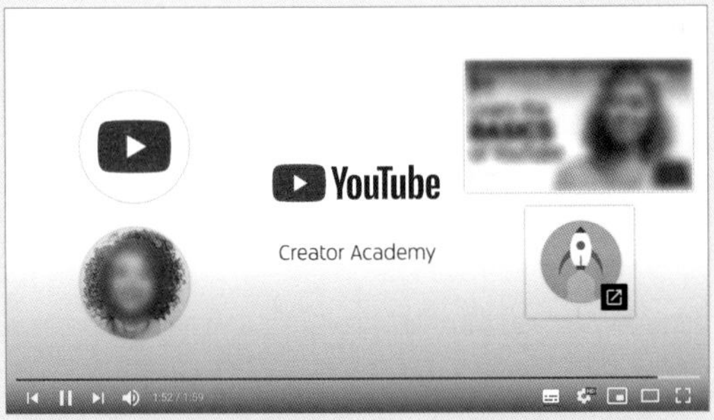

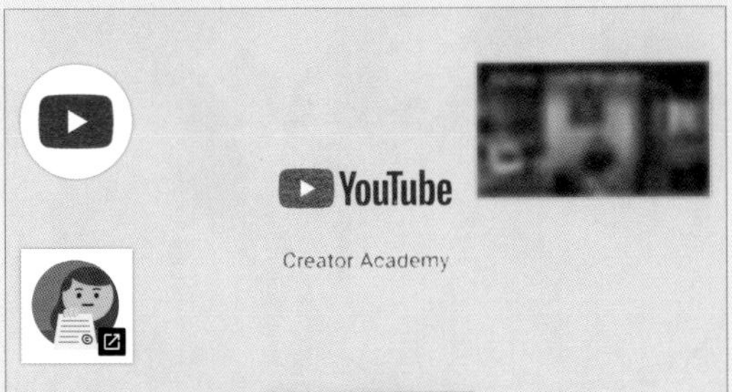

[クリエイターアカデミー]

参考：YouTube Creators「クイックスタートガイド：チャンネルを開設する」
https://www.youtube.com/watch?v=LcuvxJNIgfE&ab_channel=YouTubeCreators

Q 終了画面

131 ▶ 終了画面に追加できる要素を知りたい！

A 大きく4つの要素の中から追加できます。

終了画面に追加できる要素には、大きく次の4つがあります。

- ・動画または再生リスト
  - –最新のアップロード動画
  - –視聴者に適した動画の自動表示
  - –チャンネル内の動画または再生リスト
- ・チャンネル登録
- ・承認済みWebサイト
  - –関連するWebサイトへのリンク
  - –承認済みの販売者（商品）へのリンク
  - –クラウドファンディングへのリンクなど
- ・チャンネル

これらの中から、1つまたは複数のコンテンツを追加します。標準のアスペクト比16:9の動画では、終了画面に最大4つの要素を追加できます。画面のアスペクト比によっては、これより少なくなることに留意しましょう。
なお、「承認済みウェブサイト」については、「YouTubeパートナープログラム」のメンバーのみに提供される要素となっています。

Q 終了画面

132 カードや終了画面に自分のWebサイトのリンクを貼りたい!

A YouTube パートナープログラムに登録して、関連Webサイトを紐付けします。

YouTubeパートナープログラムに登録すると、カードや動画の終了画面にWebサイトのリンクを貼ることができます。YouTubeパートナープログラムに登録するには、以下の利用資格が必要です。

- ・YouTubeの収益化ポリシーを遵守している
- ・公開動画の総再生時間が12か月で4,000時間以上
- ・チャンネル登録者数が1,000人以上
- ・AdSenseアカウントを所有している

1 YouTube Studioを表示して、<設定>をクリックします。

2 <チャンネル>をクリックして、

3 <詳細設定>をクリックし、

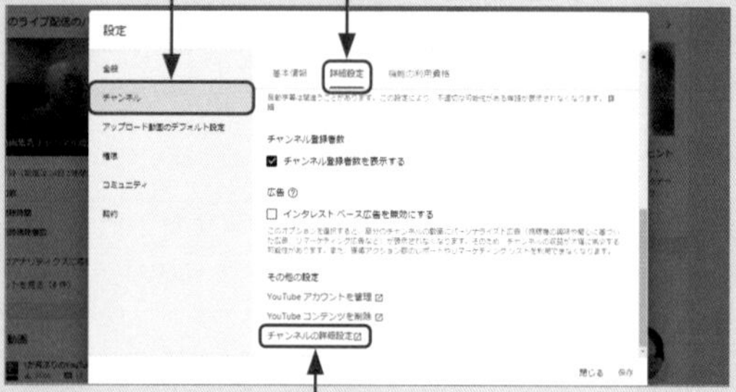

4 <チャンネルの詳細設定>をクリックします。

YouTubeのカードや終了画面にWebサイトなどのリンクを貼り付けるには、YouTube Studioの「設定」から行います。なお、貼り付け時にはWebサイトの管理者の承認、もしくは所有者の確認が必要となります。

5 貼り付けたいリンクを入力して、

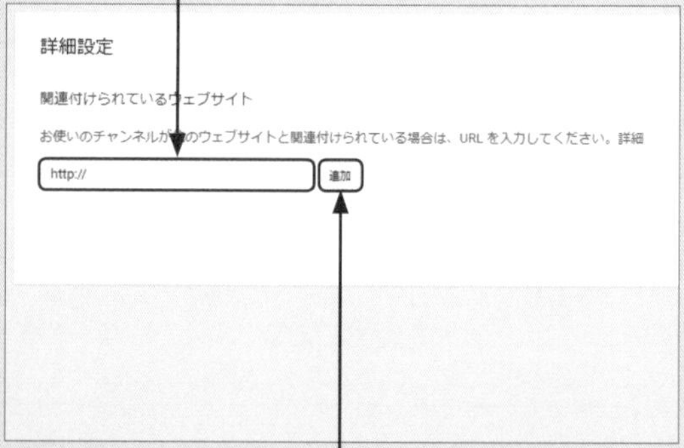

6 <追加>をクリックします。

7 <承認をリクエストをする>もしくは<確認>をクリックして、Webサイトの確認を行います。以降は画面の指示に従って設定します。

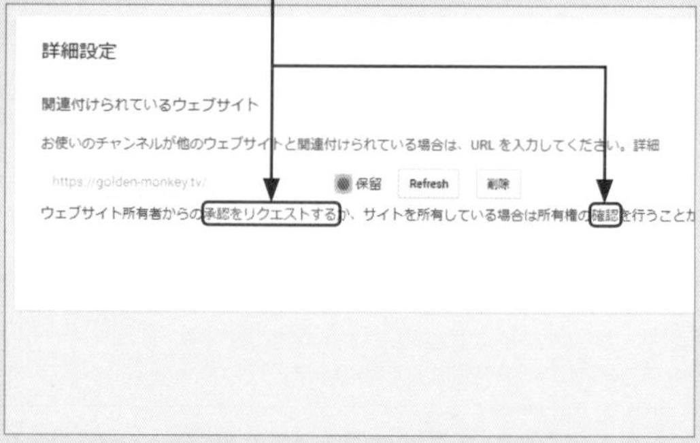

Q 詳細設定

133 ▶ 詳細なメタデータを設定したい!

A 「動画の詳細」画面で、オプションの設定項目を表示します。

YouTubeのアルゴリズムは、通常「タイトル」「説明」「タグ／ハッシュタグ」のキーワードを使って、検索結果や関連動画に反映します。動画にさらにメタ情報を加えたい場合は、「動画の詳細」画面下部の<すべて表示>をクリックして、オプション項目を表示します。

詳細オプションでは、「タグ」「言語と字幕」「撮影日と場所」「カテゴリ」といったメタ情報を追加できます。一部のオプション項目は動画の一覧画面からも追加できますが、動画ごとにまとめて設定したい場合は「動画の詳細」画面を使うと便利です。

また、このほかに「有料プロモーション」や「コメントと評価」の設定も含まれます。コメントや評価は動画のエンゲージメントにつながるので、しっかり管理しましょう。

● YouTube Studioの「動画の詳細」画面

YouTube Studioの「動画」画面で、設定したい動画をクリックして「動画の詳細」画面を表示します。画面をいちばん下までスクロールして、<すべて表示>をクリックします。設定後は、忘れずに画面右上部の<保存>をクリックしましょう。

「動画の詳細」画面を下部の<すべて表示>をクリックすると、「タグ」が見つかります。ここに入力した文字列は、カンマで区切ることで1つのタグとして認識されます。

なお動画に付けたタグは、再生ページには表示されません。ハッシュタグが検索に直結するキーワードであるのに対して、タグはYouTubeがその情報をもとに関連動画として表示したりする際に使用します。

1 YouTube Studioを表示して、<コンテンツ>をクリックします。

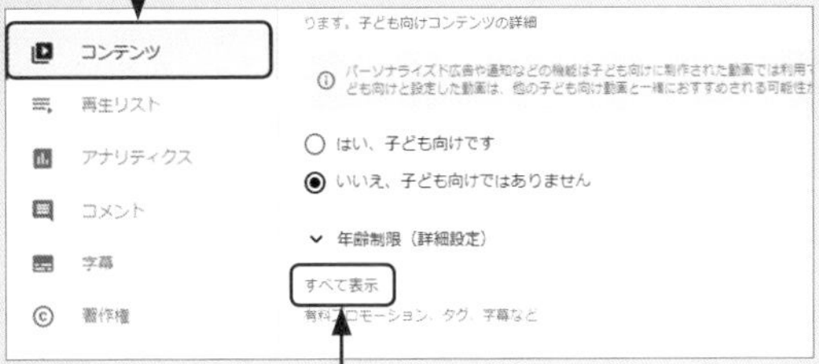

2 <すべて表示>をクリックします。

3 「タグ」の入力エリアに、<,(カンマ)>で区切って複数のタグを入力します。

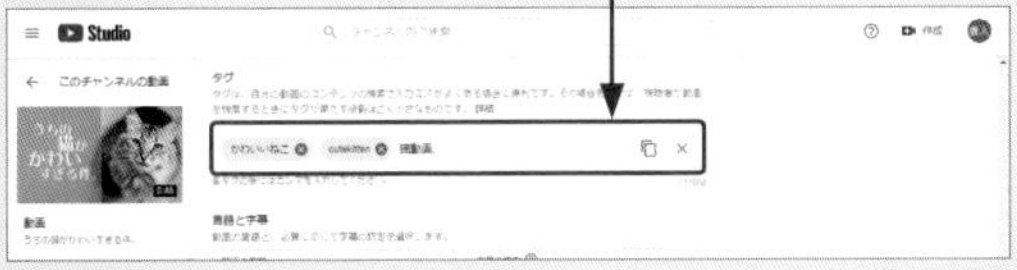

4 タグの入力が済んだら、画面右上の<保存>をクリックします。

Q 詳細設定

134 ▶ 言語の設定をしたい!

A 「動画の詳細」画面で、「動画の言語」を指定します。

動画の言語は、「動画の詳細」画面で<すべて表示>をクリックすると表示される「動画の言語」で設定します。
日本語のコンテンツであれば、「動画の言語」で<日本語>を指定することで、言語で絞り込んで検索するユーザにリーチしやすくなるほか、タイトルや説明文などに適用されるYouTubeの自動翻訳や、自動字幕起こしの精度が高くなるメリットがあります。

「動画の詳細」画面で<すべて表示>をクリックし、オプション項目を表示しておきます。

1 <動画の言語>をクリックします。

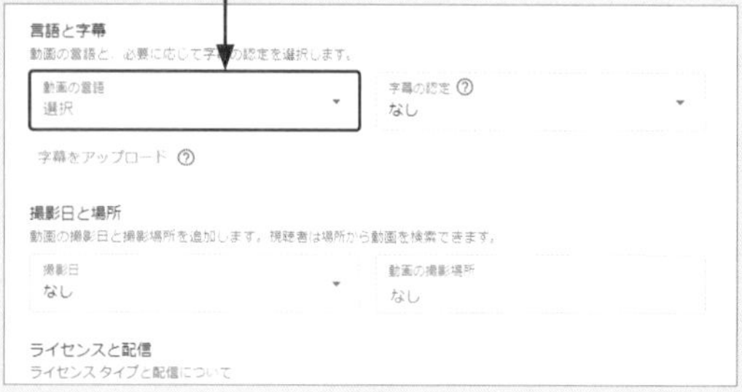

2 メニューから<日本語>(または任意の言語)をクリックして選択します。

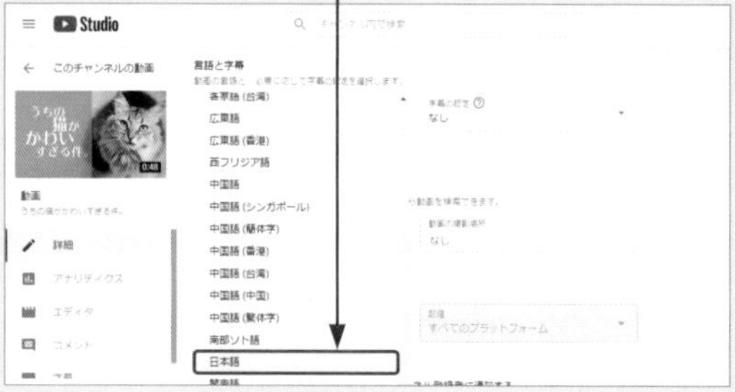

3 最後に画面上部に戻り、<保存>をクリックします。

Q 詳細設定

135 ▶ 字幕の設定をしたい!

A YouTube Studioの<字幕>から動画ごとに字幕を設定できます。

動画に字幕を設定するには、YouTube Studioから<字幕>をクリックし、字幕を設定したい動画をクリックして、字幕を手動で入力します。

1 YouTube Studioを表示して、<字幕>をクリックします。

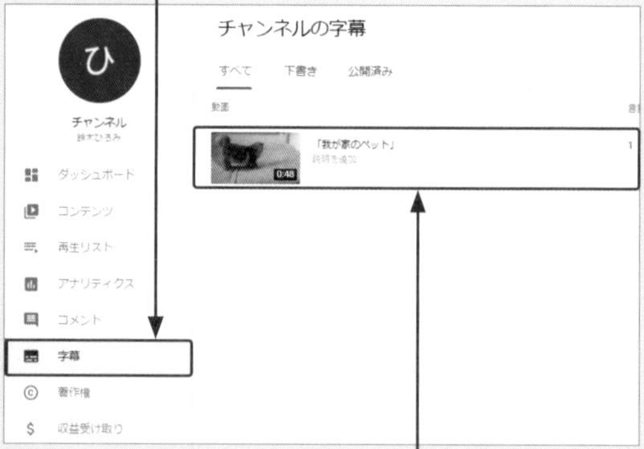

2 字幕を設定したい動画をクリックします。

3 言語を設定し、<追加>をクリックします。

4 <手動で入力>をクリックして、画面下の青いバーの左右をドラッグして字幕を設定したい箇所を選択します。

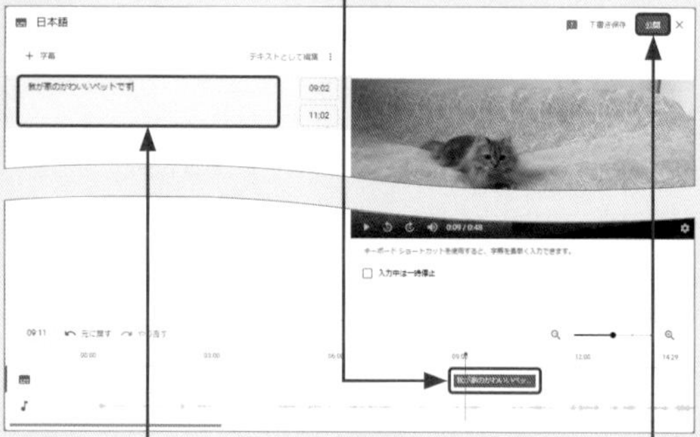

5 字幕を入力します。

6 <公開>をクリックします。

Q 詳細設定

136 コメントの可否を設定したい！

A 詳細設定の＜コメントと評価＞で設定できます。

YouTubeの動画には、コメント欄が表示されているのが一般的です。しかし、コメントを許可しない設定も可能です。特定の動画でコメントを不許可、または保留にするには、「動画の詳細」画面下部にある＜すべて表示＞をクリックし、表示される「コメントと評価」で設定します。
コメントの設定は、「コメントをすべて許可する」「不適切な可能性があるコメントを保留して確認する」「すべてのコメントを保留して確認する」「コメントを無効にする」の4種類があります。
「保留」を選択した場合は、画面左側のリストで＜コメント＞をクリックしてコメントの内容を確認し、個別に公開・非公開を指定します。

1 「コメントと評価」で、＜コメントの表示＞をクリックします。

2 表示されたメニューから、コメントの扱いをクリックして選択します。

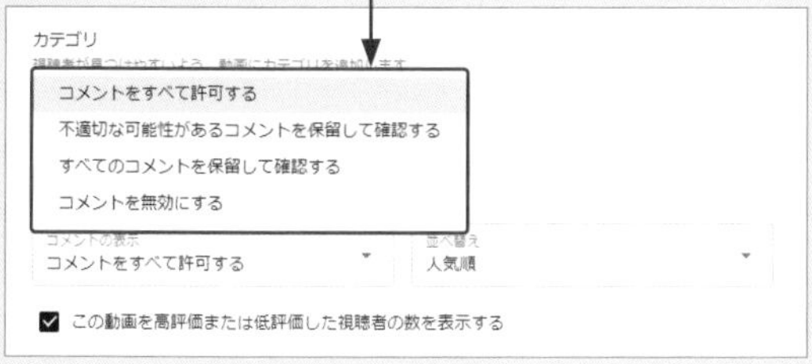

3 最後に、画面上部の＜保存＞をクリックします。

Q 詳細設定

137 評価数の表示／非表示を設定したい！

A 詳細設定の＜コメントと評価＞で切り替えます。

YouTubeの動画は、視聴したユーザーが「高評価」「低評価」の評価ボタンをクリックして評価することができます。デフォルトでは、それぞれの評価のクリック数が公開されますが、この数字は非表示にすることも可能です。
設定は、「動画の詳細」画面下部にある＜すべて表示＞をクリックし、表示される「コメントと評価」で行います。評価数を非表示にするには、＜この動画を高評価または低評価した視聴者の数を表示する＞のチェックを外します。なお評価数を非表示にしても、評価ボタン自体は機能するため、評価数を確認することが可能です。

評価数を非表示にするには、「コメントと評価」で＜この動画を高評価または低評価した視聴者の数を表示する＞のチェックを外します。

評価数を表示から非表示に切り替えると、表示が次のように変わります。

Q 詳細設定

138 投稿した動画を再生リストにまとめたい!

A 再生リストを作成して、動画を追加しましょう。

公開した動画を順番に見てほしいときや、シリーズ別に動画をまとめて整理したいときは、再生リストを利用します。作成した再生リストは、視聴者にも見てもらえるように公開しておくとよいでしょう。
再生リストの作成および編集は、YouTube Studioまたは通常のアカウントページから行います。

Q.061を参考に「再生リスト」を作成しておきます。

1 リストに追加したい動画の「詳細」画面を表示し、

2 <再生リスト>をクリックします。

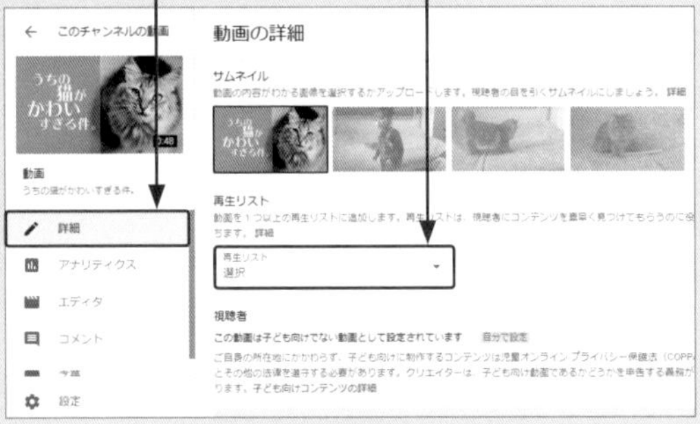

3 追加したい再生リストにチェックを付けて、

4 <完了>をクリックします。

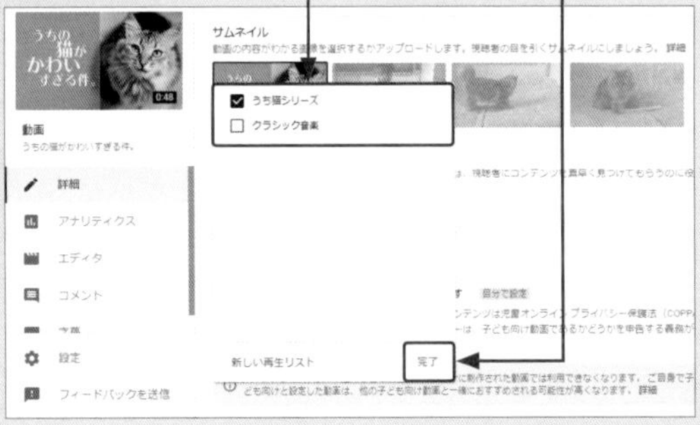

Q 詳細設定

139 複数の動画をまとめて再生リストに追加したい!

A 再生リストの画面から追加します。

再生リストを作成すると、再生リストの画面から動画を追加できます。その際、YouTube内にある動画をキーワード検索して、まとめて追加することができます。

あらかじめ再生リストを作成しておきます。

1 YouTubeのホーム画面から<おすすめ動画>をクリックします。

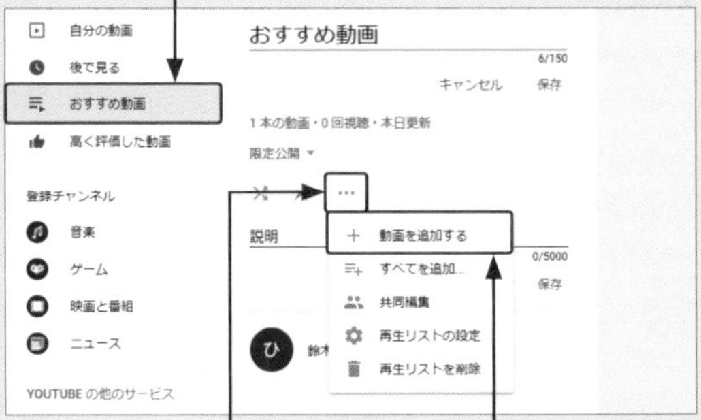

2 [⋯]をクリックします。

3 <動画を追加する>をクリックします。

4 キーワードを入力して検索し、

5 追加したい動画をクリックして選択して、

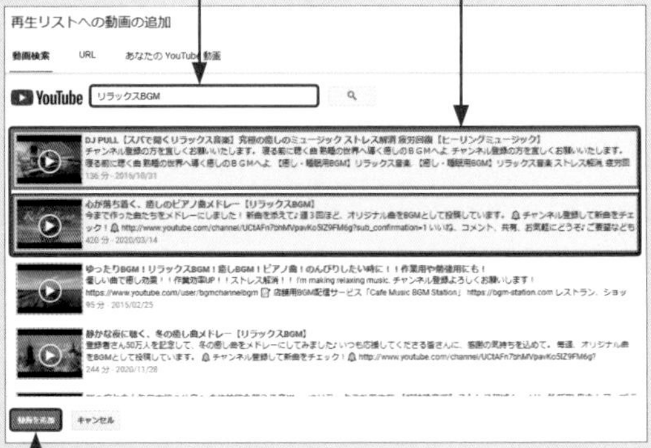

6 <動画を追加>をクリックします。

Q 詳細設定

140 アップロード時のデフォルト設定を変更したい！

A ＜アップロード動画のデフォルト設定＞で変更できます。

アップロードのたびに同じ設定を繰り返すのは面倒という場合は、デフォルトの設定を変更することができます。

YouTube Studioの「設定」画面で＜アップロード動画のデフォルト設定＞をクリックし、タイトルや説明、タグなどの基本設定と、ライセンスの種類や言語、コメントなどの詳細設定をそれぞれ編集します。ここで設定した内容は、そのチャンネルに投稿するすべての動画に適用されます。

1 YouTube Studioの画面で＜設定＞をクリックします。

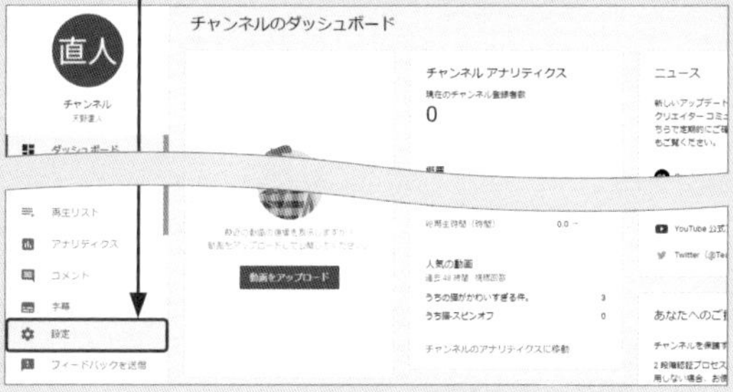

2 ＜アップロード動画のデフォルト設定＞をクリックし、

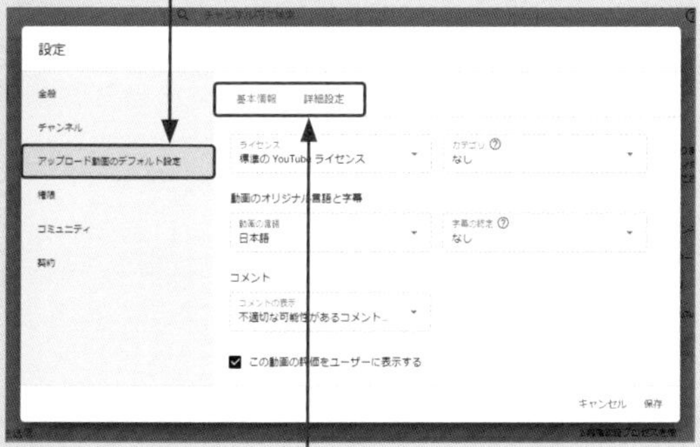

3 ＜基本情報＞と＜詳細設定＞で、必要な設定を行います。

Q 詳細設定

141 投稿した動画に「ドラフト」と表示され公開されない！

A 投稿時の設定が完了する前に画面を閉じるとドラフト扱いになります。

アップロードが終了したあと、投稿時に必要な設定を完了する前にウインドウを閉じたりほかのページに移動したりすると、その投稿は「ドラフト」として保存されます。

「ドラフト」と表示されている動画の＜ドラフトを編集＞をクリックして必要な設定を行い、公開設定を＜公開＞にして保存します。

1 「公開設定」が「ドラフト」になっていることを確認し、

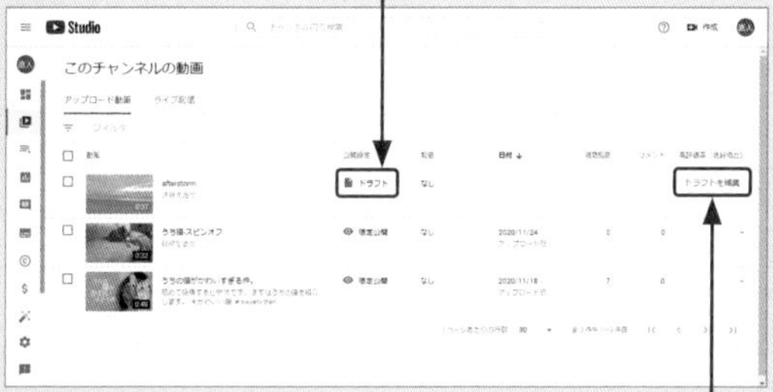

2 ＜ドラフトを編集＞をクリックします。

3 公開に必要な各種設定を行います。

4 ＜次へ＞をクリックします。

5 ＜公開＞をクリックします。

Q 詳細設定

142 アップロードした動画の画質が悪い!

A 高解像度の動画処理には、多少時間がかかります。

アップロードした動画は、最初に低解像度の処理が行われます。これによりアップロードの高速化が実現しますが、アップロード直後の動画は低解像度で再生されることになります。

ハイビジョンや4Kなど、高解像度の動画をアップロードした場合、処理に時間がかかるため、その間高解像度を選択できないこともあります。これを回避するには、アップロード後すぐに公開せずに、限定公開などに設定する方法が考えられます。高解像度の処理が完了したあとで公開することで、視聴者は初めから高解像度の映像を視聴できます。

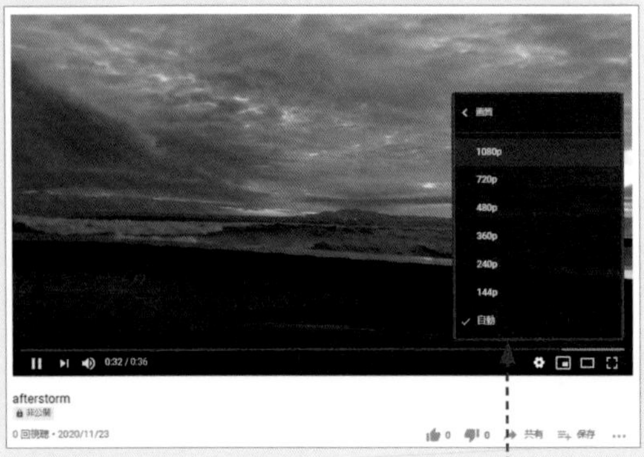

画質が低いと感じるときは、プレイヤーの<設定>→<画質>を確認してみましょう。

Q 詳細設定

143 アップロードした動画が削除されてしまった!

A YouTubeのポリシーに違反している可能性があります。

アップロードした動画に「動画が削除されました」といった旨のメッセージが表示された場合、動画の内容がYouTubeのポリシーに違反している可能性があります。以下に、メッセージの例と削除の理由を記載します。誤って削除されたと考えられる場合は、再審査請求もできます。

●「動画が削除されました:不適切なコンテンツ」

その動画がコミュニティガイドラインに違反していることを示します。コミュニティガイドラインを確認し、YouTubeにアップロード可能なコンテンツの種類を理解して、コンテンツがこれ以上削除されないようにします。

●「動画が削除されました:利用規約違反」

その動画は利用規約違反または著作権侵害により削除された可能性があります。詳しくは、YouTubeの利用規約と著作権の基本情報を確認しましょう。

●「著作権保護されたコンテンツが含まれています」

その動画のコンテンツに対して、YouTubeのContent IDシステム経由でコンテンツ所有者から申し立てが行われたことを示します。メッセージをクリックすると、「著作権の詳細」で動画内で著作権侵害とみなされた部分に関する情報を確認できます。「著作権保護されたコンテンツのためミュート中」「すべての国でブロック」「一部の国でブロック」などのメッセージも同様です。

●「動画が削除されました」

削除を求める正式な法的要請が著作権者から送信されたため、動画がYouTubeから削除されたことを示します。

●「動画が削除されました:商標の問題」

その動画が商標に関するポリシーに違反していることを示します。

Q 詳細設定

144 投稿した動画をトリミングできる？

A 「動画エディタ」で動画の先頭と最後、または中間をカットできます。

すでに公開済みの動画でも、YouTube Studioの「動画エディタ」を使って、動画の前後、または中間の一部を切り取ることができます。ただし、この機能が適用できる動画は、再生時間が6時間未満である場合に限ります。
また、対象となる動画の再生回数が10万回を超えていると、変更を保存することができません。その場合は、新しい別の動画として投稿し直します。

1 編集したい動画を選択して<エディタ>をクリックし、

2 <カット>をクリックします。

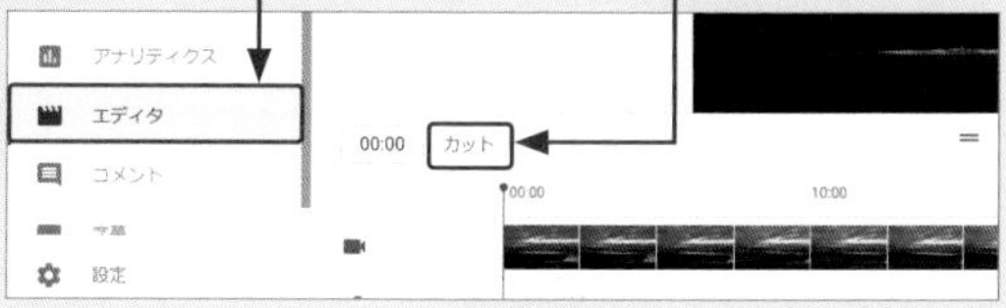

3 タイムラインの両側にある青色のバーをドラッグして、動画の前後をカットします。

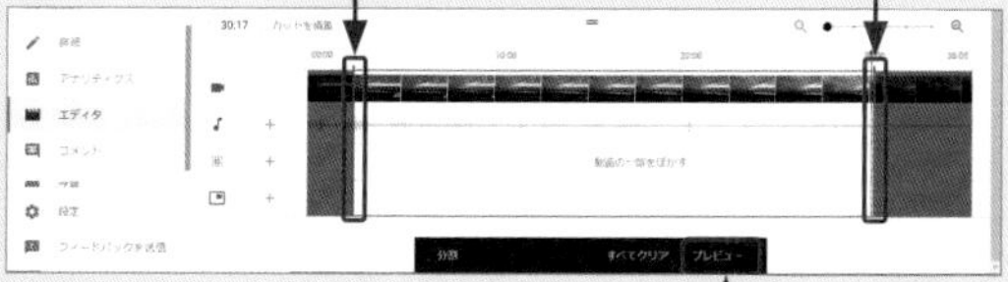

4 <プレビュー>をクリックして、内容を確認します。

5 <保存>をクリックして、変更を確定します。

操作中は保存できません。「プレビュー」状態にしてから<保存>をクリックしましょう。

Q 詳細設定

145 投稿した動画にぼかしを入れたい！

A 「動画エディタ」の「動画の一部をぼかす」で編集します。

動画の内容に関係のない通行人や個人情報が写り込んでいる場合などは、ぼかしを追加することができます。
たとえば顔をぼかすには、ぼかしを入れたい動画の詳細画面を表示し、左側のメニューで<エディタ>をクリックします。<動画の一部をぼかす>をクリックし、<顔のぼかし>を選択します。

1 編集したい動画を選択して、<エディタ>をクリックし、

2 「ぼかし」タイムラインで＋をクリックし、<顔のぼかし>をクリックします。

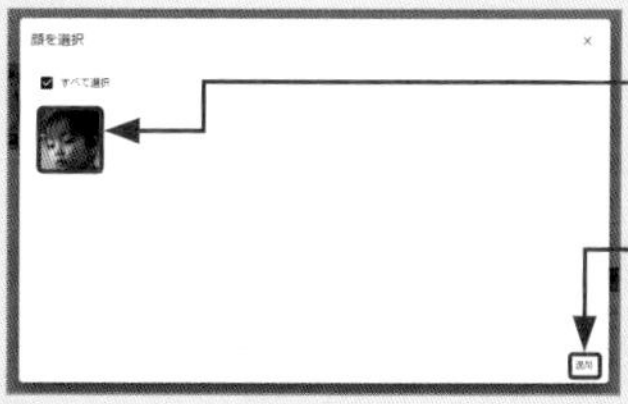

3 ぼかしたい顔を選択して、

4 <適用>をクリックします。

5 ぼかしの範囲などを調整して、

6 <保存>をクリックします。

Q 詳細設定

146 投稿した動画に音楽を追加したい！

A オーディオライブラリの著作権料無料の音楽と効果音が利用できます。

YouTubeに投稿する動画に音楽を付けたい場合、自分が好きなアーティストなど市販のCDや音楽配信サービスからダウンロードした楽曲を許可なく使用することはできません。通常、そうした楽曲には著作権が存在するためです。
そこで、安全かつ手軽に利用できる、YouTube Studioの「オーディオライブラリ」を活用しましょう。

1 編集したい動画を選択して＜エディタ＞をクリックし、

2 「オーディオ」タイムラインの＋をクリックします。

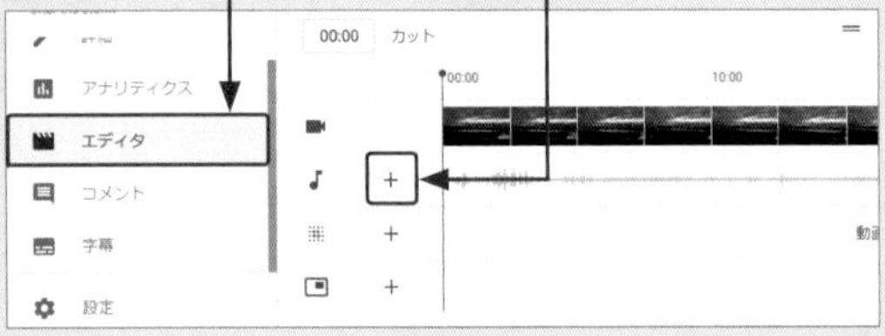

3 オーディオライブラリから使用したい音声を選択して、＜追加＞をクリックします。

4 音声がオーディオタイムラインに追加されます。

5 音量などを調整し、最後に＜保存＞をクリックして完了です。

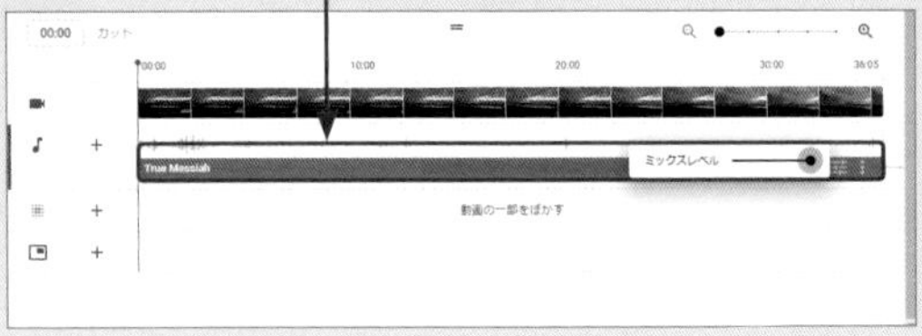

Q 詳細設定

147 投稿した動画を削除したい！

A YouTube Studioの「動画」画面で＜完全に削除＞を選択します。

投稿した動画を削除するには、動画の一覧から削除したい動画にマウスポインタを合わせ、表示される⋮をクリックし、＜完全に削除＞をクリックします。
複数の動画をまとめて削除するには、削除したい動画にチェックを付けてから、＜その他の操作＞→＜完全に削除＞の順にクリックします。いずれの場合も、一度削除すると復元できないので注意が必要です。

1 YouTube Studioで＜コンテンツ＞をクリックして「このチャンネルの動画」画面を表示します。

2 削除したい動画にマウスポインタを合わせ、表示される⋮をクリックします。

3 表示されたメニューから＜完全に削除＞をクリックします。

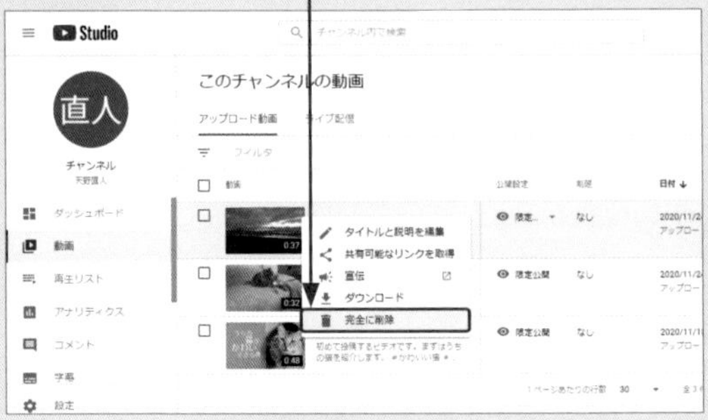

第 5 章

ユーザー相手に リアルタイム交流! ライブ配信技

Q ライブ配信の基本

148 ライブ配信は無料でできる？

A アカウントとチャンネルがあれば、無料で配信できます。

YouTubeには「YouTube Live」というライブ配信機能があります。ライブ配信では、リアルタイムに映像を配信しながら、視聴している人とコメントなどを通してコミュニケーションを取ることができます。多くのYouTuberは動画投稿以外にも、ライブ配信を並行して行っていることが多く、視聴者側も動画に比べてYouTuberとの距離を近く感じることができます。

この「YouTube Live」は、動画投稿と同様、Googleアカウントと YouTubeチャンネルを持っていれば誰でも無料で配信することができます。ただし、モバイルからの配信については条件があります(Q.172参照)。

1 をクリックして、

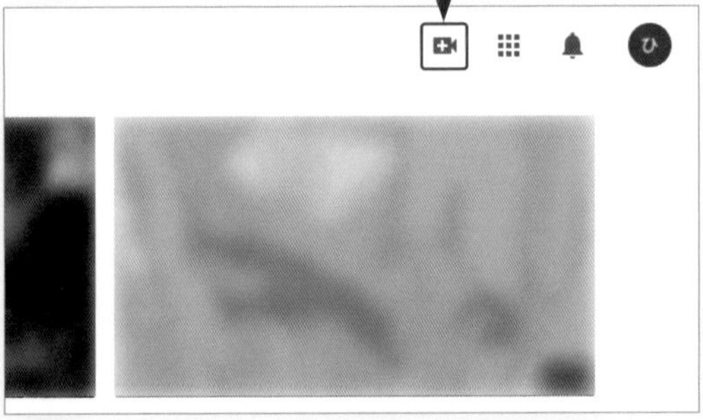

2 ＜ライブ配信を開始＞をクリックします。

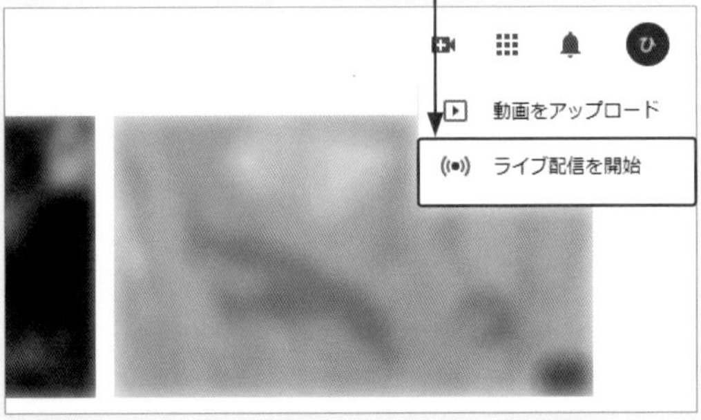

Q ライブ配信の基本

149 配信した動画はあとからでも見られる？

A ライブ配信は、終了後すぐに動画化されて自動で投稿されます。

YouTubeでライブ配信が終了したら、その配信はYouTube上で動画化され、自動で投稿されます。そのため、自分で配信内容を投稿し直す必要はありません。これにより、ライブ配信を見られなかった視聴者に対して、あとから見てもらうことが可能になります。

● 配信後は自動的に動画化される

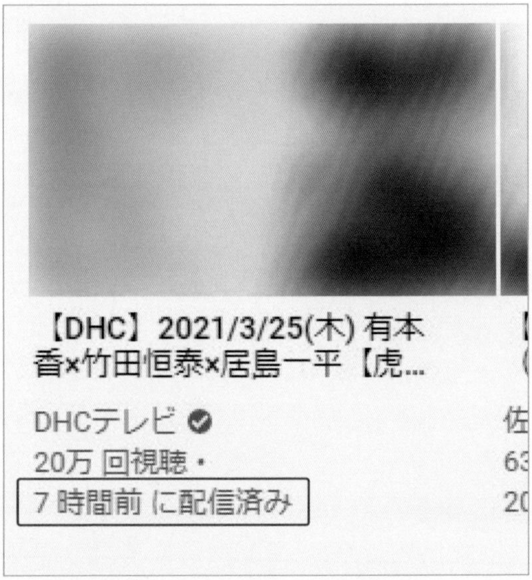

ライブ配信されていた動画は、視聴回数の下に「○○前に配信済み」と表示されます。通常の動画にはこの表示が付いていないので、通常の動画なのかライブ配信の動画なのかを区別することができます。

Q ライブ配信の基本

150 ライブ配信で準備しておくとよいものってある？

A 配信したい内容に合わせて、準備するものが異なります。

YouTubeでライブ配信をする場合、顔出しで配信をするならWebカメラが必ず必要です。また、音声を配信に乗せるためのマイクも必ず必要です。ヘッドフォンは雑談配信などでは必ず必要というわけではありませんが、音楽配信やゲーム配信をする場合はその音をマイクが拾ってしまい、視聴者側で二重に音が聞こえてしまう場合があるので、必ず用意しましょう。マイクとヘッドフォンが一体型になっているヘッドセットは、ライブ配信で非常に便利な機材です。歌や演奏配信をする場合は、オーディオインタフェース機能を備えたミキサーがあると便利です。とくに最近のミキサーはUSBで直接パソコンにつなぐことができるので、専用の音楽機材を用意する必要もありません。また映像にこだわりたい場合は、専用の配信ソフトがあるとよいでしょう（詳しくはQ.151参照）。

● 絶対に必要なもの

Webカメラ

マイク

● あると便利なもの

ヘッドセット

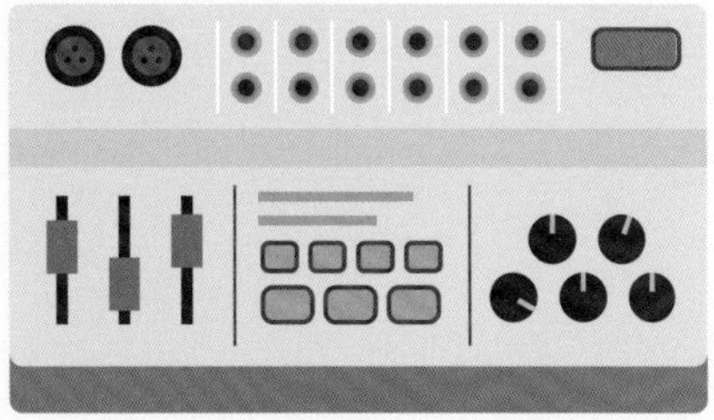

ミキサー

Q ライブ配信の基本

151 ▶ 専用の配信ソフトは使ったほうがよい？

A 映像と音声のキャプチャとミキシングを行ってくれるので、より高画質、高音質で配信することができます。

専用の配信ソフトを使うことで、より高画質で高音質な配信をすることができます。OBSやXSplitはエンコードソフトウェアとも呼ばれ、これらを使うことで、画質や音声の調整が可能になります。そのほかにも、映像の切り替えができたり、画像をいくつも重ねたり、外部の配信サイトとの同時配信ができるなど、機能は多岐に渡ります。無料で導入できるソフトもあるので、ぜひ使ってみましょう。

● OBS

URL https://obsproject.com/ja

無料で使える配信ソフトです。YouTubeのライブ配信でもっとも多く使われているソフトで、使い方もかんたんです。ライブ配信に複数の画像を重ねたり、映像を切り替えたりすることもできます。

● XSplit

URL https://www.xsplit.com/ja

無料で使うこともできますが、有料版では多くの便利な機能を使うことができます。とくに、複数のライブ配信サイトで同時に配信することができる点は、ほかのソフトよりも優れているでしょう。

● マルチコメントビューア

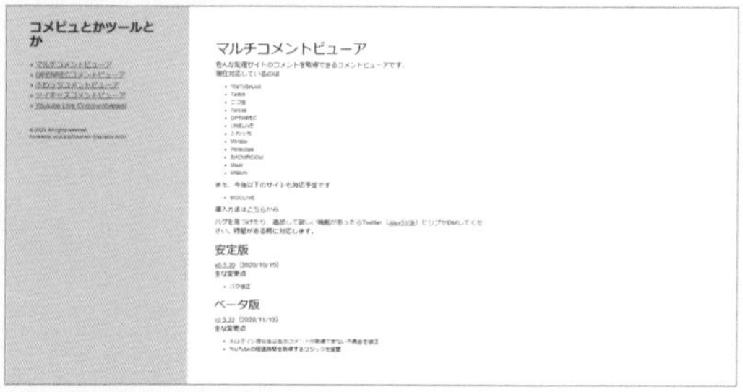

URL https://ryu-s.github.io/app/multicommentviewer

YouTubeでの配信中に流れるコメントを取得できるソフトです。ゲーム配信など、YouTubeの画面を見ることができない場合にコメントを確認するために使うと便利です。

152 ▶ YouTube Liveを有効にしたい！

A YouTube Live Studio画面に移動しましょう。

YouTube Liveを有効にすると、ライブ配信を開始することができます。YouTube Liveを有効にするには、「YouTube Live Studio」画面に移動する必要があります。いきなりライブ配信が開始されるわけではないので、慌てずに配信に合わせた設定をYouTube Live Studioで行いましょう（Q.153〜162参照）。

1 をクリックして、

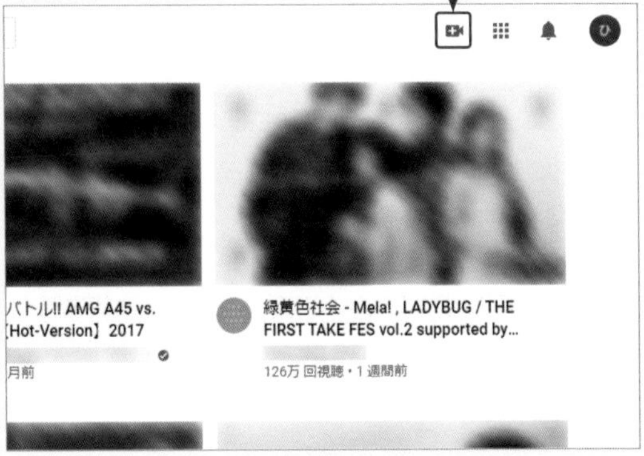

2 ＜ライブ配信を開始＞をクリックします。

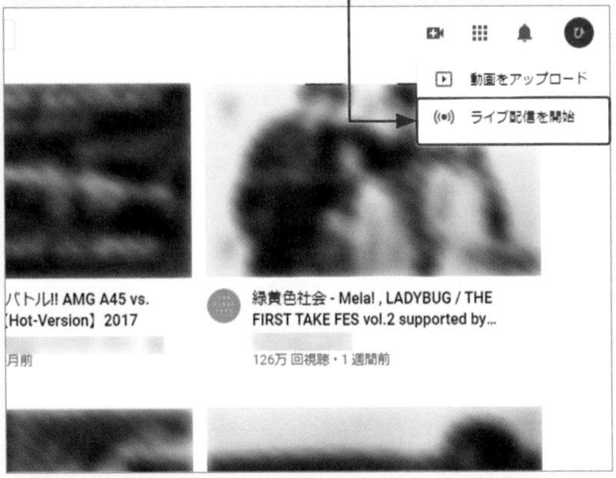

3 ＜有効にする＞をクリックします。

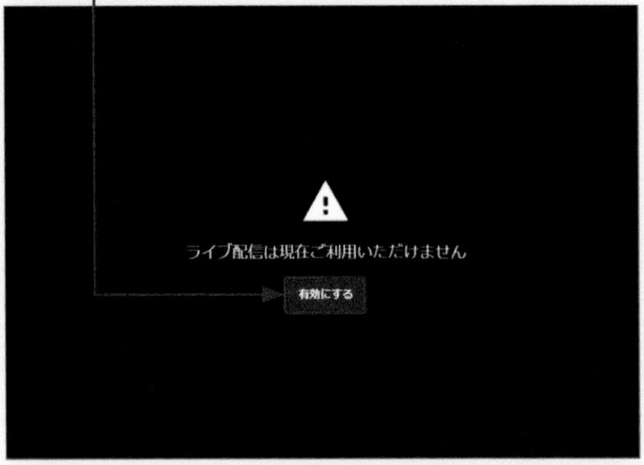

4 「YouTube Live Studio」画面が表示されます。

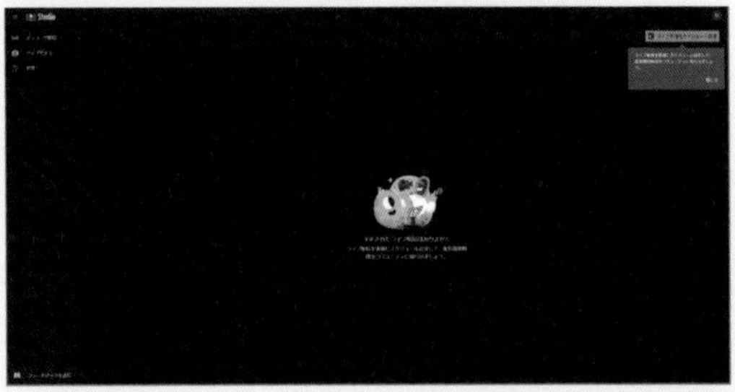

手順**3**のあとに、アカウントの確認画面が表示される場合があります。その場合、確認後24時間以上経過しないとライブ配信を行うことができません。1日以上経過してから、ライブ配信を行いましょう。

Q YouTube Live

153 ライブ配信を開始したい！

A YouTube Live Studio画面から配信を開始します。

「YouTube Live Studio」画面を表示したら、配信方法の設定と配信情報の入力をして、配信を開始しましょう。「エンコーダ配信」は、Q.151の配信ソフトを使った配信です（詳しくはQ.154参照）。「ウェブカメラ」は、Webカメラを使った配信方法です。配信ソフトを利用しない場合はこちらを選択します。

1 をクリックして、

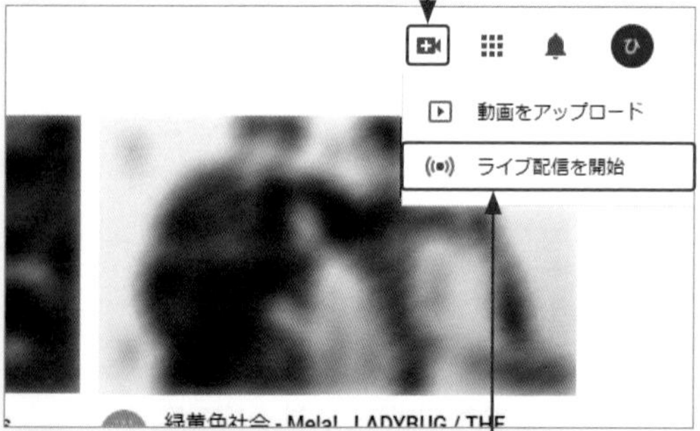

2 ＜ライブ配信を開始＞をクリックします。

3 配信方法を選択します。ここでは、＜ウェブカメラ＞をクリックします。＜エンコーダ配信＞を選択する場合は、Q.151の配信ソフトが必要になります。

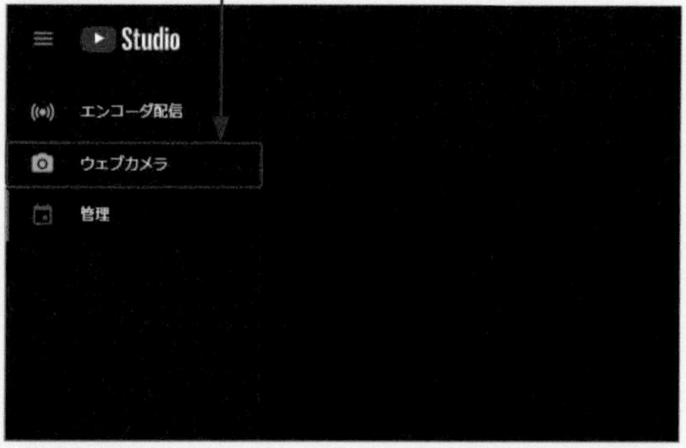

4 配信タイトルを入力して、

5 公開範囲を設定します。

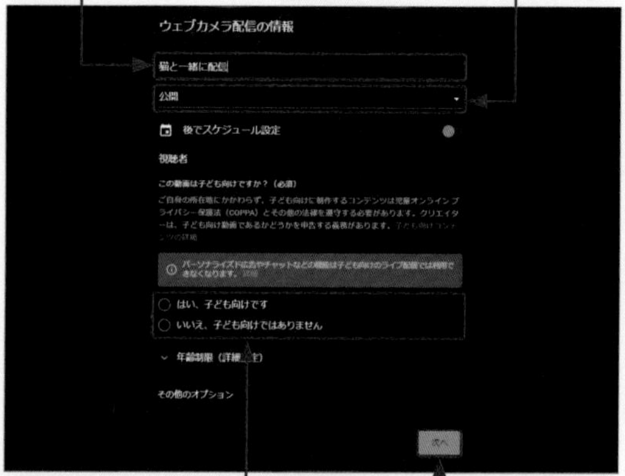

6 子供向けかどうかを選択し、

7 ＜次へ＞をクリックします。

8 ＜ライブ配信を開始＞をクリックすると、配信が開始されます。

MEMO　配信に必要な設定について

配信を開始するには、最低でも「タイトル」「公開設定」「子ども向け設定」を行う必要があります。これらを設定しないと開始することができないので、注意しましょう。

Q YouTube Live

154 ▸ 高画質で配信したい！

A 配信ソフトを使うと高画質で配信できます。

ゲーム配信など、音質よりも映像の画質を重視したいライブ配信を行いたい場合は、Q.151で紹介した配信ソフトを使って配信するとよいでしょう。配信ソフトを使わずに配信すると、YouTube上で画質と音質が自動でエンコード（圧縮）され、実際の映像と音よりも低品質になってしまう可能性があります。配信ソフトを使うことにより、画質と音質を自由に選択して配信することができるのです。

なお、画質や音質はパソコンのスペックやインターネットの通信速度にも左右されるため、必ずしも高い設定で配信できるわけではありません。使用しているパソコンとインターネットの通信速度を確認しておきましょう。本書では、配信ソフトとしてOBSを使った設定方法を紹介します。

1 OBSを起動して、＜設定＞をクリックします。

2 ＜配信＞をクリックして、

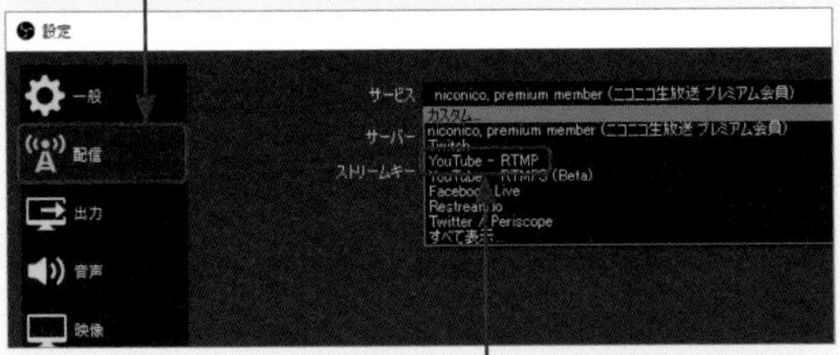

3 サーバーを＜YouTube-RTMP＞に変更します。

4 ＜出力＞をクリックして、

5 画質に関する設定を行います。

6 ＜音声＞をクリックして、

7 音質に関する設定を行います。

8 ＜OK＞をクリックします。

9 手順1の画面に戻って、＜配信開始＞をクリックします。

Q YouTube Live

155 ▶ 公開範囲を設定したい！

A 配信前に公開範囲を設定しましょう。

ライブ配信は、公開範囲を設定せずに配信を開始すると、全世界に向けて配信をすることになります。たとえば一部の人に向けた配信や、きちんと機材が動くかどうかの確認配信は、「限定公開」や「非公開」を選択しましょう。

- 公開：全世界に向けて配信する
- 限定公開：ライブ配信のURLリンクを知っている人のみが視聴できる
- 非公開：自分だけしか見ることができない

1 Q.153手順5の画面で<公開>をクリックして、

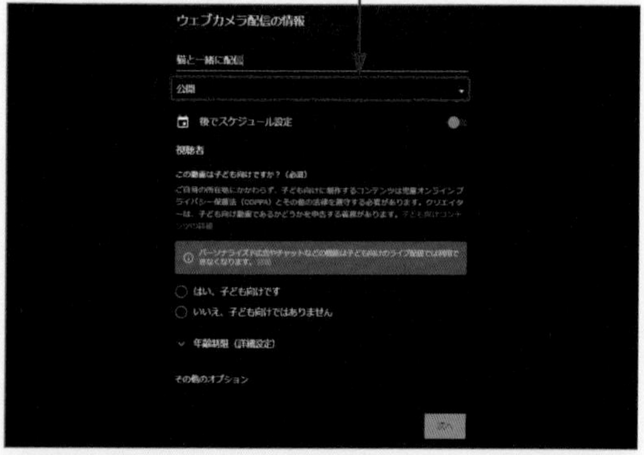

2 公開範囲をクリックして選択します。

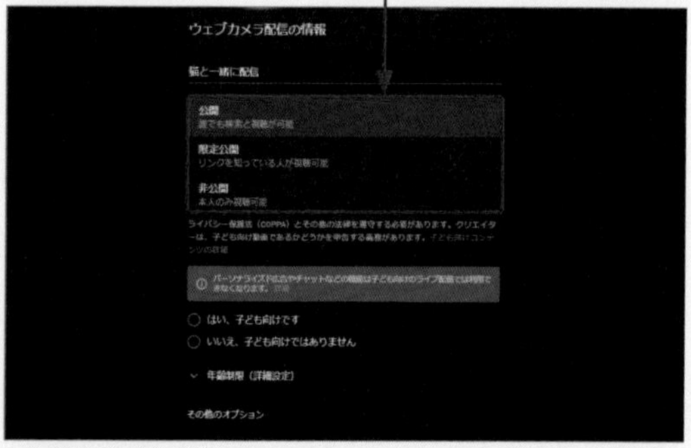

Q YouTube Live

156 ▶ 配信の予約ってできる？

A エンコーダ配信のみ予約できます。

ライブ配信の予約はエンコーダ配信でのみ行うことができます。予約を設定すると、自分のチャンネルの「今後のライブストリーム」に予約した配信が表示されます。ウェブカメラ配信の場合は予約ができないので注意しましょう。

1 <ライブ配信をスケジュール設定>をクリックします。

2 予約する日時を設定し、

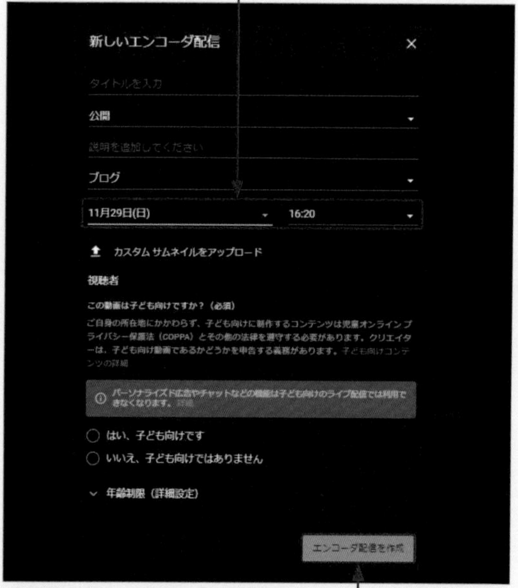

3 <エンコーダ配信を作成>をクリックします。

Q 157 ▶ 配信のタイトルや説明を入力したい！

A 配信設定時に入力しましょう。

ライブ配信の設定時に、配信のタイトルや説明を入力することができます。タイトルには配信の内容をしっかりと入力しましょう。説明には、補足情報のほかに、自身のSNSやホームページのURLを記載することも多いので、アカウントやページを持っている場合は入力するとよいでしょう。ここでは、ウェブカメラ配信での設定を紹介します。

1 「ウェブカメラ配信の情報」画面を表示して、<タイトルを入力>をクリックします。

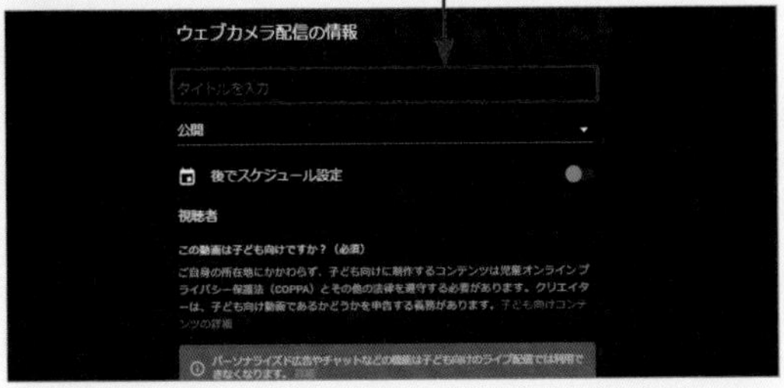

2 タイトルを入力します。

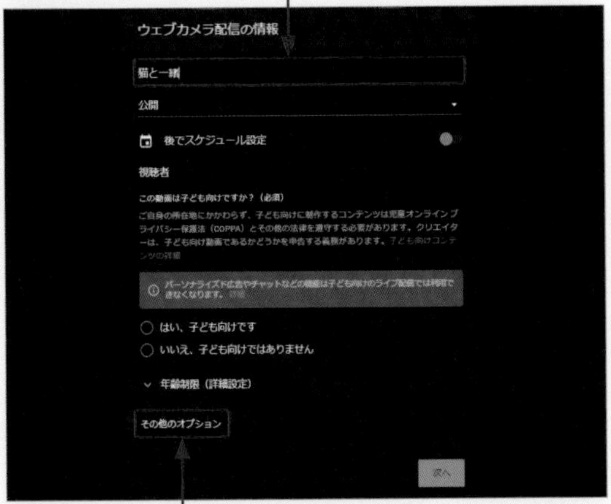

3 <その他のオプション>をクリックします。

4 <説明を追加してください>をクリックします。

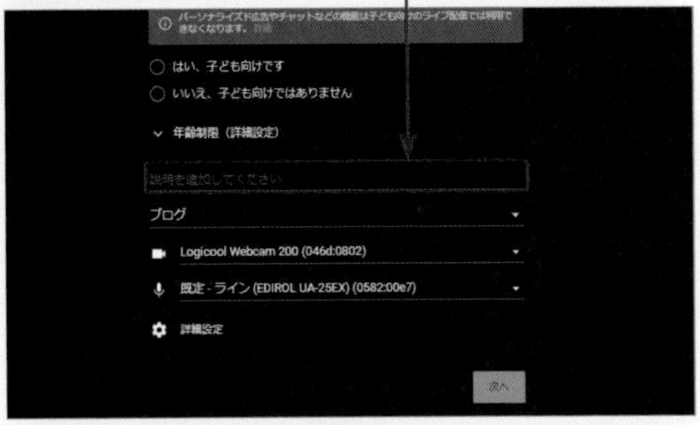

5 説明を入力します。

6 <次へ>をクリックします。

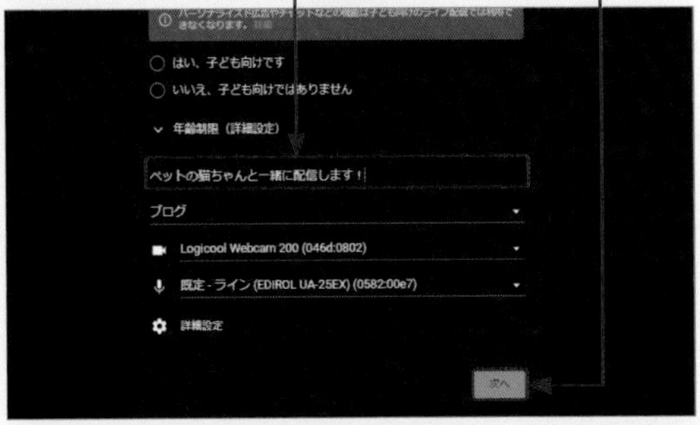

7 <編集>をクリックすると、タイトルや説明を変更することができます。

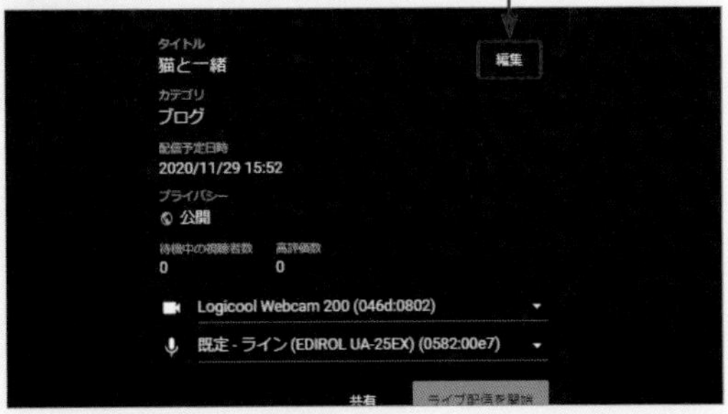

Q YouTube Live

158 自作のサムネイルを使いたい!

A 配信前にサムネイルを選択しましょう。

通常、サムネイルは自動的に設定されるか、もしくは配信前にWebカメラで撮影された画像に設定されます。自作したサムネイルを使いたい場合は、プレビュー画面で自作のサムネイルを選択し、設定しましょう。画像だけでなく、どのような配信なのかが一目でわかるように、文字も入れるとよいでしょう。

1 Q.153手順8のプレビュー画面にマウスポインタを乗せて、<カスタムサムネイルをアップロード>をクリックします。

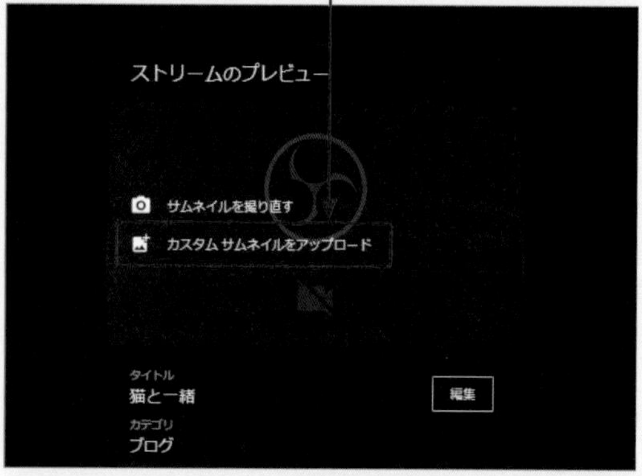

2 サムネイルにしたい画像を選択すると、サムネイルが切り替わります。

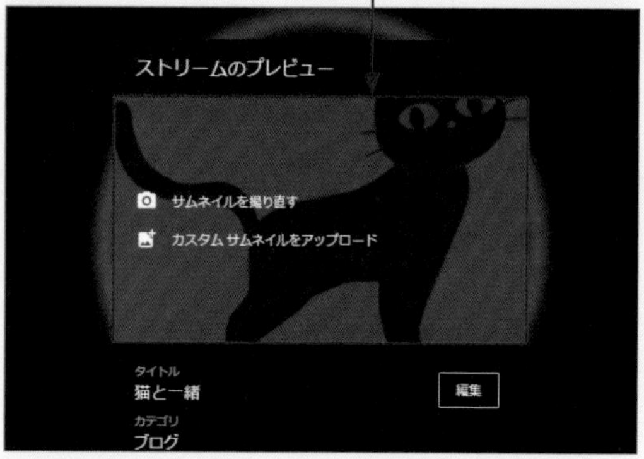

Q YouTube Live

159 子供向けの配信設定にしたほうがよい?

A 子供が主な視聴者の場合や子供向けのテーマの場合は設定しましょう。

YouTubeでは、ライブ配信を子供向けに設定することができます。子供向けに設定する必要がある場合の条件は、以下の通りです。

- 子供が主な視聴者であると想定されること
- 子供向けの内容の配信であること(キャラクターやゲーム、物語など)

この設定は配信前に行わなければいけないので、Q.153の設定時によく確認しましょう。なお、米国では「13歳以下」を子供と設定してます。これを基準に子供向けの配信に設定するかどうかを考えるとよいでしょう。

なお、子供向け配信に設定すると、そのライブ配信では広告やチャット機能が利用できなくなります。

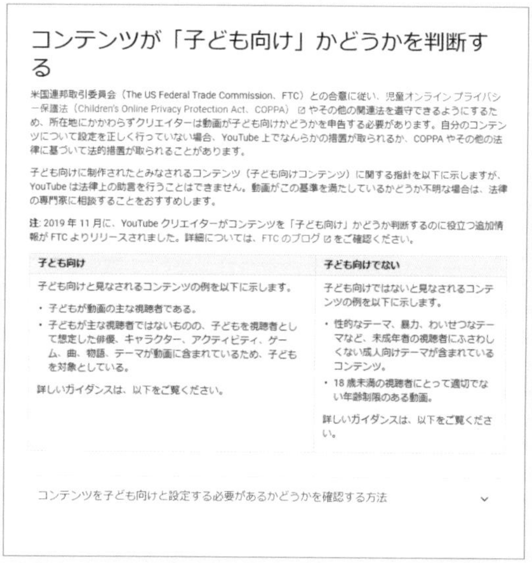

コンテンツが「子ども向け」かどうかを判断する

米国連邦取引委員会(The US Federal Trade Commission、FTC)との合意に従い、児童オンラインプライバシー保護法(Children's Online Privacy Protection Act、COPPA)やその他の関連法を遵守できるようにするため、所在地にかかわらずクリエイターは動画が子ども向けかどうかを申告する必要があります。自分のコンテンツについて設定を正しく行っていない場合、YouTube 上でなんらかの措置が取られるか、COPPA やその他の法律に基づいて法的措置が取られることがあります。

子ども向けに制作されたとみなされるコンテンツ(子ども向けコンテンツ)に関する指針を以下に示しますが、YouTube は法律上の助言を行うことはできません。動画がこの基準を満たしているかどうか不明な場合は、法律の専門家に相談することをおすすめします。

注: 2019 年 11 月に、YouTube クリエイターがコンテンツを「子ども向け」かどうか判断するのに役立つ追加情報が FTC よりリリースされました。詳細については、FTC のブログをご確認ください。

子ども向け	子ども向けでない
子ども向けと見なされるコンテンツの例を以下に示します。 ・子どもが動画の主な視聴者である。 ・子どもが主な視聴者ではないものの、子どもを視聴者として想定した俳優、キャラクター、アクティビティ、ゲーム、曲、物語、テーマが動画に含まれているため、子どもを対象としている。 詳しいガイダンスは、以下をご覧ください。	子ども向けではないと見なされるコンテンツの例を以下に示します。 ・性的なテーマ、暴力、わいせつなテーマなど、未成年者の視聴者にふさわしくない成人向けテーマが含まれているコンテンツ。 ・18 歳未満の視聴者にとって適切でない年齢制限のある動画。 詳しいガイダンスは、以下をご覧ください。

コンテンツを子ども向けと設定する必要があるかどうかを確認する方法

参考:YouTube「コンテンツが「子ども向け」かどうかを判断する」
https://support.google.com/youtube/answer/9528076?hl=ja

Q YouTube Live

160 ▸ ライブ配信の設定を詳しく知りたい！

A ライブ配信のジャンルやチャットの許可などの設定も行えます。

ライブ配信では、タイトルや公開設定以外にもさまざまな設定を行うことができます。ウェブカメラ配信では、「ジャンル」「カメラ」「マイク」「チャットの許可」「スポンサーの商品を紹介しているかどうか」などの設定を行うことができます。とくにジャンルを設定すると、視聴者がジャンルの中から配信を見つけてくれる可能性が高くなります。自分の配信に合ったジャンルを設定しておきましょう。

1 Q.153手順4の画面で＜その他のオプション＞をクリックし、＜ブログ＞をクリックします。

2 任意の配信のジャンルを選択してクリックします。

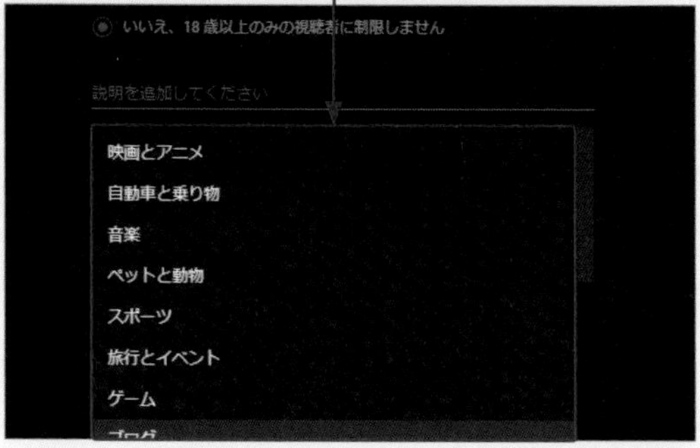

3 カメラの機材名をクリックすると、カメラを変更できます。

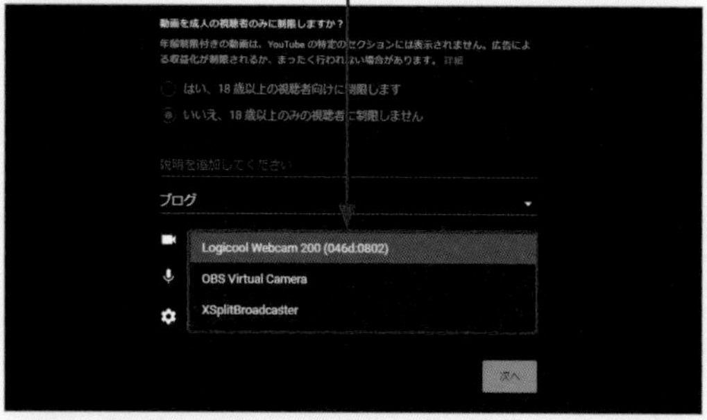

4 マイクの機材名をクリックすると、マイクを変更できます。

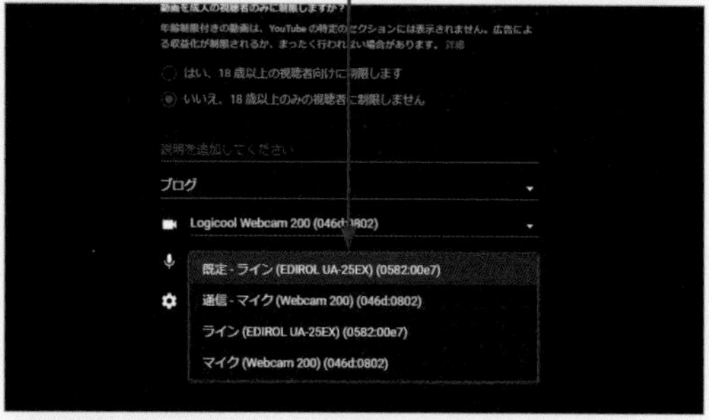

5 ＜詳細設定＞をクリックすると、チャットを許可したり、スポンサーの商品紹介の設定をしたりできます。

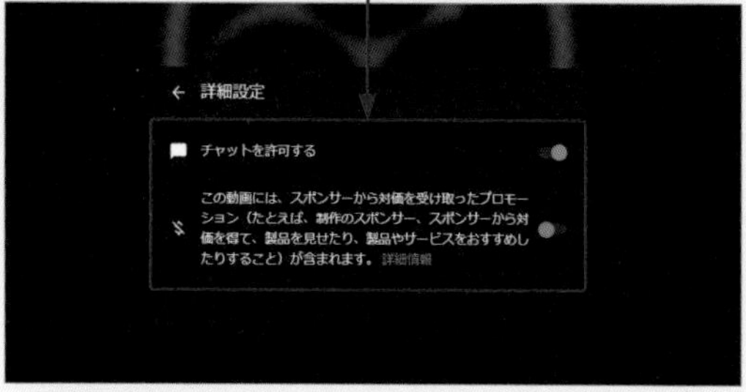

Q YouTube Live

161 ▶ 配信中に追っかけ再生ができるようにしたい！

A ライブ配信でDVRを有効にします。

追っかけ再生は、視聴者がライブ配信を途中から見始めたときに、配信の最初から視聴する、「追っかけ再生」ができるようになる機能です。これを利用すると、リアルタイムのライブ配信中に、視聴者が一時停止、巻き戻し、視聴再開を行うことができます。なお、巻き戻すことができる時間は最大で12時間なので、長時間のライブ配信では最初から見直すことができない場合があります。その場合は、配信終了後に動画として投稿されたライブ配信を見てもらうとよいでしょう。なお、この設定は「エンコーダ配信」でのみ設定できます。

1 ＜エンコーダ配信＞をクリックします。

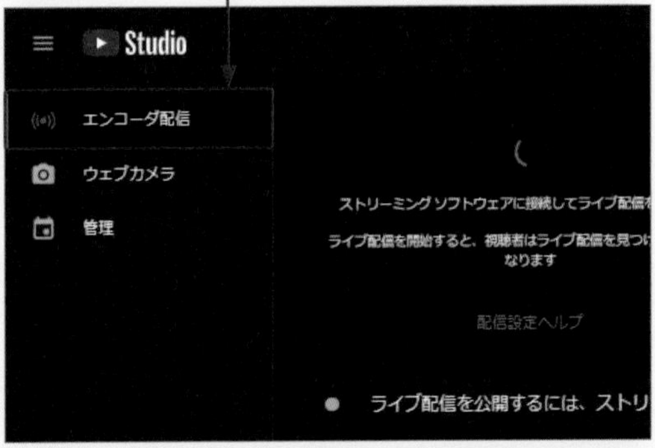

2 ＜ライブ配信の設定＞をクリックします。

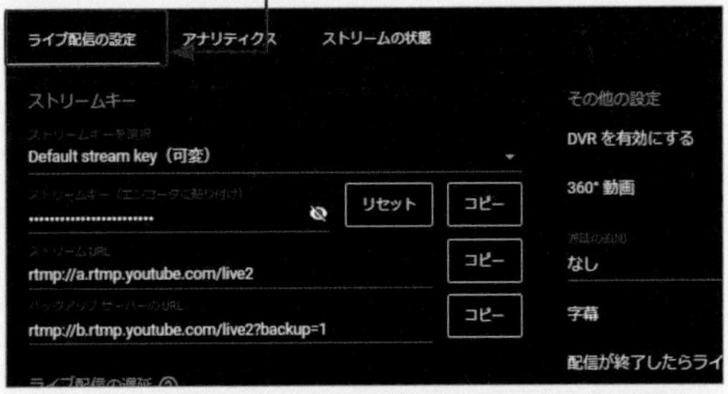

3 ＜DVRを有効にする＞のをクリックして、にします。

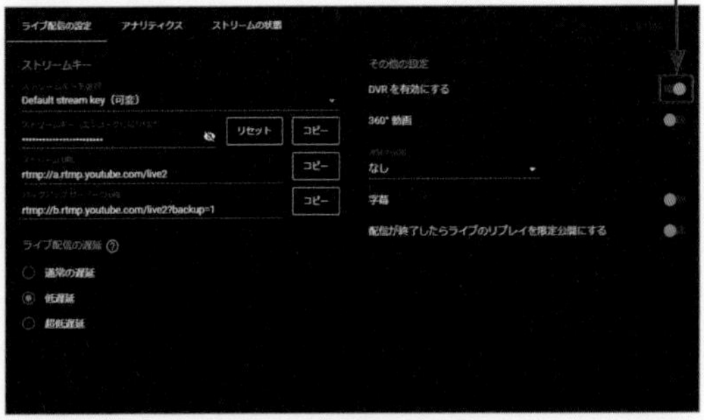

4 配信ソフトで＜配信開始＞をクリックして、配信を開始します。

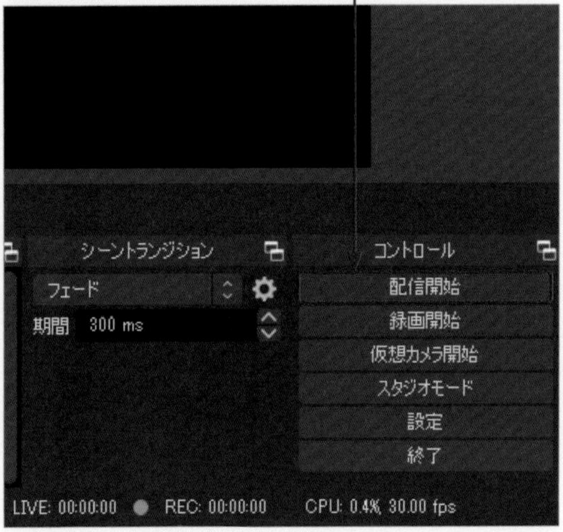

Q YouTube Live

162 ライブ配信の遅延って何？

A 配信中の、視聴者との間の若干のタイムラグのことです。

ライブ配信中はリアルタイムで視聴者とやり取りを行うことができますが、実際は配信者と視聴者の間には最低でも2〜3秒のタイムラグがあります。これを「遅延」や「ラグ」と呼んでいます。このラグは配信者のパソコンのスペックや通信環境のほかにも、視聴者のパソコンのスペックなどによっても生じるので、どうしても避けることができません。しかしYouTubeには「低遅延放送」という、遅延をある程度少なくすることができる機能があります。なお、この設定は「エンコーダ配信」でのみ設定できます。

1 <エンコーダ配信>をクリックします。

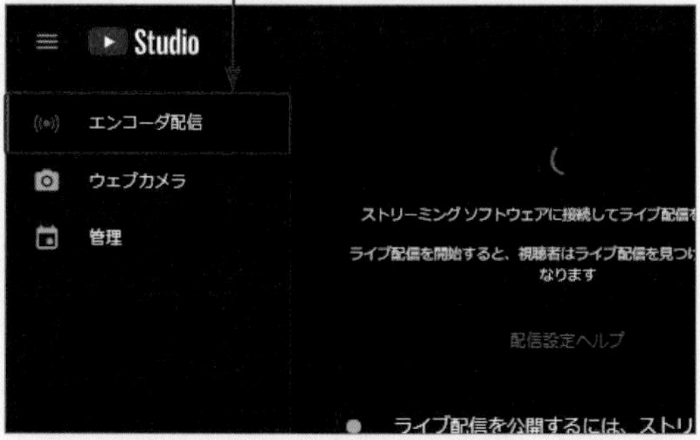

2 <ライブ配信の設定>をクリックします。

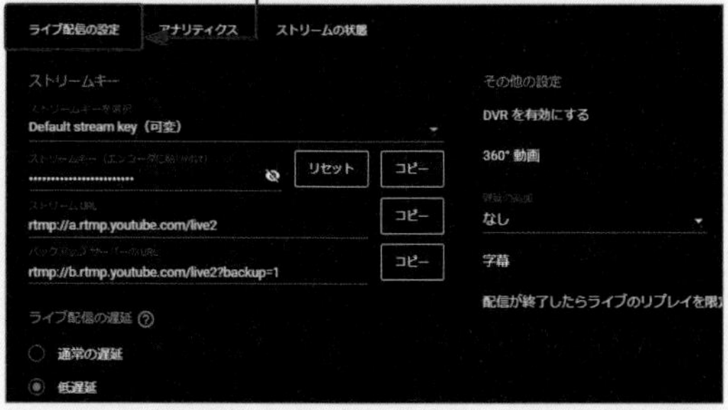

3 「ライブ配信の遅延」の欄で遅延への対応方法を選択します。通常は<低遅延>に設定されています。

4 <超低遅延>をクリックして選択すると、遅延がかなり少なくなりますが、4Kや1440pなどの超高画質には対応していません。

5 配信ソフトで<配信開始>をクリックして、配信を開始します。

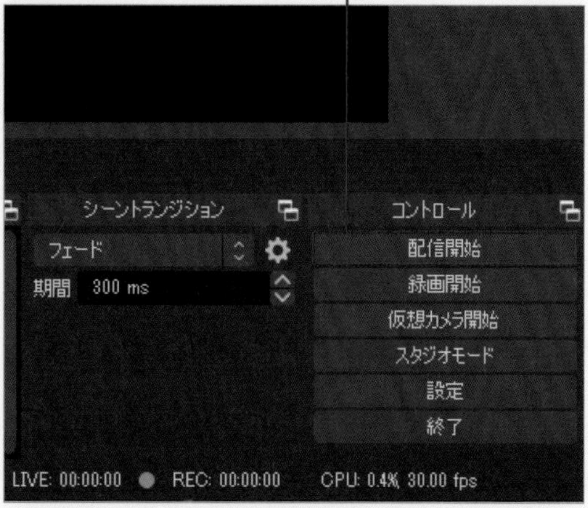

Q YouTube Live

163 配信中に気を付けることってある？

A **個人を特定できそうなことは話さない、見せないようにしましょう。**

YouTubeに限らず、ライブ配信でたびたび問題になるのは、配信者自身が特定されてしまうことです。配信中の発言などでチャンネルが炎上してしまい配信を続けられなくなるどころか、場合によっては危険な視聴者によるストーカー被害など、犯罪に巻き込まれてしまう可能性があります。まずは個人情報を配信中に話さないことが重要です。名前や住所はもちろん、電話番号や学校名、勤務先も話してはいけません。中には視聴者に誕生日を祝ってほしい気持ちから生年月日などを話してしまう配信者もいますが、個人は思わぬところから特定されてしまうので、生年月日も可能な限り伏せておいたほうがよいでしょう。

次に、Webカメラを使って配信をしている場合、自分以外が写らない場所で行いましょう。とくにスマートフォンなどを使った外から配信を行う場合には、写り込んだお店や公共施設の名前や外観などから、住所を特定されてしまう恐れがあります。過去の事件では、自宅から配信をしていても、窓からの景色によって住所が特定されてしまったということもありました。顔出し配信は、よほど自宅周りのセキュリティに自信がない限りは避けたほうがよいでしょう。

位置がかんたんに特定できそうな場所での配信は避けたほうがよいでしょう。

Q YouTube Live

164 配信中のチャットを不可にしたい！

A **＜詳細設定＞の＜チャットを許可する＞をオフにしましょう。**

YouTubeで配信をする場合、視聴者は配信画面の右側でチャットをすることができます。しかし、チャット欄で視聴者どうしで喧嘩を起こしてしまう場合が少なからずあります。その場合、自分のチャンネルが炎上してしまうことにもつながりかねません。チャットを不可にしておくと、視聴者との交流はできませんが、それだけ安全に配信することができます。

なお、「子ども向け配信」に設定した場合は、チャットは不可に設定されます。

1 Q.153手順4の画面で＜その他のオプション＞をクリックして、＜詳細設定＞をクリックします。

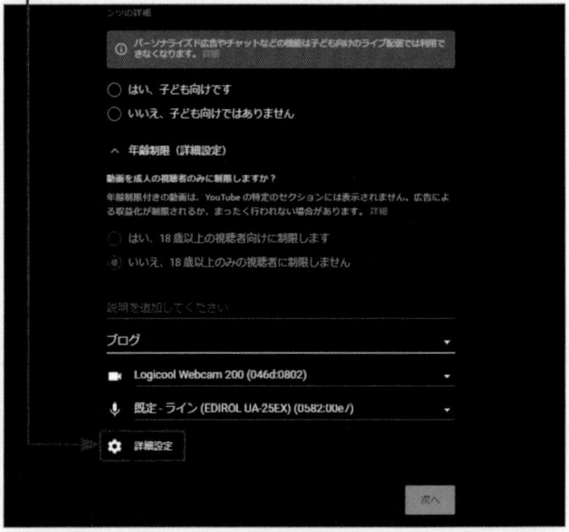

2 ＜チャットを許可する＞の をクリックして にすると、チャットが不可になります。

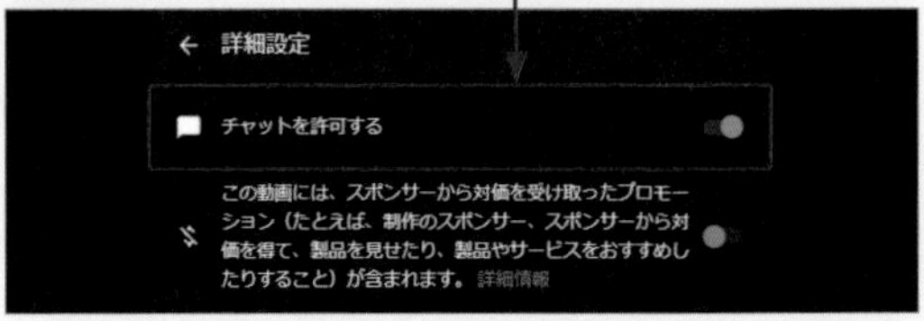

Q ゲーム配信

165 ▶ ゲーム配信をしたい！

A ゲーム画面をパソコンに写して、その画面を配信しましょう。

YouTubeでゲーム配信をする場合、まずはゲーム画面をパソコンの画面に表示する必要があります。そこで必要なのが「キャプチャーボード」と「キャプチャーソフト」です。ゲーム機器をキャプチャーボードに接続し、そこからパソコンにUSBで接続します。そのうえで、キャプチャーソフトを起動し、パソコンでゲーム画面が写るように設定します。あとはその画面をライブ配信で写すだけで、ゲーム配信を行うことができます。
なお、パソコン上で行うゲーム（オンラインゲームやSteamなど）はキャプチャーソフトを使わなくてもパソコンにゲーム画面が表示されるので、そのままライブ配信で写すだけです。そのため、パソコンゲームの配信を行うほうが、機材の導入が少なくて済みます。

● ゲーム配信での接続例

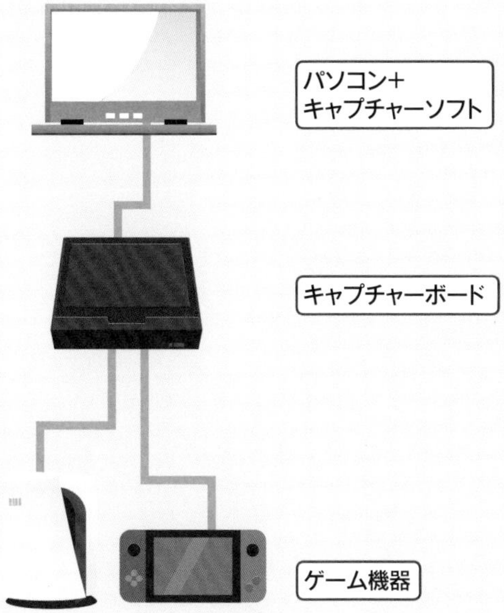

● キャプチャーボードの例

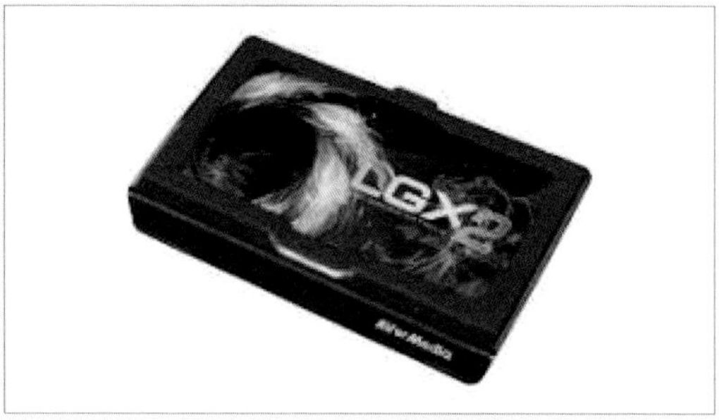

AVerMedia Live Gamer EXTREME 2 GC550 PLUS
https://www.avermedia.co.jp/jp/product-detail/GC551

● キャプチャーソフトの例

BANDICAM
https://www.bandicam.jp/

MEMO　PlayStation4／5から配信を行う場合
PlayStation4／5には、ゲーム機器からYouTubeで配信できる機能があります。その場合は、PlayStation上でYouTubeのアカウントでログインをして、配信を行います。

Q 収益

166 ▶ Super Chatって何？

A ライブ配信中に表示される有料コメントのことです。

Super Chatとは、視聴者が有料でコメントを投稿することができる投げ銭機能です。Super Chatを使うことによって、ハイライトの付いた目立つコメントを投稿することができます。これにより、配信者にも気付かれやすくなり、コメントを読まれる可能性が高くなります。
Super Chatは、配信者側にもメリットがあります。コメントの金額の大半は配信者が受け取ることができるので、収益につながります。なお、Super Chatを利用するには以下の条件を満たす必要があります。

- 配信者のチャンネル登録者が1,000人以上
- YouTubeチャンネルでライブ配信を有効にしている
- 配信者が18歳以上
- YouTubeチャンネルの収益化がオンになっている

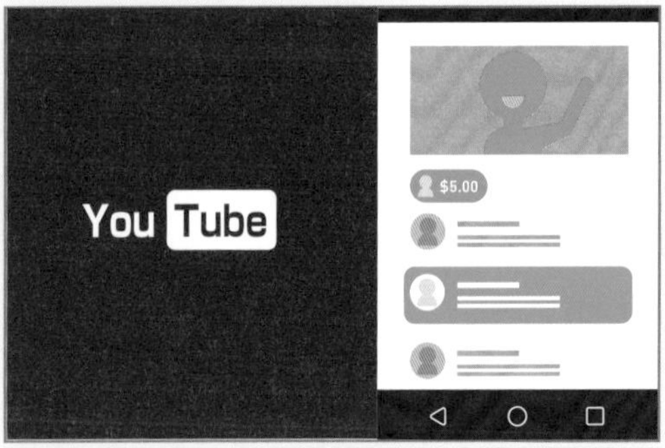

Super Chatのコメントは、金額によって色でハイライト表示させることができたり、チャットストリーム欄に一定時間表示させたりすることができます。Super Chatの金額は、そのほとんどが配信者に配分されるので、配信者もそのコメントを積極的に読んでくれる傾向にあります。そのため、コメントを読んでほしい視聴者は積極的にSuper Chatを使うことが多いです。

● Super Chatの金額に応じた条件の違い

購入額	ハイライト色	メッセージの最大文字数	表示の最長時間
100～199円	青	0文字	0秒
200～499円	水色	50文字	0秒
500～999円	緑	150文字	2分
1,000～1,999円	黄色	200文字	5分
2,000～4,999円	オレンジ	225文字	10分
5,000～9,999円	ピンク	250文字	30分
10,000～19,999円	赤	270文字	1時間
20,000～29,999円	赤	290文字	2時間
30,000～39,999円	赤	310文字	3時間
40,000～49,999円	赤	330文字	4時間
50,000円	赤	350文字	5時間

※1日あたり、50,001円以上のSuper Chatをすることはできません。
※0文字の場合、Super Chatをしたというお知らせが表示されるのみで、メッセージを入力することはできません。
※0秒の場合、Super Chatの表示欄には表示されずに、通常のコメント欄にのみお知らせが表示されます。

Q 収益

167 ▶ Super Chatを設定したい！

A YouTube Studioの＜収益受け取り＞から設定できます。

Super Chatは、YouTube Studioの＜収益受け取り＞から設定することができます。なお、収益化していないチャンネルの場合は、＜収益受け取り＞をクリックすると異なる画面が表示されます。

Super Chatはワンクリックで設定できるので、とくに難しい操作は必要ありません。設定したら、配信で視聴者がSuper Chatを使うことができるようになります。

1 画面右上の自分のプロフィールアイコンをクリックして、

2 ＜YouTube Studio＞をクリックします。

3 ＜収益受け取り＞をクリックします。

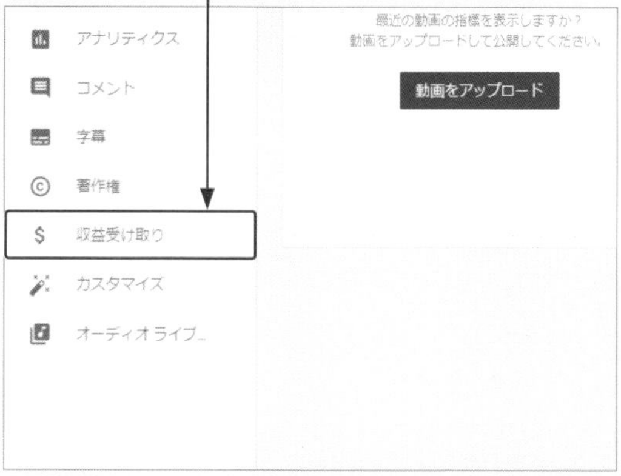

4 ＜Supers＞をクリックして、

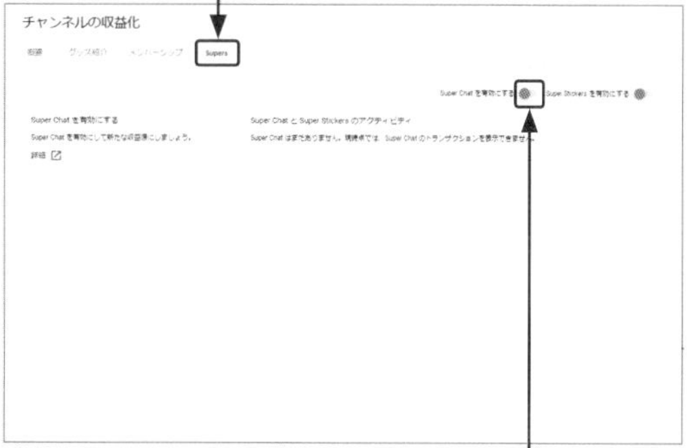

5 「Super Chatを有効にする」の ● をクリックします。

6 Super Chatが有効になります。

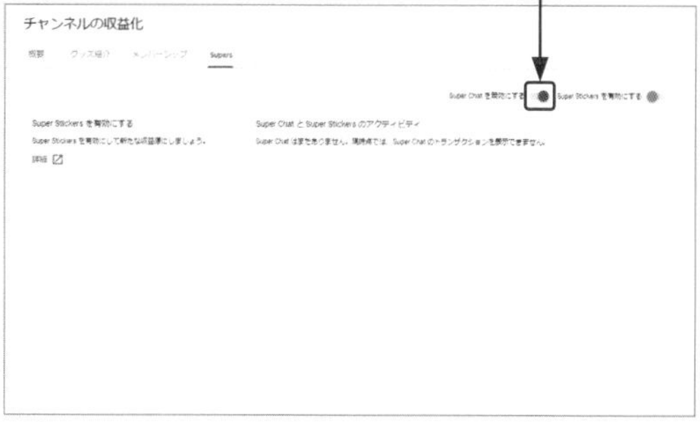

Q 収益

168 Super Stickersって何？

A ライブ配信中に表示される有料のステッカーコメントのことです。

Super Stickersとは、視聴者が有料でステッカーコメントを投稿することができる投げ銭機能です。Super Chatとは違い、自由にコメントを入力することはできませんが、かわいいアニメーションスタンプのステッカーを送信することで感情を表現できます。また、価格帯も200〜5,000円と低価格なので、気軽に配信者を支援できる点も人気です。なお、Super Chatと同様、Super Stickersを利用するには以下の条件があります。

- 配信者のチャンネル登録者が1,000人以上
- YouTubeチャンネルでライブ配信を有効にしている
- 配信者が18歳以上
- YouTubeチャンネルの収益化がオンになっている

● Super Stickersの例

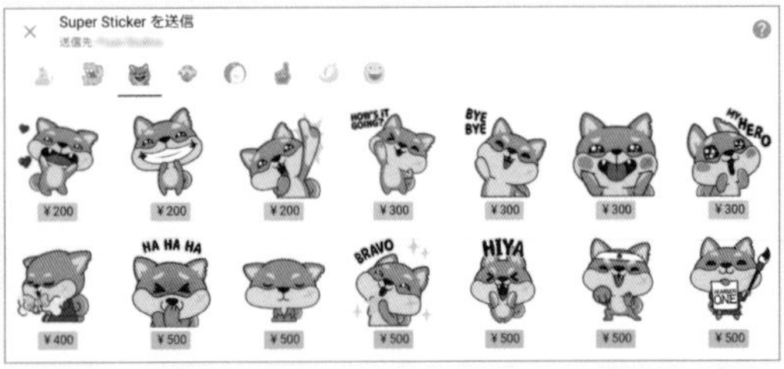

Q 収益

169 Super Stickersを設定したい！

A YouTube Studioの<収益受け取り>から設定できます。

Super Stickersは、YouTube Studioの<収益受け取り>から設定することができます。なお、収益化していないチャンネルの場合は、<収益受け取り>をクリックすると異なる画面が表示されます。

1 Q.167の手順5の画面を表示して、「Super Stickersを有効にする」の● をクリックします。

2 Super Stickersが有効になります。

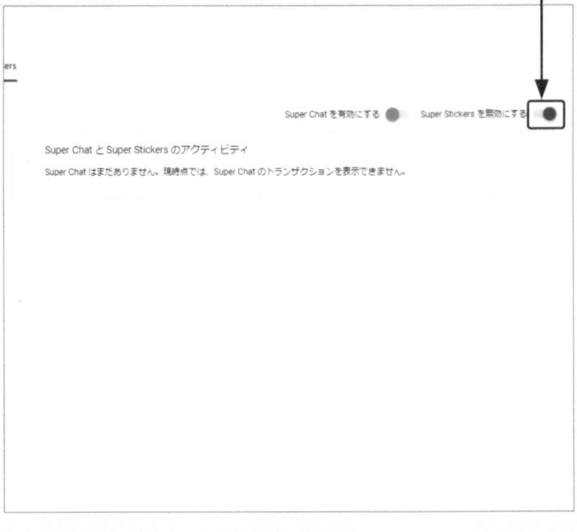

Q ライブ配信後

170 ライブ配信した動画を配信後は非公開にしたい!

A YouTube Studioから非公開に設定します。

ライブ配信後は、配信した内容が動画として自動で投稿されます。配信後に動画を非公開にするには、YouTube Live Studioではなく、YouTube Studioから設定を行います。<動画>の<ライブ配信>から、非公開にしたいライブ配信を非公開に設定しましょう。

1 YouTube Studioを表示して<動画>をクリックし、

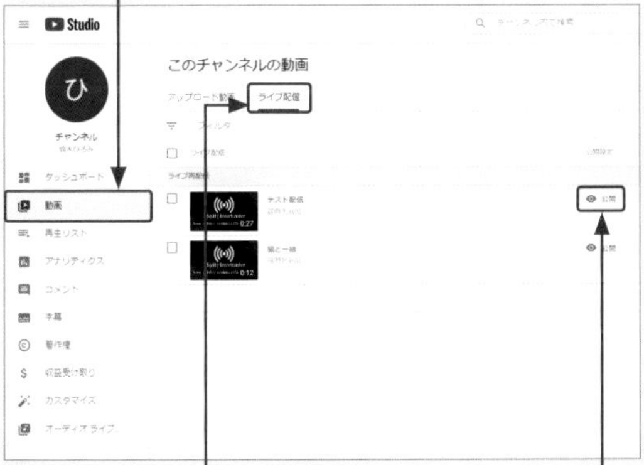

2 <ライブ配信>をクリックし、

3 非公開にしたい配信の<公開>をクリックします。

4 <非公開>をクリックして、

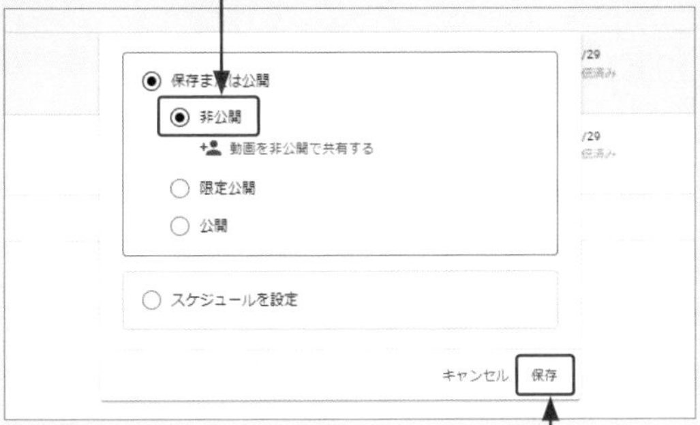

5 <保存>をクリックします。

Q ライブ配信後

171 2回目以降の配信でも設定をやり直す必要がある?

A エンコーダ配信は設定をやり直す必要はありません。

2回目以降のライブ配信は、エンコーダ配信の場合は前回の内容が引き継がれているので、設定をやり直す必要がありません。配信ソフト上での設定も、OBSやXSplitを使っている場合は、ソフトを終了した場合でも設定が保存されているため、再度設定し直す必要はありません。

しかし、ウェブカメラ配信の場合は毎回設定し直す必要があるので、注意しましょう。

エンコーダ配信の場合は前回の内容がそのまま引き継がれているので、設定し直す必要はありません。

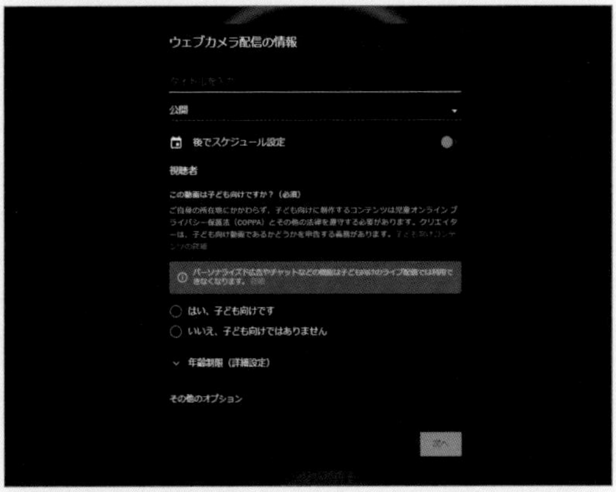

ウェブカメラ配信の場合は毎回設定し直す必要があります。

Q スマートフォン

172 ▶ スマホやタブレットからライブ配信したい！

A スマホやタブレットからライブ配信するには条件があります。

スマートフォンやタブレットでライブ配信をしたい場合、パソコンで配信するときとは違い、次のような条件があります。

- 配信者のチャンネル登録者が1,000人以上
- YouTubeチャンネルでライブ配信を有効にしている
- 配信者が18歳以上
- YouTubeチャンネルの収益化がオンになっている

つまり、収益化ができることが条件になっています。収益化が可能なアカウントを持っていればスマートフォンやタブレットの「YouTube」アプリからライブ配信を行うことができます。

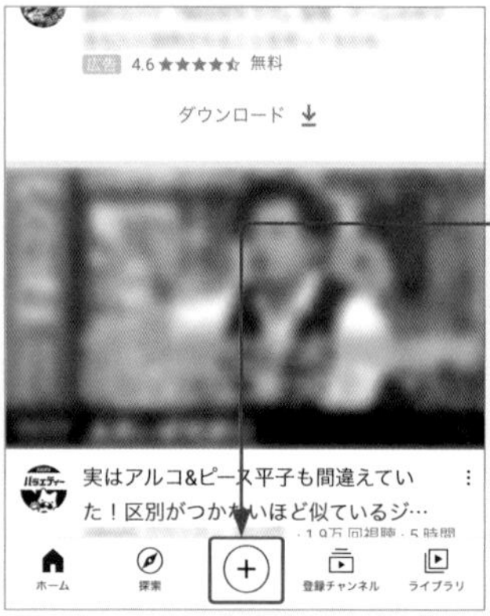

1 スマートフォンの<YouTube>アプリを起動して、⊕をタップします。

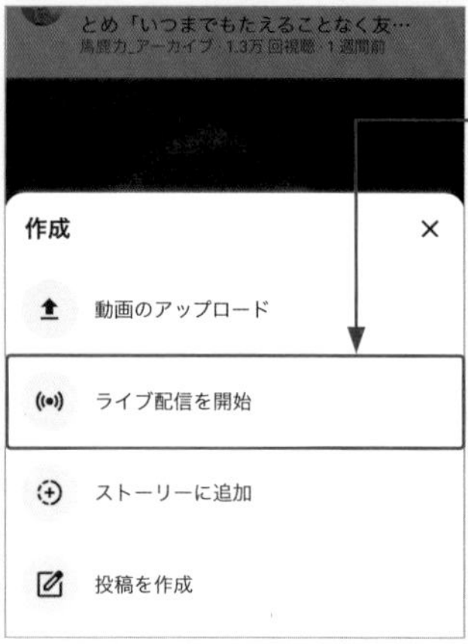

2 <ライブ配信を開始>をタップします。

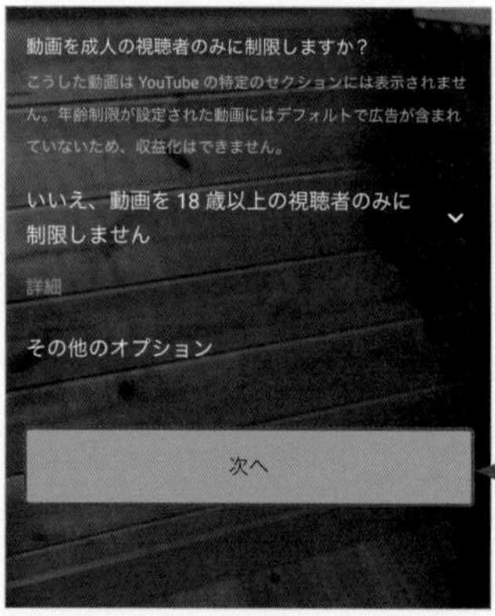

3 配信の設定をして、<次へ>をタップします。

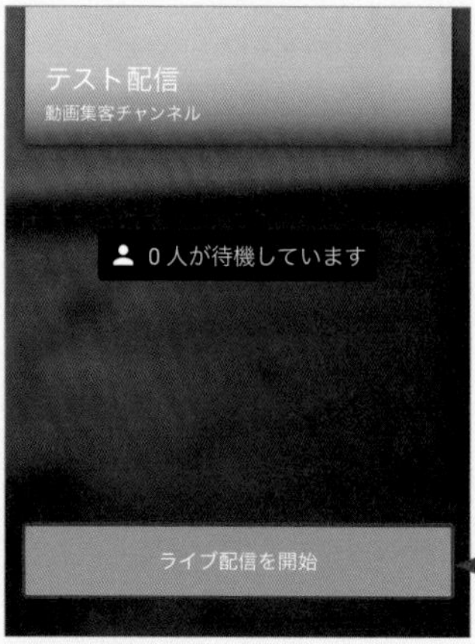

4 次の画面でサムネイルを設定し、<ライブ配信を開始>をタップすると、配信が開始されます。

第 6 章

ファンを獲得! マイチャンネル編集技

Q チャンネルの基本

173 ▶ チャンネルって重要なの？

A YouTubeで動画を公開し、再生回数を増やすためには、チャンネルを魅力的にすることが必須です。

● チャンネルは情報発信の拠点

YouTubeで動画を見ているときには、動画を公開している「チャンネル」の存在を意識せずに見ているユーザーが多いでしょう。しかしいくつか動画を見たり、検索したりするうちに、よく見ている動画が同一のチャンネルから配信されていることに気が付くことがあります。そこで初めて、「チャンネル」の存在を意識するのではないでしょうか。検索などで動画に辿り着いた初見ユーザーをターゲットにしていては、動画の視聴者数を伸ばすことはできません。動画の発信の拠点である、チャンネルのファンになってもらうことが必要なのです。

● チャンネルの登録者数を増やすことが不可欠

チャンネルのファンになってもらうためには、テーマを絞った動画の継続的な公開が不可欠です。「自分の見たい、知りたい動画がこのチャンネルなら見ることができる」と思えば、視聴ユーザーはチャンネルを登録します。チャンネル登録をしたユーザーには、チャンネルが新しい動画を公開すると「新着動画」の通知が届き、自動的に新着動画の宣伝ができるようになります。

● 魅力的なチャンネルでチャンネル登録者を増やす

YouTubeで動画を見たユーザーが、その動画を発信しているチャンネルのホームページを訪れたとき、そのチャンネルに魅力を感じてもらえれば、チャンネル登録の可能性が高まります。もっと動画を見てもらえるように、チャンネルの整備をしていきましょう。

1 YouTubeで動画を見て、動画の内容やチャンネルに興味を持ったユーザーは、動画の下にあるチャンネル名をクリックします。

2 チャンネルのホームページが表示されます。

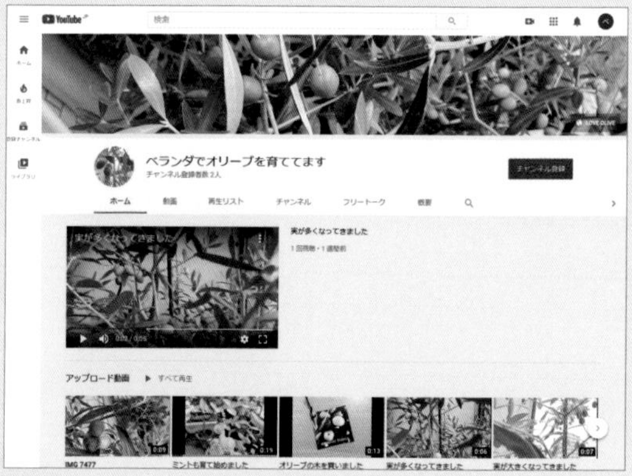

3 チャンネルの紹介動画や公開動画リスト、「概要」にあるチャンネルの説明文によって、どんな動画を公開しているチャンネルなのかを知ってもらえます。

チャンネルの基本

174 ▶ チャンネルの構成を知りたい!

A チャンネルのアイコンをクリックして、チャンネルのホームページへ移動しましょう。

好きな動画の下にあるチャンネル名をクリックすると、動画を公開しているチャンネルのホームページへ移動できます。チャンネルのホームページには、チャンネルの説明や登録者数、チャンネル管理者が公開している動画の再生リストなど、チャンネル管理者が発信しているすべての情報にアクセスできます。

❶チャンネル名	チャンネルの名前です。
❷チャンネル登録者数	チャンネルに登録している人数が表示されます。
❸チャンネル登録	クリックするとチャンネル登録できます。
❹チャンネルのメニュー	クリックすると、それぞれのメニューに移動できます。
❺アップロード動画	チャンネルがアップロードした動画が表示されます。

Q カスタマイズ

175 チャンネルの設定を変更したい！

A チャンネルの設定画面から「YouTube Studio」へ移動します。

チャンネルの設定を変更するには、「YouTube Studio」のページに移動します。

1 アカウントのアイコンをクリックして、

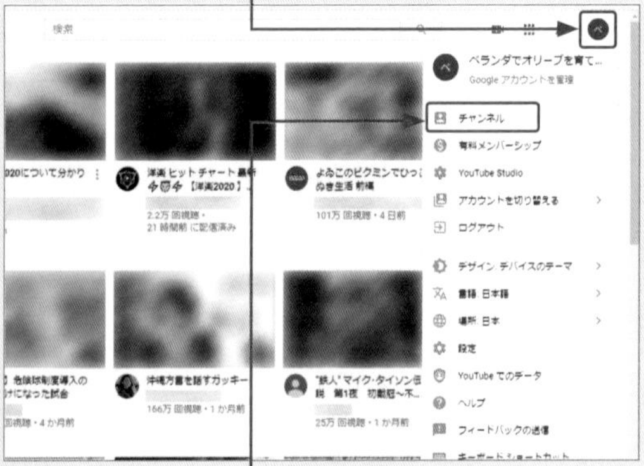

2 <チャンネル>をクリックします。

3 <チャンネルをカスタマイズ>をクリックします。

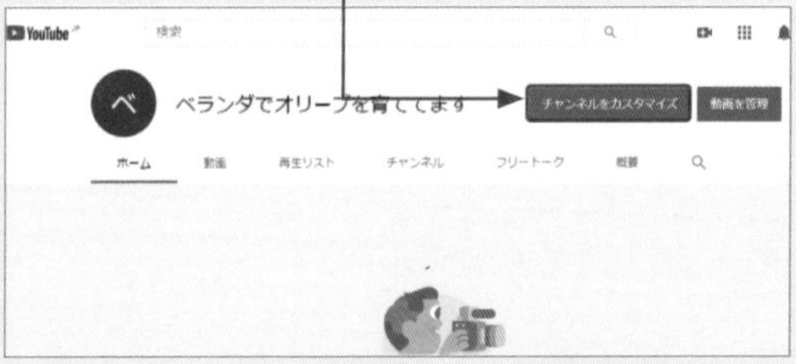

4 「YouTube Studio」のページに移動します。ここで、チャンネルの各種設定が行えます。

Q カスタマイズ

176 チャンネルのプライバシー設定を確認したい！

A チャンネルの「設定」から公開・非公開を設定できます。

自分が登録したチャンネルは、公開・非公開を自由に切り替えることができます。各チャンネルの<設定>→<プライバシー>から確認、変更することができます。

1 アカウントのアイコンをクリックして、

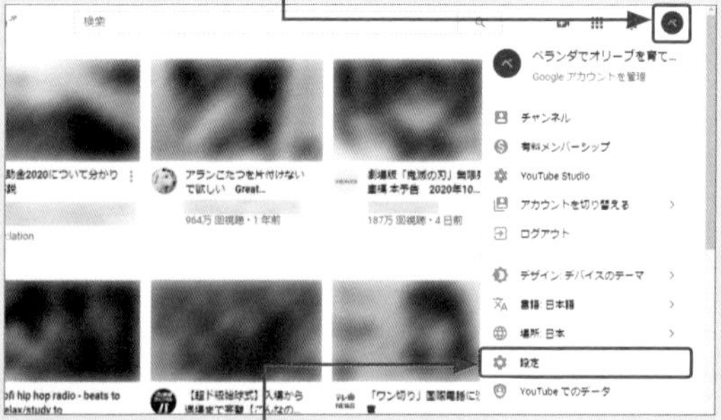

2 <設定>をクリックします。

3 <プライバシー>をクリックします。

4 チャンネルのプライバシー設定を確認できます。

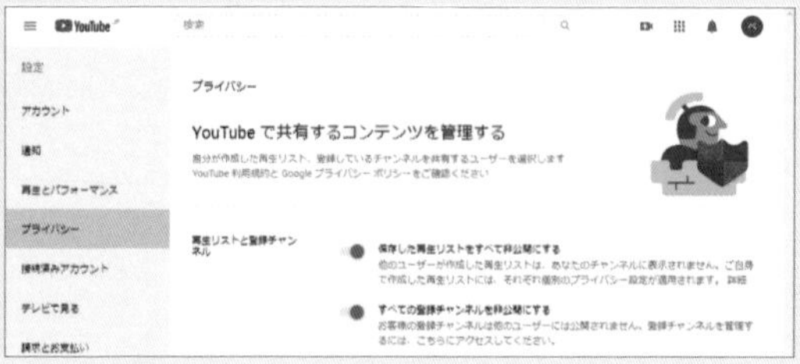

Q カスタマイズ

177 ▶ チャンネルではどんなことを設定できる？

A チャンネルの「設定」から設定内容を確認できます。

チャンネルのホームページをカスタマイズすることによって、チャンネルならではのイメージを打ち出すことができます。

チャンネルアートとプロフィールアイコンでは、チャンネルのイメージをビジュアルで伝えることができます。チャンネルアートは横に細長いスペースなので、効果的な画像を表示するためには工夫が必要です。

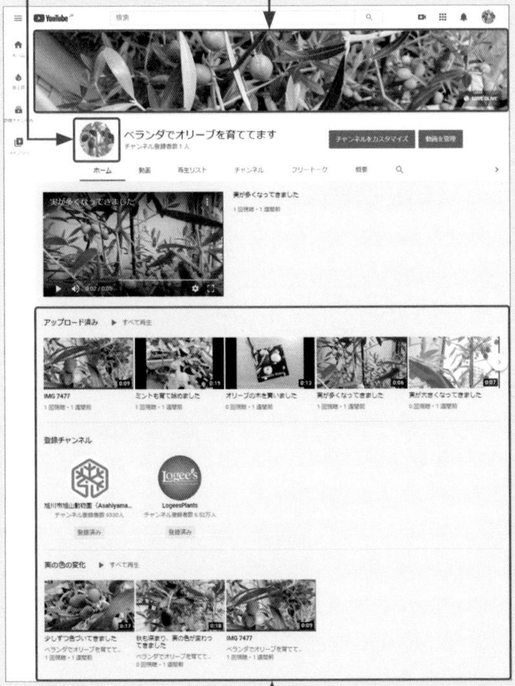

「セクション」では、最新のアップロード動画や登録チャンネル、再生リストなど、好きな項目を表示することができます。

そのほか「概要」では、チャンネルの説明や関連サイトへのリンク、連絡先のメールアドレスなどを掲載できます。

Q カスタマイズ

178 ▶ チャンネルアートを変更したい！

A 「YouTube Studio」の「チャンネルをカスタマイズ」で変更します。

チャンネルアートは、チャンネルのイメージに合わせた画像を表示することができます。著作権なども考えて、フリー素材かオリジナルの画像を使いましょう。画像は横位置で表示されるので、プレビューで確認して、見せたい部分が表示されるように調整することが必要です。フリーのデザインツール「Canva」(https://www.canva.com/ja_jp/)などを利用すると、チャンネルアートにピッタリのサイズのバナーが作成できます。

1 Q.175の手順で「YouTube Studio」のページに移動し、<ブランディング>をクリックして、「バナー画像」の<アップロード>をクリックします。

2 アップロードしたい画像を指定します。<開く>をクリックして画像を調整し、<完了>をクリックします。

3 バナー画像に指定した画像が表示されたら、右上の<公開>をクリックします。

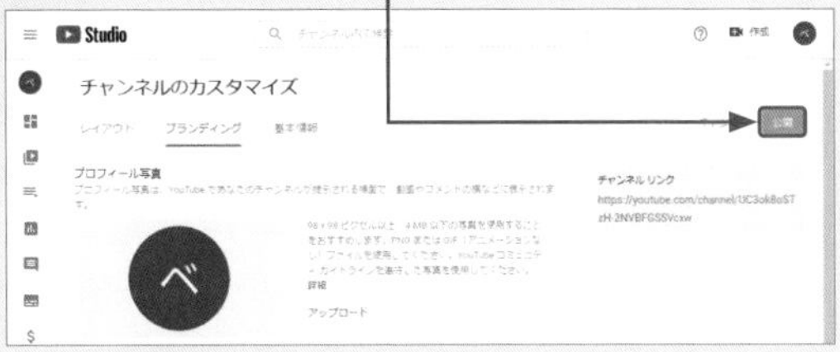

Q カスタマイズ

179 チャンネルアートで使える画像サイズやファイル容量を知りたい!

A 2,048x1,152ピクセル以上、6MB以下の画像を使用してください。

YouTubeは、パソコンだけでなくスマートフォンやテレビなど、さまざまなデバイスで視聴することができます。そのためチャンネルアートも、すべてのデバイスで表示されるように、適切な表示サイズの画像が求められます。

● 使用できる画像の条件

Q.178の手順に従って<アップロード>をクリックし、チャンネルアートに使いたい画像を指定しても…

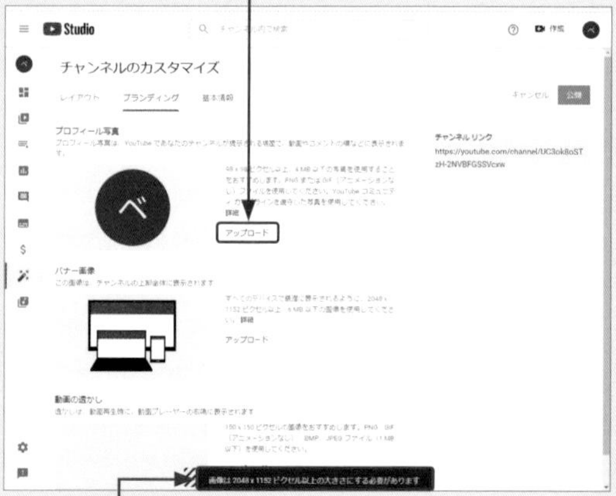

指定した画像のサイズが小さいと、「画像は2048 x 1152 ピクセル以上の大きさにする必要があります」という注意書きが表示され、アップロードできません。なお、画像の容量も6MB以内に抑える必要があります。

Q カスタマイズ

180 チャンネルアート上にリンクを貼りたい!

A <リンクを追加>からリンクを設定します。

バナー画像には、Webページへのリンクを貼り付けることができます。自分のWebサイトやInstagram、Twitterなど、チャンネルに関連するWebサイトのリンクを張りたいときに便利な機能です。下記の手順4の画面でメールアドレスを指定して、メールの宛先を貼り付けることもできます。

1 自分のチャンネルページを表示して、<チャンネルをカスタマイズ>をクリックします。

2 <基本情報>をクリックし、

3 <リンクを追加>をクリックします。

4 サイトのタイトルとURLをそれぞれのボックスに入力して、

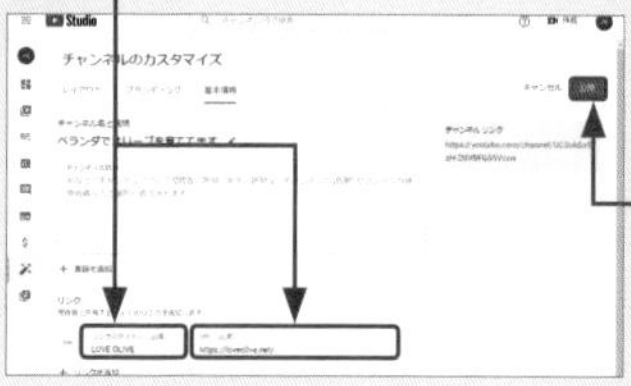

5 <公開>をクリックすると、チャンネルに反映されます。

Q カスタマイズ

181 プロフィールアイコンを変更したい！

A <ブランディング>からプロフィールアイコンをアップロードします。

顔出しをしているYouTuberは自分の顔写真をプロフィールアイコンとして表示している場合が多いです。顔出しをしない場合でも、自分のチャンネルの特徴がわかるようなアイコンを掲載するとよいでしょう。

1 自分のチャンネルページを表示して、<チャンネルをカスタマイズ>をクリックします。

2 <ブランディング>をクリックし、

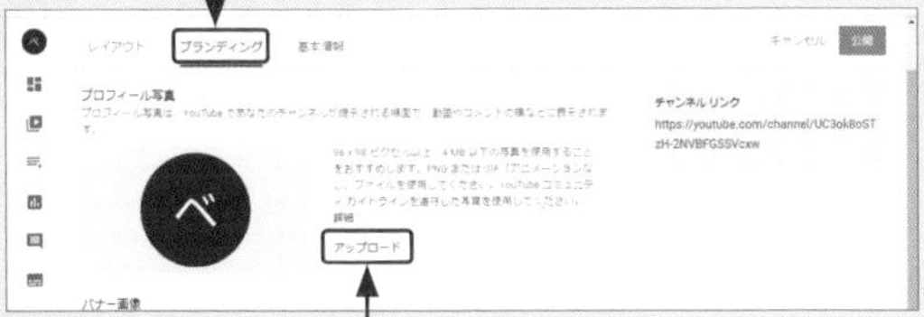

3 「プロフィール写真」の<アップロード>をクリックして、アイコンにしたい画像を選択します。

4 切り抜く位置を調整し、

5 <完了>をクリックします。

6 <公開>をクリックすると、チャンネルに反映されます。

Q カスタマイズ

182 チャンネルの説明を設定したい！

A 「チャンネルの説明」に説明を入力します。

チャンネルの説明には、自分のチャンネルでどのような動画を投稿しているのかや、自己紹介、自分のSNSやブログのURLを掲載するとよいでしょう。

1 自分のチャンネルページを表示して、<チャンネルをカスタマイズ>をクリックします。

2 <基本情報>をクリックして、

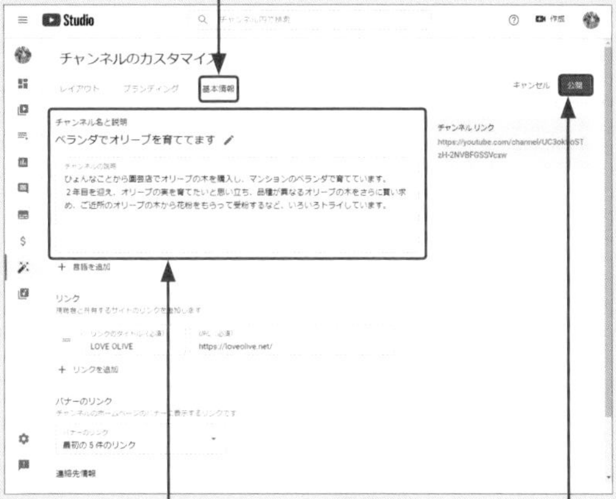

3 「チャンネルの説明」に説明を入力し、

4 <公開>をクリックします。

Q カスタマイズ

183 ▶ チャンネルにメールアドレスを追加したい！

A 「連絡先情報」に、公開したいメールアドレスを設定します。

メールアドレスを設定しておくと、チャンネルの「概要」にある<詳細>に、メールアドレスが表示されるようになります。

1 自分のチャンネルページを表示して、<チャンネルをカスタマイズ>をクリックします。

2 <基本情報>をクリックし、

3 「連絡先情報」でメールアドレスをクリックして、Gmailアドレスを選択または表示したい別のメールアドレスを入力し、

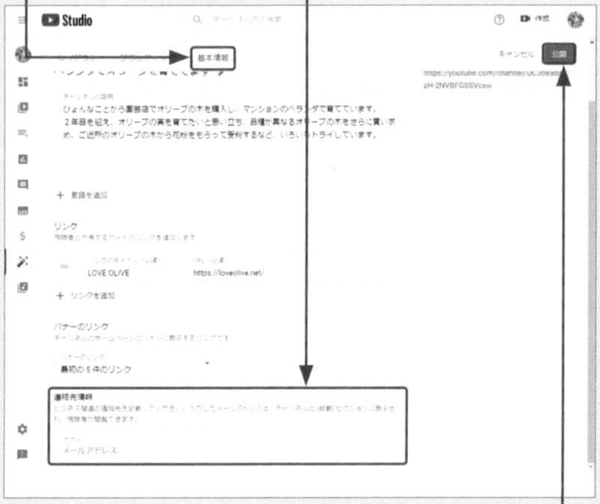

4 <公開>をクリックします。

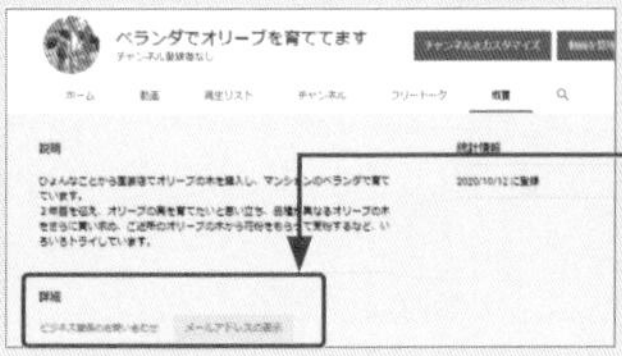

5 「概要」の下の「詳細」に、「メールアドレスの表示」が追加されています。

Q カスタマイズ

184 ▶ チャンネル登録者数を非表示にしたい！

A <チャンネル登録者数を表示する>のチェックボックスをオフにします。

まだ登録者数が少なくてチャンネル登録者数を表示したくないという場合は、非表示設定をしましょう。登録者数が増えてきたら、同じ操作で表示を元に戻すとよいでしょう。

1 自分のチャンネルページを表示して、<チャンネルをカスタマイズ>をクリックします。

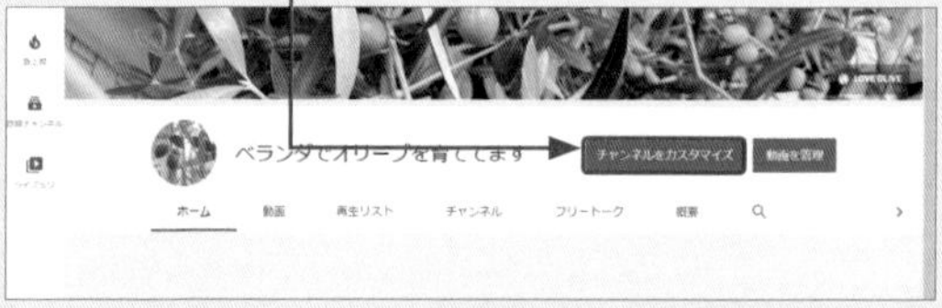

2 左下の⚙をクリックします。

3 「設定」画面が表示されます。左側の<チャンネル>→<詳細設定>の順にクリックして、

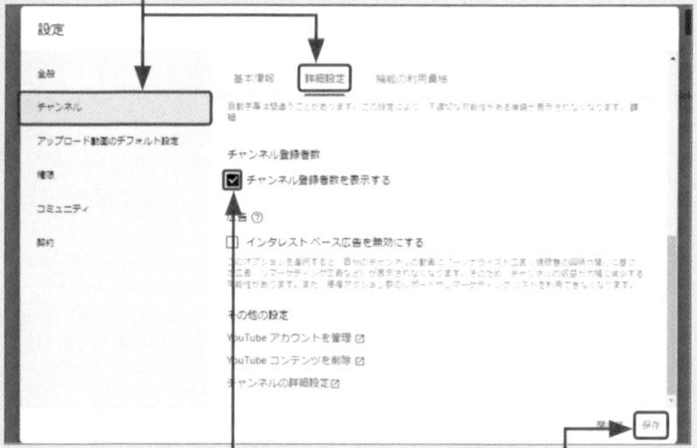

4 <チャンネル登録者数を表示する>のチェックボックスをオフにします。

5 <保存>をクリックします。

Q カスタマイズ

185 ほかのユーザーが見ている状態でチャンネルを見たい！

A YouTubeアカウントをログアウトする必要があります。

カスタマイズが完了したら、一度ほかのユーザーからどのように見えているのか確認するとよいでしょう。YouTubeからログアウトすると、自分のチャンネルがどのように見えるかを確認できます。

1 「チャンネルをカスタマイズ」のページを表示して、「チャンネルリンク」をドラッグしてコピーします。

2 YouTubeのページに戻って、右上のアカウントのアイコンをクリックし、＜ログアウト＞をクリックします。

3 コピーしたURLを貼り付け、Enterを押します。

4 ほかのユーザーが自分のチャンネルを見たときの状態を確認することができます。

Q カスタマイズ

186 自分が登録したチャンネルを表示したい！

A ＜すべての登録チャンネルを非公開にする＞をオフにします。

自分が気に入って登録している「登録チャンネル」を、自分のチャンネルのページで公開することができます。反対に見せたくないときは、「非表示」に設定しましょう。

1 右上のアカウントのアイコン→＜設定＞の順にクリックします。

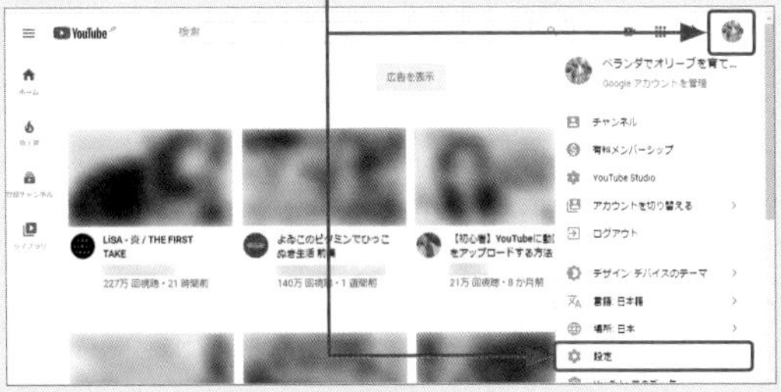

2 ＜プライバシー＞をクリックして、

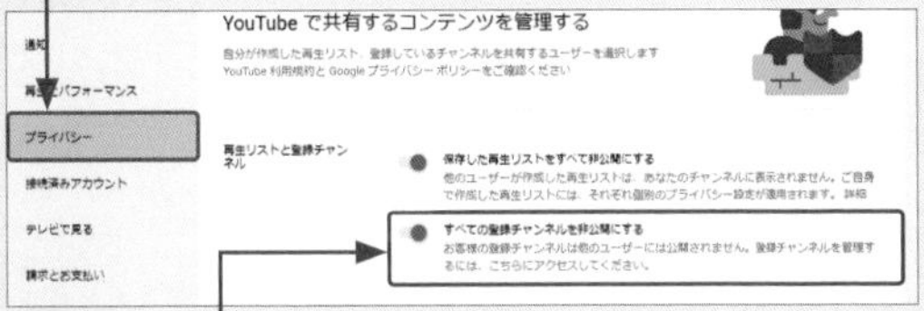

3 ＜すべての登録チャンネルを非公開にする＞をクリックしてオフにします。

4 チャンネルを表示し、＜チャンネル＞をクリックすると、自分が登録したチャンネルが表示されています。

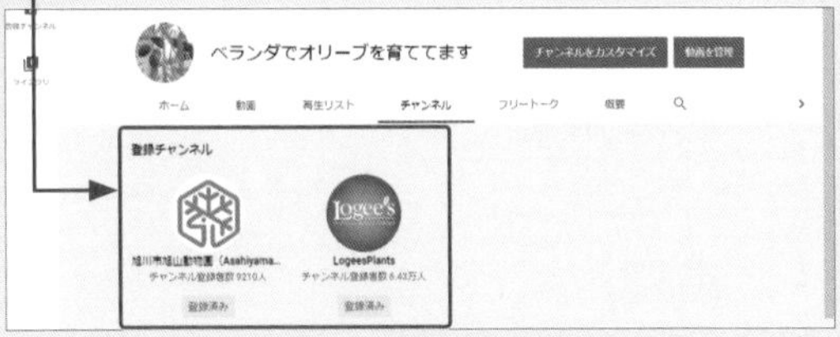

Q カスタマイズ

187 「注目チャンネル」を公開したい!

A 「注目チャンネル」は、おすすめのチャンネルをグループ分けして公開できる機能です。

「YouTube Studio」の<セクションを追加>→<注目チャンネル>から、お気に入りのチャンネルを登録して「注目チャンネル」として公開することができます。

1 「YouTube Studio」を表示して<セクションの追加>をクリックし、

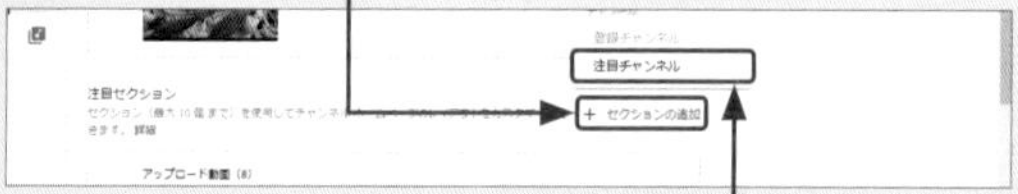

2 <注目チャンネル>をクリックします。

3 紹介するチャンネルのグループに、好きな名前を付けます。

4 キーワード検索して、紹介したいチャンネルにチェックを入れます。

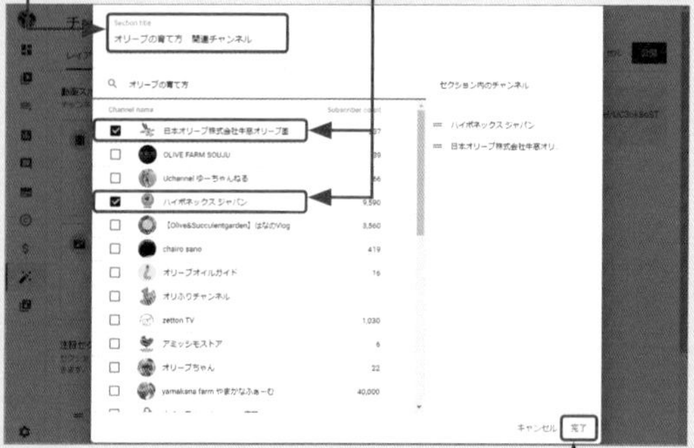

5 <完了>をクリックします。

6 カスタマイズのページに戻ると、「注目チャンネル」の項目に選択したチャンネルが表示されているので、<公開>をクリックします。

Q カスタマイズ

188 チャンネル登録者向けにおすすめ動画を表示したい!

A 「チャンネル登録者向けのおすすめ動画」の<追加>から動画を選択します。

チャンネル登録者にとくに見てもらいたい動画を、チャンネルのページの目立つ位置に表示することができます。

1 YouTube Studioの「チャンネルをカスタマイズ」を表示し、<レイアウト>をクリックします。

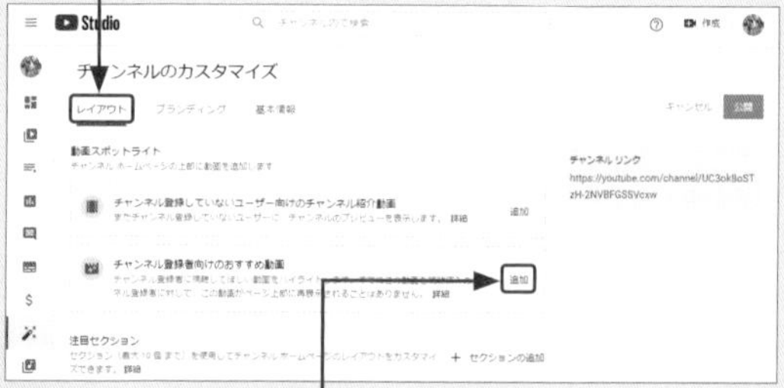

2 「チャンネル登録者向けのおすすめ動画」の<追加>をクリックします。

3 追加したい動画をクリックして選択します。

4 <レイアウト>に指定した動画が表示されるので、<公開>をクリックすると、チャンネルのページに表示されます。

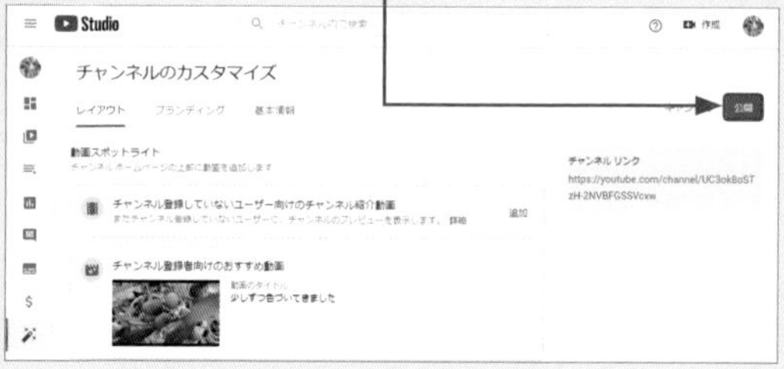

Q カスタマイズ

189 ▶ 新規訪問者向けにチャンネル紹介用の動画を表示したい！

A 「チャンネル登録していないユーザー向けのチャンネル紹介動画」から、チャンネル紹介用の動画を選択します。

初めてチャンネルに訪れたユーザーや、まだチャンネルに登録していない視聴ユーザーに向けて、チャンネル紹介用の動画を設定することができます。

1 自分のチャンネルページを表示して、<チャンネルをカスタマイズ>をクリックします。

2 <レイアウト>をクリックします。

3 「チャンネル登録していないユーザー向けのチャンネル紹介動画」の<追加>をクリックします。

4 表示したい動画をクリックして選択します。

5 「チャンネル登録していないユーザー向けのチャンネル紹介動画」に、指定した動画のサムネイル画像が表示されます。

6 <公開>をクリックします。

7 チャンネルの<ホーム>で、指定した動画が大きく掲載されるようになります。

Q カスタマイズ

190 ▶ チャンネル紹介用の動画はどんな内容にすればよい？

A どんな動画を公開しているチャンネルなのかが、明確に伝わる動画を作成しましょう。

「チャンネル紹介用の動画」とは、まだチャンネルに登録していないユーザーが、チャンネルのホームページを訪れた際に自動再生される動画のことです。チャンネルが発信する動画を継続的に見たくなるような内容の動画を公開して、チャンネル登録に結び付けましょう。

● チャンネル未登録ユーザーに紹介用動画が表示される

紹介動画で、チャンネルが発信する情報を紹介しましょう。

チャンネルのホームページに紹介動画を表示するには、Q.189の手順による設定が必要です。

● 紹介動画のコツ

チャンネル紹介用の動画は、このチャンネルではどのような動画を発信しているのか、また今後はどのような動画を発信していくのかがわかる内容が望ましいでしょう。

すでに公開した動画を短くまとめて、今後はこんな動画を公開していく予定、というところまで動画でアピールできれば、そのテーマに興味のあるユーザーがチャンネル登録をしたくなるかもしれません。

今後の公開予定動画の内容を、テロップ文字などで発信するのもよいでしょう。

紹介動画が長いと、「チャンネル内のほかの動画も見てみよう」という気持ちを引き出しにくくなります。できるだけ短い動画にするのがおすすめです。映画の予告編CMと考えて、ポイントを絞って動画をまとめましょう。

●紹介動画　作成のコツ

①見るだけで、何についての動画を公開しているかが明確にわかる
②どんな情報が得られるかがわかる

動画タイトルやテロップも、何を伝える動画なのかがはっきりとわかることが大切です。

Q セクション

191 セクションって何？

A 公開した動画を見やすいように グループごとにまとめる機能です。

セクションの機能を利用すると、公開動画をセクションに分けて整理することができます。セクションは最大10まで作ることができます。チャンネル内の動画を探しやすくなるため、動画再生数のアップにもつながります。

YouTube Studioの＜レイアウト＞のカスタマイズで、セクションを追加できます。

セクションを追加すると、チャンネルのページの動画がセクションに分かれて表示されます。

Q セクション

192 セクションを追加したい！

A 「注目セクション」にある＜セクションの追加＞から追加します。

「セクション」を追加することで、チャンネルのページで動画を整理して表示することができます。

1 YouTube Studioを表示して、

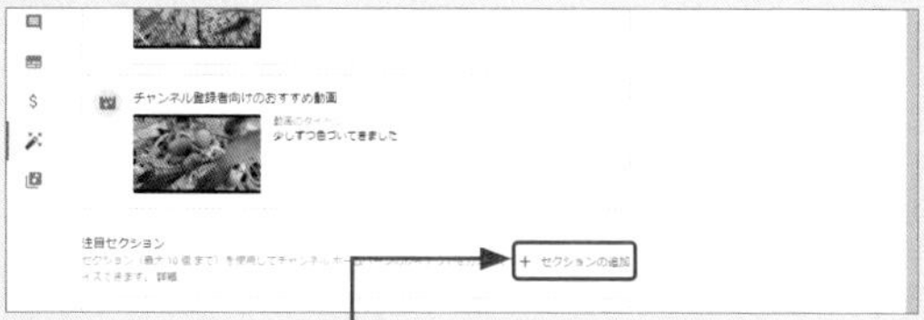

2 ＜セクションの追加＞をクリックします。

3 メニューが表示されるので、追加したいセクションをクリックします。

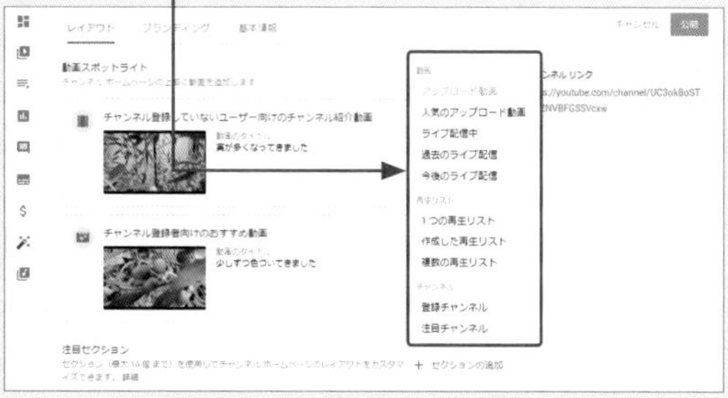

4 手順3で追加したセクションが表示されます。

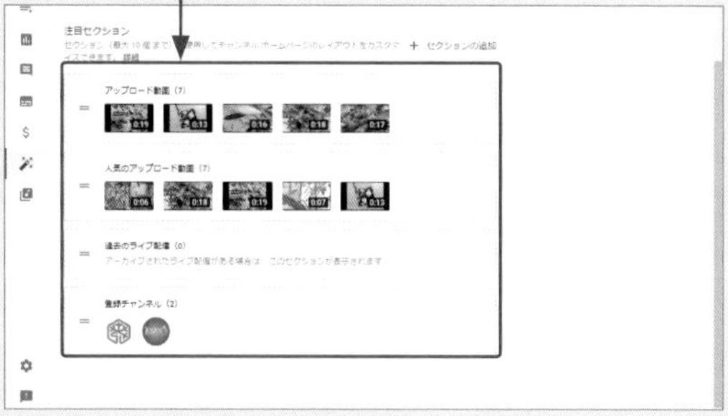

Q セクション

193 ▶ セクションを削除したい！

A セクションの右上にある⋮をクリックして、セクションを削除します。

セクションはかんたんに削除することができます。YouTube Studioの＜レイアウト＞に登録したセクションが表示されているので、個々のセクションの右上の⋮をクリックして削除します。

1 右上のアカウントのアイコンをクリックして、

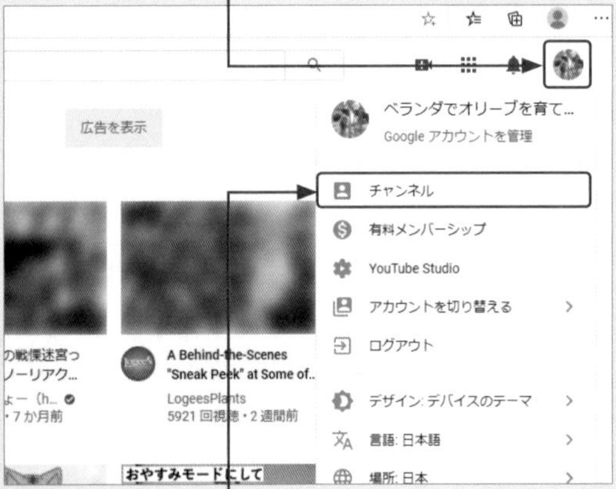

2 ＜チャンネル＞をクリックします。

3 ＜チャンネルをカスタマイズ＞をクリックします。

4 ＜レイアウト＞をクリックして、

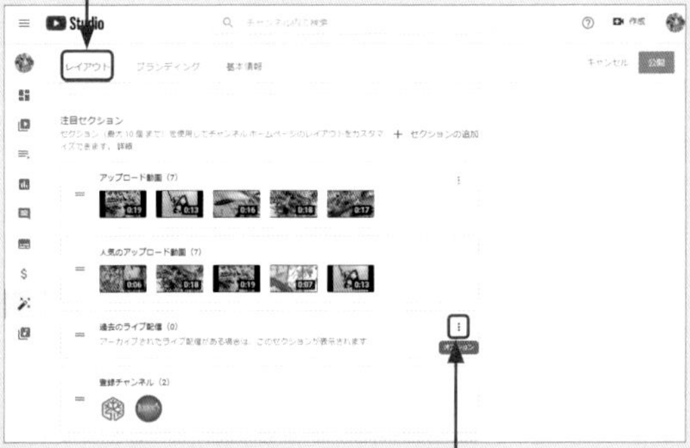

5 削除したいセクションにマウスポインタを乗せて、⋮をクリックします。

6 ＜セクションを削除＞をクリックします。

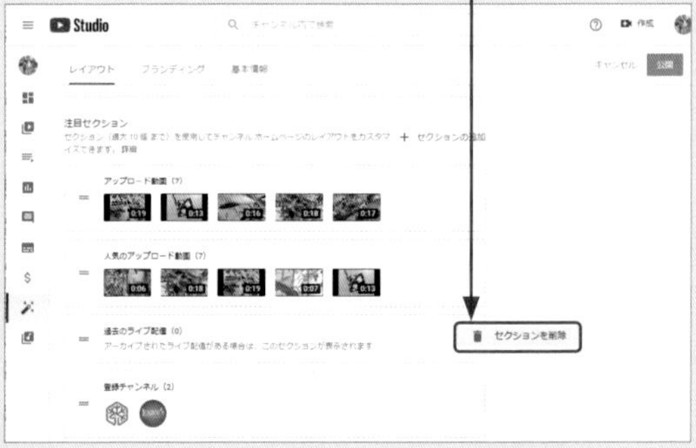

7 削除したセクションが、非表示になります。

Q セクション

194 ▶ セクションの掲載順を変更したい！

A セクションは、掲載位置をドラッグ&ドロップで並べ替えることができます。

チャンネルのホームページでは、通常、アップロード動画や公開動画のおすすめ動画が上部に表示されています。
おすすめ動画の表示・非表示を切り替えたり、「セクション」の掲載位置をドラッグ&ドロップで移動したりすることで、レイアウトを変更し、チャンネルのアピール方法を変更することができます。

● セクションの掲載位置を変更

1 YouTube Studioを表示して、<レイアウト>をクリックします。

2 位置を移動したいセクションの☰を、移動したい位置へドラッグ&ドロップします。

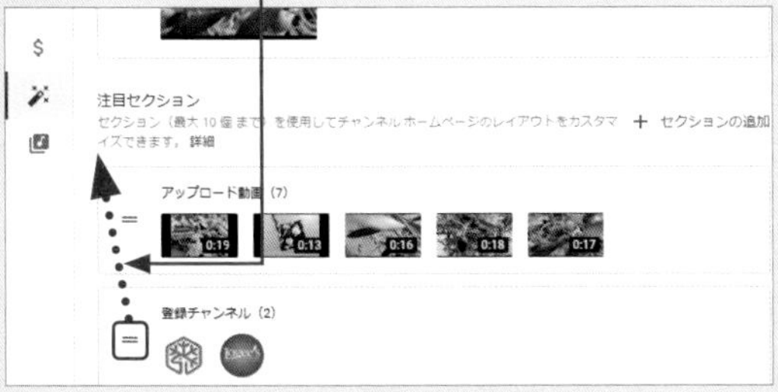

3 セクションの掲載順が変更されます。

4 チャンネルのページに戻ると、変更が反映されています。

●大胆なレイアウトも可能

定番の「アップロード動画」を下に移動し、「再生リスト」や「登録チャンネル」を上に持ってくるなど、アピールしたい動画を前面に出すこともできます。

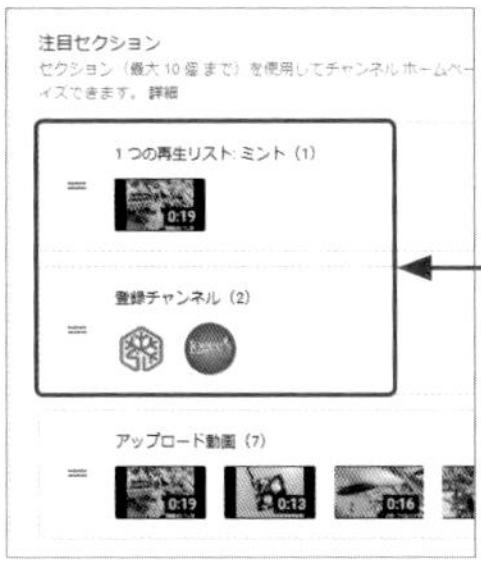

1 YouTube Studioの<レイアウト>で、「再生リスト」と「登録チャンネル」のセクションを上の位置にドラッグ&ドロップします。

2 「再生リスト」「登録チャンネル」の順に表示されます。

Q セクション

195 人気の動画をセクションに表示したい！

A 再生回数の多い動画を選んでセクションに表示できます。

セクションのメニューの中にある「人気のアップロード動画」は、チャンネルの中で再生回数の多い動画をピックアップして紹介する機能です。再生回数の多い順に動画が表示されます。

1 YouTube Studioを表示して＜レイアウト＞をクリックします。

2 ＜セクションの追加＞をクリックし、

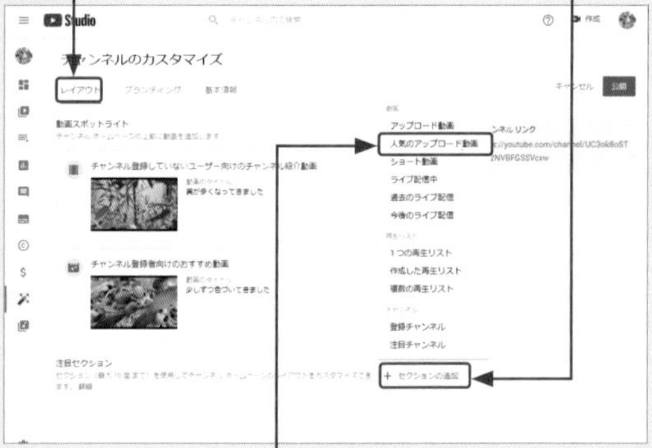

3 ＜人気のアップロード動画＞をクリックして選択します。

4 「注目のセクション」に「人気のアップロード動画」のセクションが表示されます。

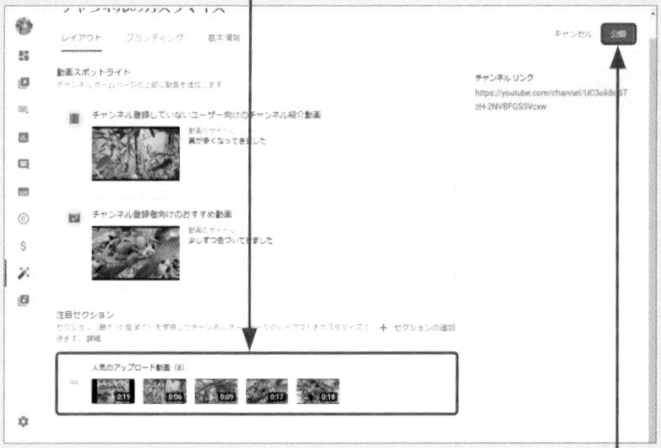

5 ＜公開＞をクリックします。

Q セクション

196 再生リスト内の動画をセクションで表示したい！

A 「注目のセクション」の「セクションの追加」から再生リストを選択します。

セクションには、再生リストを指定して表示することができます。

1 YouTube Studioを表示して＜レイアウト＞をクリックします。

2 ＜セクションの追加＞をクリックし、

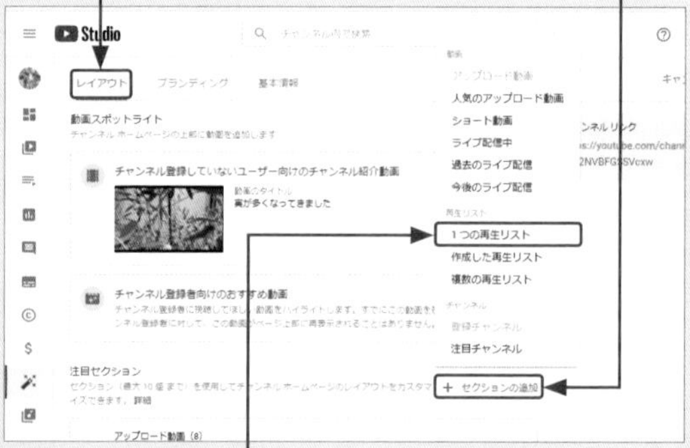

3 ＜○つの再生リスト＞をクリックします。

4 「再生リスト」の中から、セクションに表示したいリストをクリックして選択します。

5 ＜公開＞をクリックします。

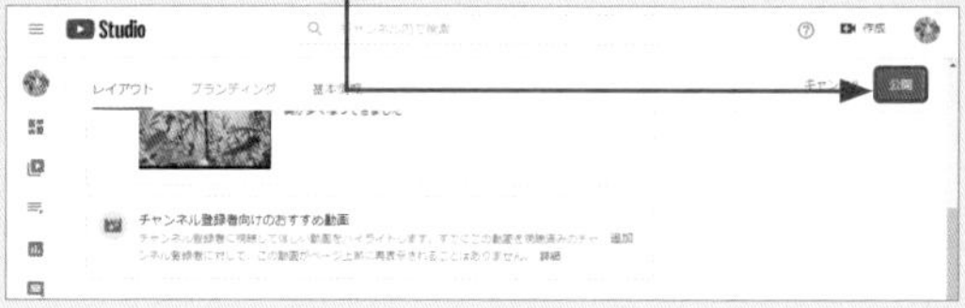

Q フリートーク

197 ▸ フリートークって何？

A 視聴ユーザーが、チャンネル自体にコメントを付けられる機能です。

「フリートーク」は、チャンネルへの感想やリクエスト、チャンネル運営者への要望などを、ユーザーに書き込んでもらえる場所です。
また、チャンネル運営者が書き込みをして公開することもできます。

1 アカウントのアイコンをクリックして、

2 <チャンネル>をクリックします。

3 <フリートーク>をクリックします。

4 <フリートーク>では、動画のコメント欄と同様、ユーザーとチャンネル運営者の双方がコメントを書き込むことができます。

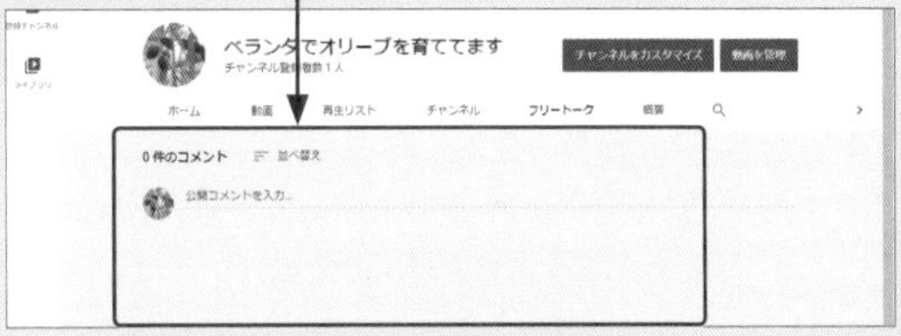

5 書き込みをしたいときは、自分のアカウントのアイコンの右側をクリックして、文字を入力します。

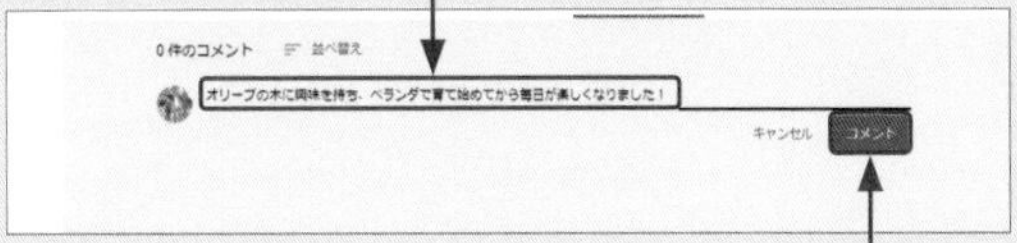

6 コメントを書き終えたら、<コメント>をクリックします。

7 コメントがYouTube上に公開されます。公開時には自分のアカウントのアイコンと、コメントの上部にチャンネル名が表示されます。

コメントに返信するなど、ユーザーとの交流も行えます。

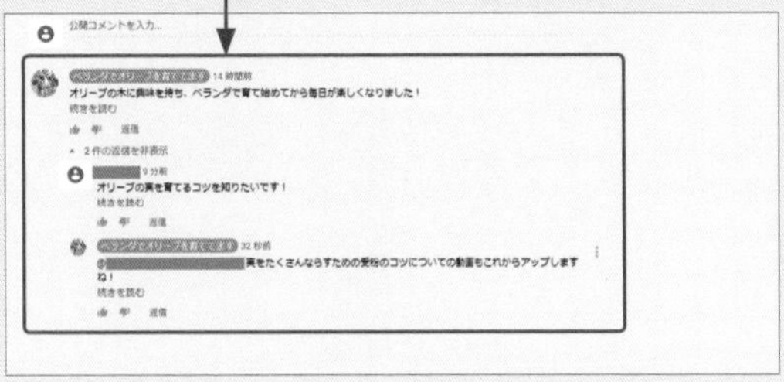

YouTubeの基本技 1
動画の視聴技 2
動画作成&編集技 3
動画の投稿技 4
ライブ配信技 5
マイチャンネル編集技 6
集客力アップ技 7
広告で稼げる収益技 8
情報分析技 9
スマホ活用技【視聴編】 10
スマホ活用技【投稿編】 11

Q フリートーク

198 フリートークを非表示にしたい！

A 「フリートーク」の「コメント」を無効にします。

「フリートーク」を利用したくない場合は、非表示にできます。「YouTube Studio」の「設定」から、「フリートーク」を無効にします。

1 YouTube Studioを表示し、左下の⚙をクリックします。

2 ＜コミュニティ＞をクリックし、

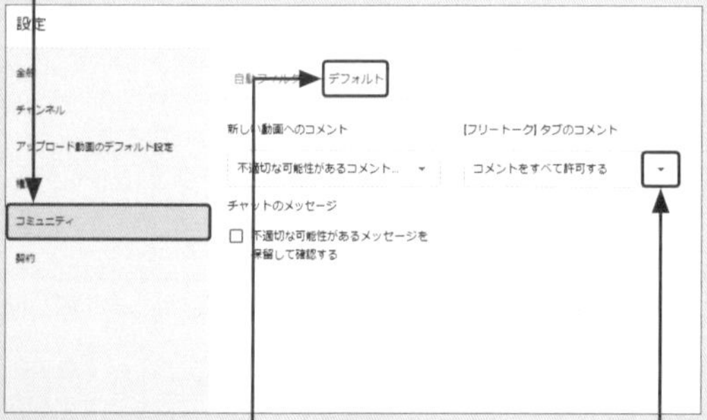

3 ＜デフォルト＞をクリックして、

4 「フリートークタブのコメント」の右下にある▼をクリックします。

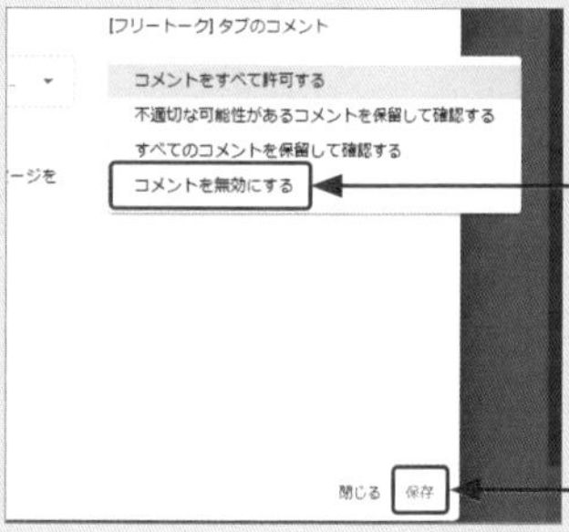

5 プルダウンメニューの中から＜コメントを無効にする＞をクリックして、

6 ＜保存＞をクリックします。

Q チャンネル切り替え

199 新しいチャンネルを追加したい！

A ＜新しいチャンネルを作成＞をクリックして追加します。

YouTubeでは、ブランドアカウントを複数作成することができます。チャンネルの作成は、「設定」の＜チャンネルを追加または管理する＞から行います。

1 設定画面を表示して、＜チャンネルを追加または管理する＞をクリックします。

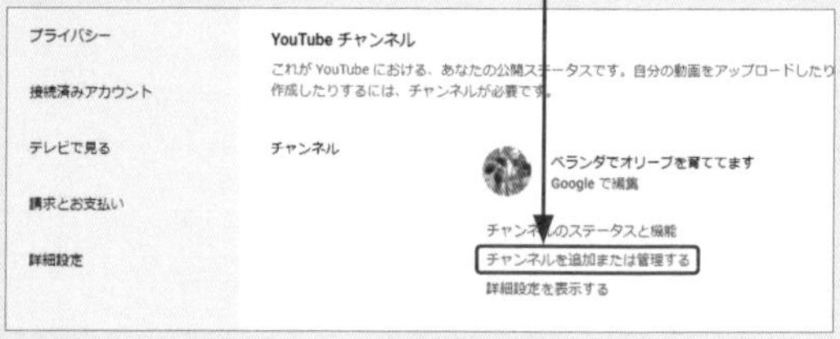

2 ＜新しいチャンネルを作成＞をクリックします。

3 作成したいチャンネル名を入力して、

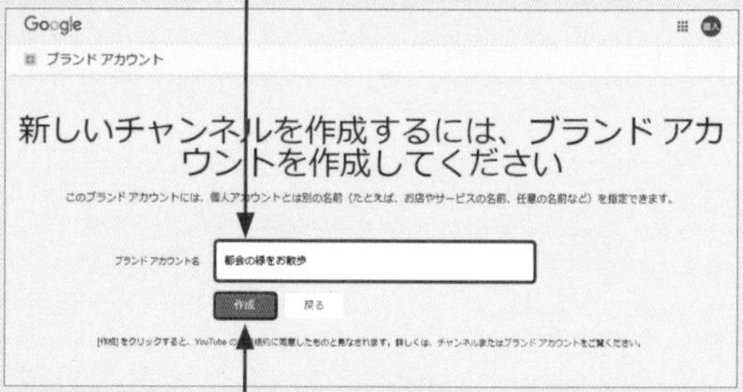

4 ＜作成＞をクリックします。

Q チャンネル切り替え

200 チャンネルを切り替えたい！

A <アカウントを切り替える>からチャンネルを切り替えることができます。

チャンネルを複数作成している場合、チャンネルを切り替えて動画を投稿したり配信を行ったりする必要があります。チャンネルを切り替えるには、<アカウントを切り替える>をクリックして、切り替えたいチャンネルを選択しましょう。

1 アカウントのアイコンをクリックして、

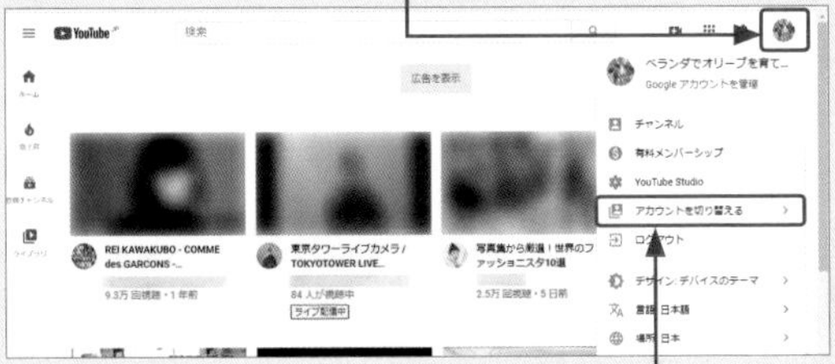

2 <アカウントを切り替える>をクリックします。

3 切り替えたいチャンネル名をクリックします。

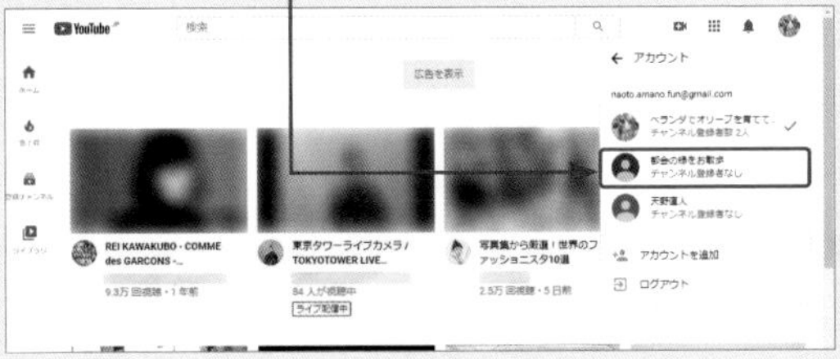

4 再び右上のアカウントのアイコンをクリックすると、ログインしているチャンネル名が切り替わっていることが確認できます。

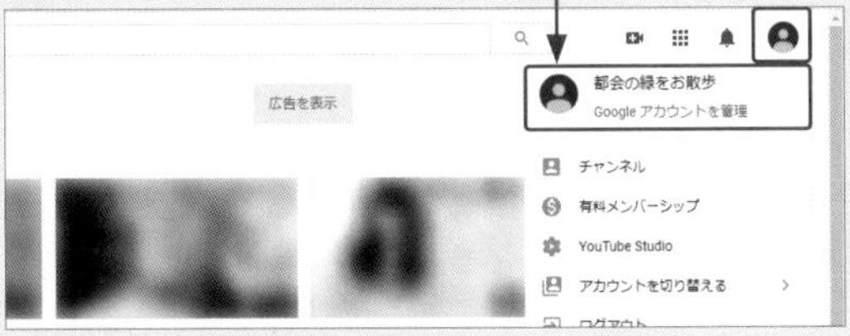

Q コミュニティ

201 コミュニティって何？

A 1,000人以上のチャンネル登録者を持つクリエイターのための交流の場所です。

チャンネル登録者が1,000人以上になると、その1週間後からチャンネルのページに<コミュニティ>が表示されます。<コミュニティ>では更新情報を画像付きでお知らせするなど、チャンネル運営者側から情報を発信することができます。

チャンネル登録者が1,000人以下の場合、チャンネルのホームページに<コミュニティ>は表示されません。

チャンネル登録者数が1,000人以上のチャンネルには、<コミュニティ>が表示されています。

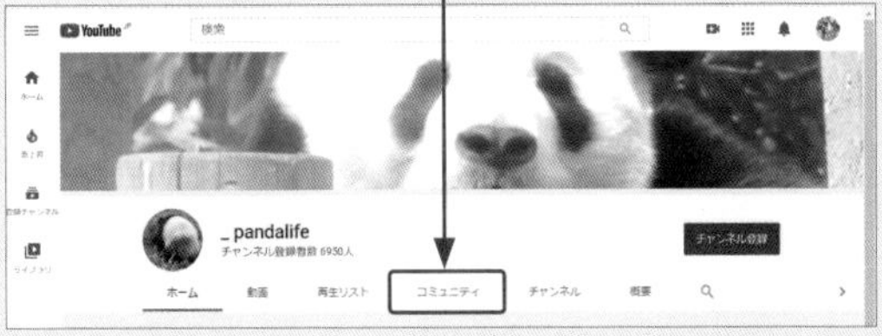

<コミュニティ>では、チャンネル運営者からの情報を発信できます。

Q 認証バッジ

202 ▶ チャンネル認証バッジって何？

A バッジが表示されているチャンネルは、YouTubeによって認証されていることを表します。

● 10万人以上のチャンネル登録者数が必要

大手企業や著名人、人気YouTuberの公式チャンネルを見ると、チャンネル名の右側に認証バッジが表示されていることがわかります。この認証バッジは、公式チャンネルであることを表す目印として利用されています。

この認証バッジは一般ユーザーが運営するYouTubeチャンネルでも取得できますが、チャンネル登録者が10万人に達している必要があります。この条件を満たしていれば、認証の申し込みを行えます。

10万人以上のチャンネル登録者がいて初めて、認証を申請をすることができます。申請が通ると、認証バッジが表示されます。

①認証には申し込みが必要

チャンネル登録者数が10万人を超えると、YouTubeに認証バッジのリクエストを送ることができます。YouTubeの審査後、問題がなければチャンネルに認証バッジが付与されます。気を付けなければならないのは、チャンネルの名前です。認証バッジを取得後、チャンネル名を変更するとバッジは消滅します。消滅後の再リクエストは可能です。

②認証済みチャンネルの要件

認証の申し込みをすると、チャンネルが審査され、以下の条件をクリアしているかが確認されます。

○有名人や有名企業の名を騙った偽物のチャンネルでないこと。追加の情報や証明資料の提出を求められる場合もあります。

○チャンネルが一般公開されていて、活動中であること。長期間新規動画をアップロードしていないと、問題になることもあります。

なお、YouTube 以外でも広く認知されているチャンネルであれば、チャンネル登録者数が 10 万人未満であっても認証される場合があります。

● 認証のメリットは？

認証バッジを取得しても、何か機能が特別に追加されるなどの特典があるわけではありません。しかし、認証バッジが付くことは人気YouTuberの証明となります。また、類似するチャンネルの中でも第一人者として視聴ユーザーから評価されるでしょう。

第 7 章

より多くの人に見てもらう! 集客力アップ技

Q 集客

203 より多くの人に見てもらうには何をすればよい？

A しっかりと分析して改善していくことが大切です。

ただ動画を投稿しただけでは、動画の視聴者を増やすことはできません。視聴者を増やしたいなら、まずは現状をしっかりと分析して何が足りないのかを把握し、改善していく必要があります。魅力的なコンテンツを作るのはもちろんですが、視聴したくなるような環境を整え、最適化（VSEO）対策や外部サイトでの宣伝などを行ってチャンネルや動画の存在を周知していくことが大切です。

● コンテンツを見直す

魅力的なコンテンツは視聴者を惹きつけます。動画の内容はもちろんですが、「投稿頻度（Q.206参照）」「動画の時間（Q.207参照）」「タイトル（Q.208参照）」「サムネイル（Q.212参照）」に気を配ることで、さらに動画の質を高めることができます。

● 最適化（VSEO）対策を見直す

YouTube検索結果の上位に表示されるための最適化（VSEO）対策を行えば、YouTubeユーザーの目に触れる機会が大幅に増加します（詳細はQ.209～211を参照）。

● 視聴環境を見直す

自分のチャンネルをカスタマイズして、見やすい環境を整えます。チャンネル登録や視聴回数増加を促すようなしくみを整えておくと、チャンネルの成長に大きく貢献してくれます（詳細はQ.212～225を参照）。

● 宣伝方法を見直す

自分のサイト、ブログ、SNSなどのWebツールは、動画の宣伝に欠かすことができない存在です。動画を投稿したら必ず宣伝しましょう（Q.226～232参照）。

Q 集客

204 細かい作業は面倒なのでやりたくない！

A 集客には地道な作業が必要です。面倒だからと手を抜くのは間違いです。

動画制作に加えて最適化や宣伝作業まで行うには、労力が必要です。面倒でやりたくないという人も多いでしょう。しかし、今は人気のYouTubeクリエイターたちも、最初は皆さんと同じ登録者も視聴回数も0の状態からスタートしています。最適化や宣伝を地道に積み重ねていったことで、今の地位があるのです。彼らは有名になった現在でも、日々集客を怠りません。面倒だからと手を抜いたままでは、いつまで経ってもチャンネル登録者も視聴者数も増えることはありません。まずは、人気クリエイターのチャンネルや宣伝方法などを徹底的に研究して参考にしてみましょう。

参考：「動画集客チャンネル（酒井祥正）」
https://www.youtube.com/channel/UCnf0vxeJnEdTHVc4AXMUIIA/featured
定期的に動画を投稿しており、多くのチャンネル登録者を獲得しています。また、SNSなどの外部サイトのプロフィールにもYouTubeチャンネルのURLを記載してしっかりと誘導しています。

Q 集客

205 別の動画を見てもらうには何をすればよい？

A 再生リスト、カード、終了画面、SNSなどを活用しましょう。

動画の再生回数を増やすには、自分の別の動画に誘導することが効果的です。視聴者からはチャンネルにどのような動画が投稿されているのかわからないため、「再生リスト」「カード」「終了画面」などを使って、次に視聴してほしい動画を提案しましょう。まったく関係のない動画をおすすめするのではなく、関連性のある動画やシリーズの続きの動画などを2～3個用意しておくと、その中から視聴者が見たい動画を選ぶことができます。また、新着動画の宣伝の際に別の動画へのリンクを併せて記載すると、相乗効果が期待できます。

● 再生リスト

関連性のある動画やストーリー性のあるシリーズ動画を再生リストにまとめることで、視聴者に連続して見てもらうことができます（詳細はQ.214～216参照）。

● カード

動画再生画面の上部に、任意のタイミングでおすすめの動画やメッセージを表示できます（詳細はQ.218～219参照）。

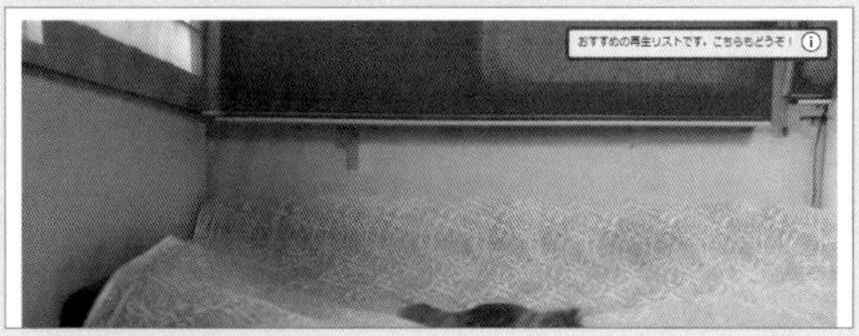

● 終了画面

動画の最後の終了画面に、別の動画へリンクするアイコンやチャンネル登録アイコンを配置することができます（詳細はQ.222～225参照）。

● SNS

TwitterやFacebookなどのSNSで新着動画を宣伝する際、併せて別の関連動画へのリンクも記載すると効果的です（詳細はQ.229～232参照）。

Q 集客

206 どれくらいの頻度で投稿するとよい？

A 1週間に1回以上は動画を投稿していきましょう。

YouTubeが公式に推奨しているように、投稿頻度は毎日が理想的です。更新頻度が多いチャンネルの動画は、検索結果の上位に表示されやすくなるなど、YouTubeのアルゴリズムが有利に働くメリットがあります。しかし、仕事や学業の合間に動画を投稿している人にとって、毎日の更新は難しいでしょう。編集作業に慣れるまでは週に1回の投稿を目標にし、慣れてきたら投稿頻度を増やしていくことをおすすめします。

更新頻度の多い投稿者の動画は、検索結果の上位に表示されやすくなります。

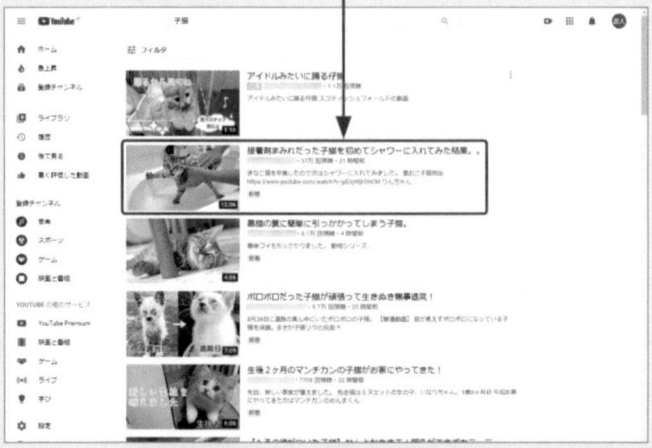

検索結果上位に表示される投稿者の動画一覧を確認すると、更新頻度が多いことがわかります。

Q 集客

207 動画の時間は長いほどよい？

A コンテンツによって最適な時間が異なります。

YouTubeでは、動画の時間が長いほどアルゴリズムに有利に働くといわれています。YouTubeが公式で運営するクリエイターチャンネルでも、視聴者を魅了する内容で10分の動画と20分の動画があった場合、20分の動画のほうがユーザーの満足度が高いという見解が発表され話題になりました。つまり、YouTubeでは良質な情報を得るためなら長い視聴時間を惜しまないユーザーが多い傾向にあるのです。

ただし、尺稼ぎのために無駄に長くすればよいというわけではありません。満足度の高い動画として評価される基準は、「平均視聴時間」と「視聴者維持率」です。ただダラダラと長い動画時間にするのではなく、視聴者に最後まで見てもらえるように、コンテンツに合った適正な長さにすることが大切です。時間に囚われるのではなく、動画で伝えたいことがどのくらいの時間でまとまるかを重視しましょう。

動画集客チャンネル
「再生回数・再生時間・チャンネル登録者を増やすには10分以上の動画が効果アリ!」
https://www.youtube.com/watch?v=h7KqOWgAgas
動画のジャンルによって最適な長さが異なります。自分が投稿する動画のジャンルの投稿者を参考にして、平均的な長さを把握しておきましょう。

Q 集客

208 タイトルはどのくらいの長さがよい？

A 動画の内容を30文字程度に要約したタイトルがおすすめです。

YouTubeでは、最大で全角100文字以内の動画タイトルを付けることができます。検索結果に表示されるタイトルの文字数は画面の大きさや解像度によって異なりますが、スマホの場合は平均で全角30〜35文字程度、パソコンの場合は平均で全角60文字程とされています。超過した文字数は「…」で表示されてしまいます。膨大な検索結果から視聴者を惹きつけるには、動画の内容が一目でわかることが大切です。そのため、どんな視聴環境でもタイトルの全文が表示されるよう、動画の内容を全角30文字程度に要約したタイトルが好まれる傾向にあります。さらに、メインのキーワードを一目で把握しやすいよう、前の方に配置するのがおすすめです。

● 文字数は30文字程度に収める

検索結果に表示されるタイトルの文字数は、パソコンとスマホでは異なります。近年はスマホから動画を視聴するユーザーが圧倒的に多いため、スマホの表示文字数を意識して30文字程度に収める必要があります。

● 動画の内容を要約する

サムネイルだけではどのような動画かわからないことも多いため、動画の内容を要約したタイトルを付けるとよいでしょう。たとえば、「△△して●●だった」といった、かんたんなあらすじのようなものでも構いません。さらに、メインのキーワードはできるだけ前方に配置すると目に入りやすいです。

Q 集客

209 検索で見つけやすくすることはできる？

A サジェストを調べて、タイトルや説明文に盛り込んでみましょう。

検索でヒットしやすくするためには、「VSEO対策」を行うことが大切です。VSEO対策とは、YouTubeの検索結果上位に表示するために、検索での使用頻度が高いキーワードをタイトルや説明文に盛り込むマーケティング手法のことです。まずは、YouTubeの検索ボックスにキーワードを入力すると右側に表示されるサジェスト（関連ワード）を調べてみましょう。調べたサジェストをタイトルや説明文に取り入れることで、検索結果に表示されやすくなります。

1 検索欄に動画のメインキーワードを入力すると、

2 サジェストが表示されます。

3 サジェストの中から動画に関連するキーワードを選定し、タイトルや説明文に盛り込みます。

猫　子供　助ける	猫　子供　遊ぶ
猫　子供　寝る	猫　子供　喧嘩
猫　子供　泣く	猫　子供　優しい
猫　子供　運ぶ	猫　子供　連れてくる
猫　子供　守る　犬	猫　子供　好き
猫　子供　救う	猫　子供　呼ぶ　鳴き声
猫　子供　怒らない	猫　子供　紹介

Q 集客

210 ▶ 説明文を最適化したい!

A サジェストワードや関連リンクを盛り込んでみましょう。

説明文のVSEO対策は主に2種類あります。1つ目は、サジェストワードを盛り込むことです。YouTubeの検索ボックスにキーワードを入れると、右側にサジェストが表示されます。調べたサジェストを説明文に記載することで、検索結果に表示されやすくなります(Q.209参照)。

2つ目は、関連リンクを盛り込むことです。自分のチャンネルや関連動画などのリンクを説明文に記載します。これにより、チャンネル登録やほかの動画の再生数増加が期待できます。

● サジェストワードを記載する

1 検索欄に動画のメインキーワードを入力すると、

2 メインキーワードの右側にサジェストワードが表示されるので、動画に関連するキーワードを選定します。

3 動画の詳細画面を表示します。

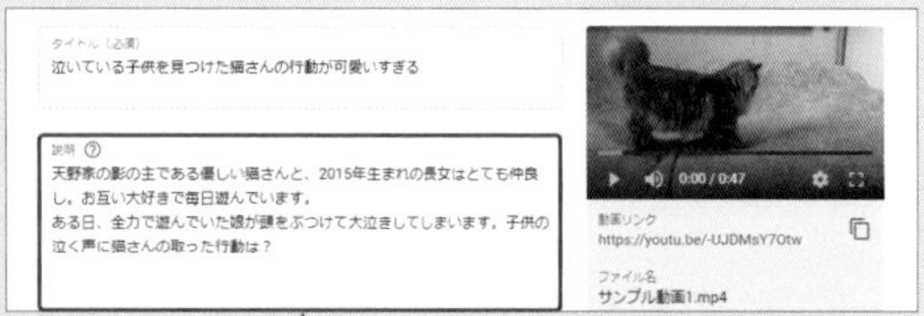

4 「説明」の入力欄に、動画の内容とサジェストワードを入力します。

● チャンネルのリンクを記載する

1 YouTubeにログインした状態で、画面右上のプロフィールアイコンをクリックし、

2 <チャンネル>をクリックします。

3 アドレスバーに表示されているURLの中から「?view_as=subscriber」を削除すると、自分のチャンネルのURLが表示されるので、コピーして説明文にペーストします。

● 関連動画のリンクを記載する

1 再生リストやシリーズの次の動画など、視聴者に見てほしい動画の再生ページを表示します。

2 アドレスバーに表示されているURLをコピーし、説明文にペーストします。

Q 集客

211 ▶ タグを登録したい！

A 動画の編集画面から動画に関連するキーワードをタグとして登録できます。

YouTubeの動画には、動画に関連するキーワードをタグとして登録することができます。タグを登録すると視聴者が動画の内容を把握できるようになるだけでなく、検索結果の上位に表示されやすくなります。タグを追加するには、まず動画の詳細画面で＜その他のオプション＞をクリックします。タグの入力欄にキーワードを入力し、Enter を押すかカンマを入力すると、タグとして設定されます。

1 動画の詳細画面を表示し、

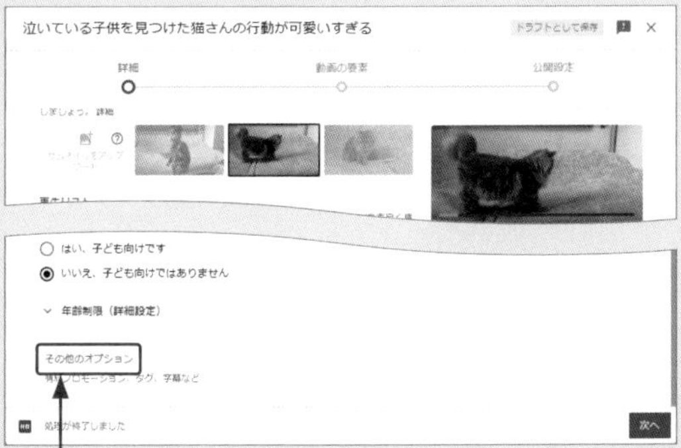

2 ＜その他のオプション＞をクリックします。

3 「タグ」の入力欄にキーワードを入力し、キーワードのあとに Enter を押すか、カンマ（「,」または「、」）を入力します。

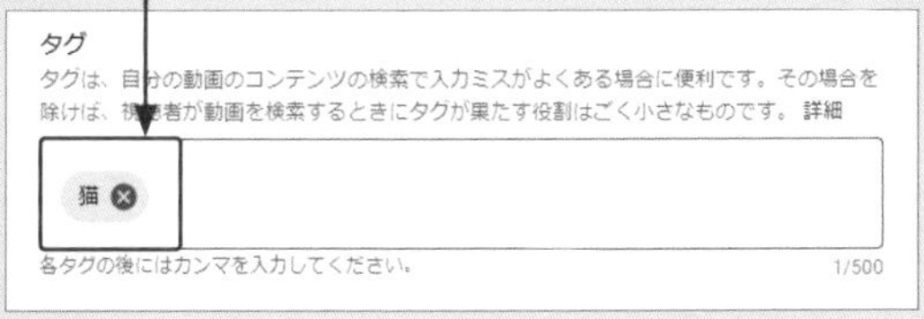

4 キーワードが灰色の丸で囲まれると、タグとして設定されます。そのほかのタグも、同様の手順で設定していきます。

Q 集客

212 ▶ クリックを誘うサムネイルにしたい！

A 画像サイズ、構図、文字に気を配って作成しましょう。

YouTubeでは、動画のタイトルよりもサムネイルが注目されます。よくクリックされるサムネイルの共通点といえば、とにかく目立っていることでしょう。目立つサムネイルを作成するには、3つのポイントがあります。1つ目はサムネイルのサイズです。規定のサイズよりも小さいとその分情報量が少なくなるため、クリックしてもらえません。2つ目は構図です。動画の内容が気になるような構図作りを心がけましょう。3つ目は文字です。どのような動画なのかを伝えるために、文字を入れて情報を追加すると効果的です。

● サイズ

サムネイルは、1,280×720ピクセル（16：9）、容量2MB以下の画像が推奨されています。

● 構図

基本中の基本である「三分割構図」を意識しましょう。三分割構図とは、画面を縦横に三分割し、交点や線に対して被写体を配置する構図のことです。

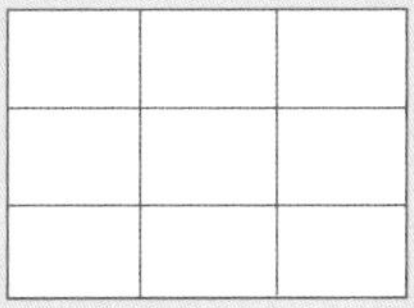

● 文字

画像だけではわからない情報を文字で補足します。スマホユーザーを意識して、文字はできるだけ大きめのほうがよいでしょう。また、文字を縁取りすると背景から浮き立つのでより目立ちます。

Q 集客

213 動画にロゴの透かしを入れてブランド力を高めたい!

A YouTube Studioから追加します。

動画の再生画面にチャンネルのロゴの透かしを配置すると、ブランド力が高まるのはもちろん、ロゴをワンクリックすることでチャンネル登録をしてもらえるメリットがあります。ロゴはYouTube Studioの＜設定＞で＜チャンネル＞→＜ブランディング＞の順にクリックすると設定できます。ロゴのサイズは150×150サイズ、PNGまたはGIF形式が推奨されています。

1 YouTube Studioを表示し、画面左側のメニューから＜設定＞をクリックします。

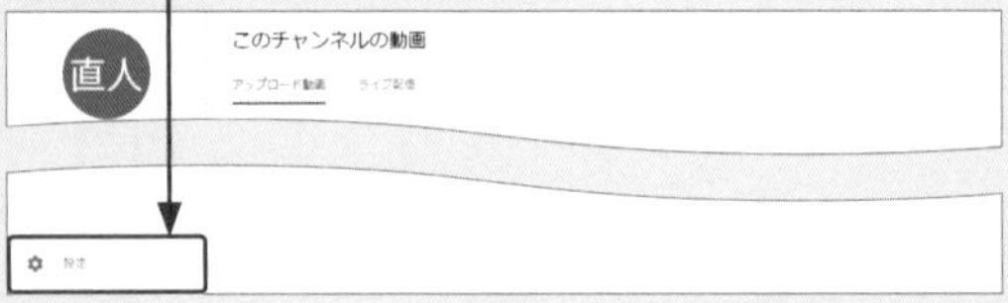

2 ＜チャンネル＞→＜ブランディング＞の順にクリックし、

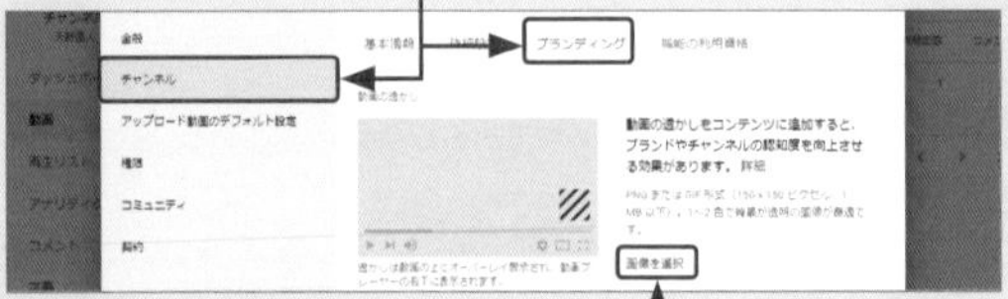

3 ＜画像を選択＞をクリックして、ロゴ画像を選択します。

4 表示タイミングを選択し、

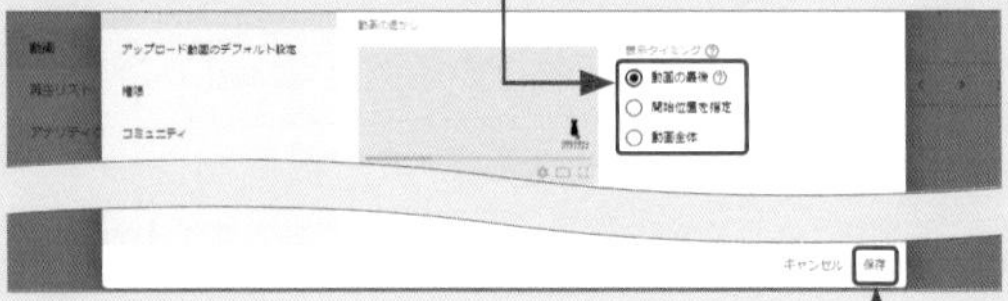

5 ＜保存＞をクリックします。

Q 集客

214 動画をシリーズ化するメリットは?

A 継続して動画を再生してもらいやすくなります。

動画をシリーズ化すると、続きが気になるユーザーが継続して再生してくれやすくなります。安定して視聴者を獲得できるので、チャンネル登録や関連動画の再生数増加に貢献してくれるメリットがあります。視聴者にシリーズ動画として認識してもらうためには、説明文やタイトルにシリーズであることを明記してアピールしたり、シリーズ動画を再生リストにまとめたりするなどの工夫が必要です。

● 説明文やタイトルに明記する

説明文やタイトルに、シリーズであることを明記します。番号を付けるとわかりやすくなります。

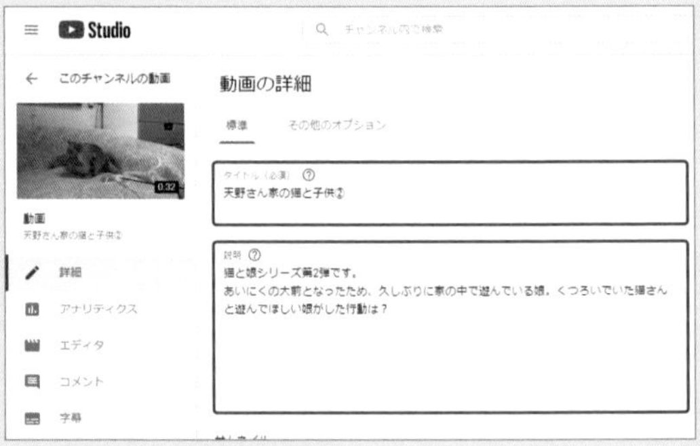

● 再生リストにまとめる

シリーズ動画を再生リストとしてまとめると、視聴者が続きを見やすくなります。説明文にリンクを張ったり、公式シリーズに設定したりすると有効です（詳細はQ.215参照）。

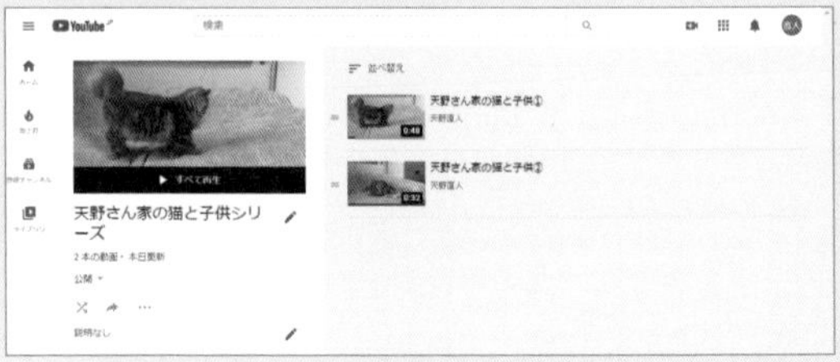

Q 集客

215 再生リストに動画をまとめたい！

A YouTube Studioから再生リストを作成しましょう。

視聴者に動画がシリーズであることを認識してもらうためには、再生リストでアピールする方法が効果的です。YouTube Studioを開き、<動画>をクリックします。これまでにアップロードした動画やライブ配信動画が一覧表示されるので、再生リストにまとめたい動画を順番に選択しましょう。<再生リストに追加>をクリックし、再生リストを選択すれば自分のチャンネルの動画をかんたんにまとめられます。

1 YouTube Studioで<動画>をクリックします。

2 再生リストにまとめたい動画にチェックを付けて、

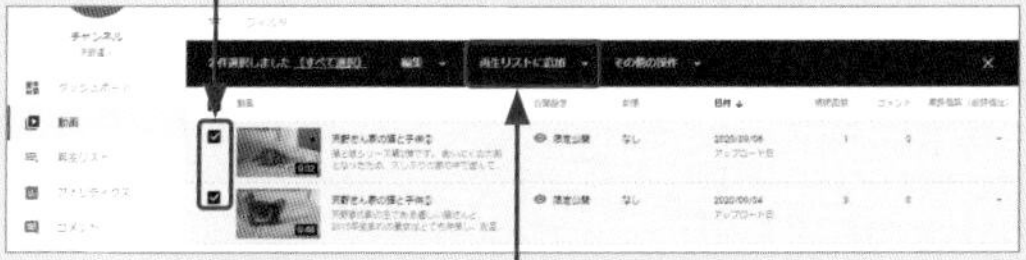

3 <再生リストに追加>をクリックします。

4 任意の再生リストを選択します。新しい再生リストにまとめたい場合は、<新しい再生リスト>をクリックして作成します。

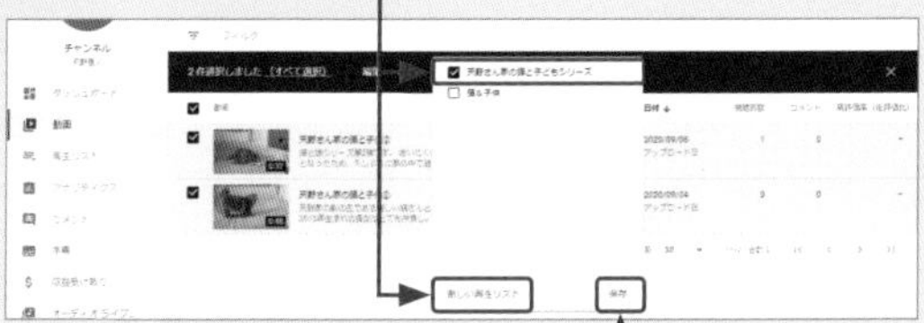

5 <保存>をクリックします。

Q 集客

216 マイチャンネルで再生リストをアピールしたい！

A チャンネルのレイアウトをカスタマイズして再生リストをアピールします。

作成した再生リストを視聴者にアピールするためには、マイチャンネル画面で<チャンネルをカスタマイズ>をクリックし、ホーム画面をカスタマイズしてみましょう。<セクションを追加>をクリックし、作成した再生リストを選択するとホーム画面に表示されるようになります。新規訪問者向けと登録者向け、それぞれの視点でカスタマイズできるので、最適な再生リストを表示するようにしましょう。

1 Q.175手順1～2を参考に、「マイチャンネル」画面を表示し、

2 <チャンネルをカスタマイズ>をクリックします。

3 <ホーム>をクリックし、

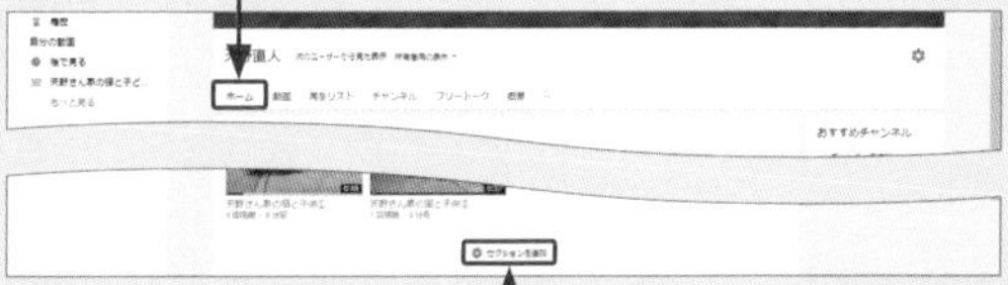

4 <セクションを追加>をクリックします。

5 「コンテンツ」で<1つの再生リスト>を選択し、

6 <再生リストを検索>をクリックして、再生リストを選択します。

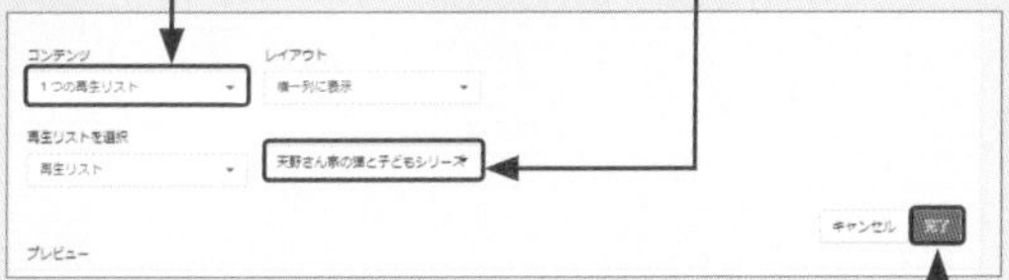

7 <完了>をクリックします。

Q 集客

217 ▶ テーマごとにチャンネルを分けて運用したい！

A <設定>から、テーマごとのサブチャンネルを作成しましょう。

YouTubeでは、1チャンネルにつき1ジャンルに絞って運用することが好まれる傾向にあります。1つのチャンネル内に多様なジャンルの動画を投稿すると、チャンネルの方向性が迷走し、視聴者を失う危険性があります。しかし、動画を投稿する上で、さまざまなジャンルにチャレンジしていきたいという人も多いでしょう。そんなときは、「サブチャンネル」を作成することをおすすめします。サブチャンネルは、メインチャンネルが停止・削除されてしまった場合も運用できるので、視聴者への連絡手段や代替の収益手段にもなるなど、多くのメリットがあります。サブチャンネルは、<設定>の<アカウント>で、<新しいチャンネルを作成する>をクリックすると作成できます。

1 プロフィールアイコンをクリックし、

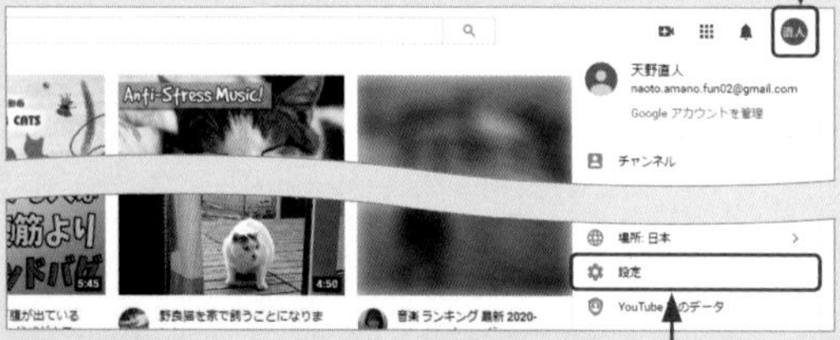

2 <設定>をクリックします。

3 <アカウント>をクリックして、

4 <新しいチャンネルを作成する>をクリックします。

5 サブチャンネルの名前を入力し、

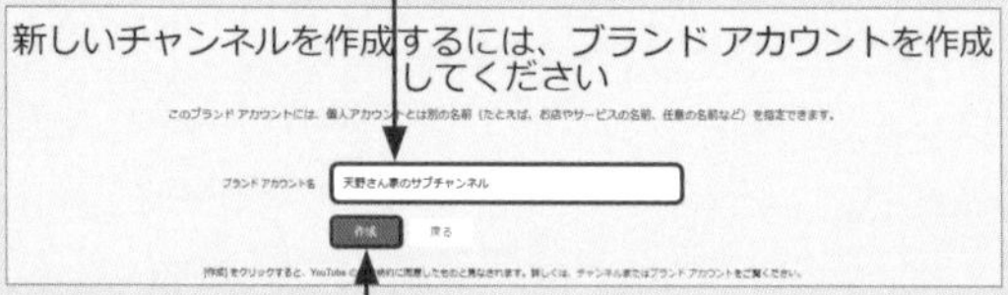

6 <作成>をクリックすると、

7 サブチャンネルが作成されます。

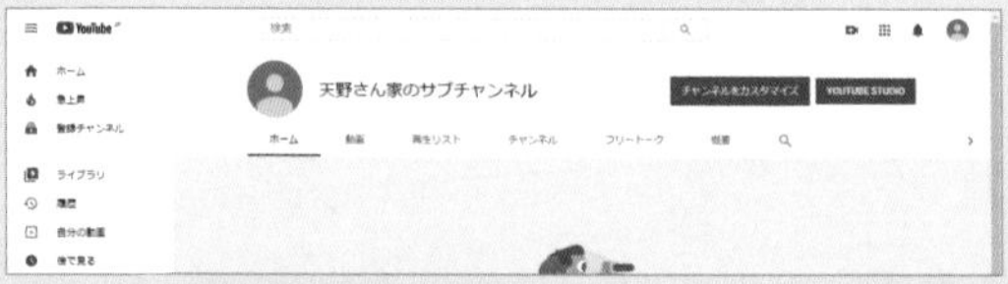

● チャンネルを切り替える

サブチャンネル作成後は、サブチャンネルの画面が表示されます。メインチャンネルやほかのサブチャンネルに切り替えたい場合は、プロフィールアイコン→<アカウントを切り替える>→<チャンネルの名前>の順にクリックします。

1 プロフィールアイコンをクリックし、

2 <アカウントを切り替える>をクリックします。

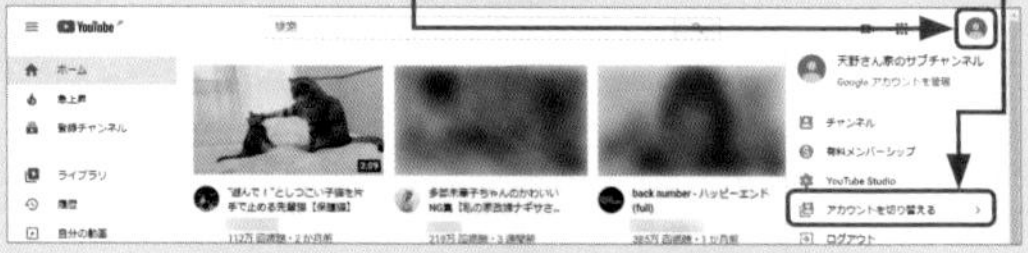

3 切り替えたいチャンネル名をクリックします。

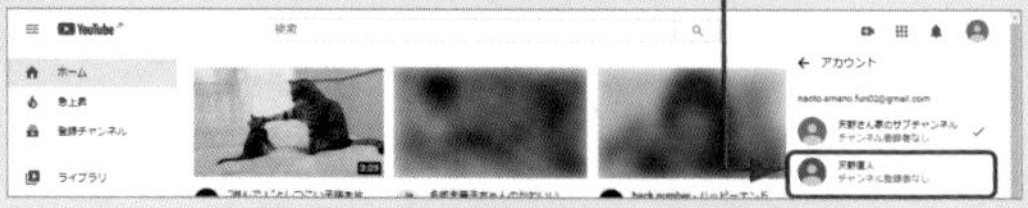

Q 集客

218 カードでほかの動画に誘導したい！

A 「カード」を活用して動画のリンクを埋め込みましょう。

関連動画や再生リストをアピールしたいなら、「カード」機能を利用してみましょう。任意の動画や再生リストへのリンクなどをチャンネル内の動画再生画面にポップアップカードとして埋め込み、視聴者を誘導できます。カードを設定するには、各動画の詳細画面で＜カード＞をクリックします。カードの種類を選択して、埋め込みたい動画や再生リストなどを選択しましょう。画面下部のインジケーターから、カードを表示するタイミングも設定できます。

1 YouTube Studioで動画の詳細画面を表示し、

2 ＜カード＞をクリックします。

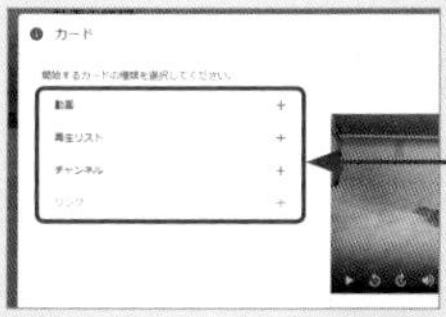

3 カードの種類を選択します。次の画面でカードとして埋め込む動画や再生リストを選択します。

4 カードを表示する時間を指定します。

5 カスタムメッセージやティザーテキストを入力し、

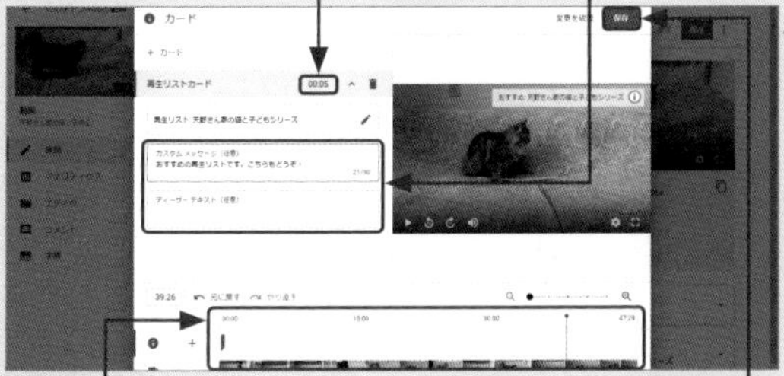

6 カードを挿入する時間帯を指定し、

7 ＜保存＞をクリックします。

Q 集客

219 魅力的なカードのテキストとは？

A 動画の特徴に合わせたテキストを設定することが大切です。

カードには、「カスタムメッセージ」と「ティザーテキスト」の２種類のテキストを任意で追加できます。カスタムメッセージは、再生画面右上のⓘをクリックすると動画・再生リスト一覧のすぐ下に表示されるメッセージです。ティザーテキストは、動画再生中の指定した時間に表示されるメッセージです。どちらも設定しない場合は、動画や再生リストの名前が表示されます。それぞれの特徴を理解し、効果的なテキストを設定していくことが大切です。

● カスタムメッセージ

動画内では伝えきれなかった補足情報を設定すると効果的です。また、ホームページやブログへの誘導などプロモーションとしても活用されています。

● ティザーテキスト

動画や再生リストに誘導するテキストを設定すると効果的です。最適なタイミングでキャッチーなコピーを表示すれば、視聴者に印象付けることができます。

Q 集客

220 ▶ コメントには返信したほうがよい？

A コメントにはできる限り返信することをおすすめします。

YouTubeで視聴者と投稿者が唯一コミュニケーションを取れる場所がコメント欄です。動画に付いたコメントへこまめに返信することで継続して視聴者を獲得できるので、チャンネルを成長させるためには欠かせません。返信は長文である必要はなく、コメントに即した内容であることが大切です。コメントへのお礼も併せて記載すると、好印象を与えられます。

1 動画の再生ページを表示し、

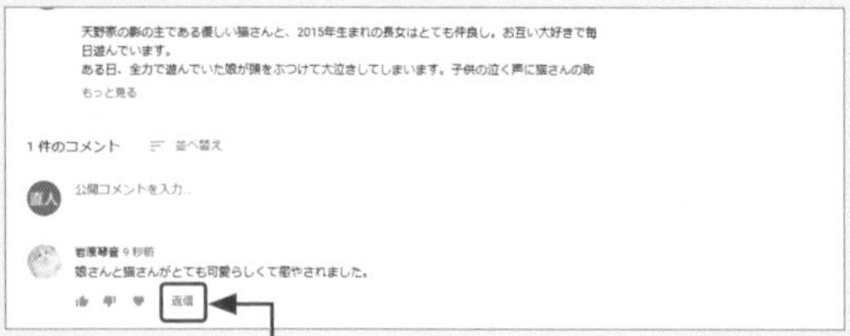
天野家の影の主である優しい猫さんと、2015年生まれの長女はとても仲良し。お互い大好きで毎日遊んでいます。
もっと見る
1 件のコメント
並べ替え
公開コメントを入力...
岩原琴音 9 秒前
娘さんと猫さんがとても可愛らしくて癒やされました。
返信

2 コメントの右下にある<返信>をクリックします。

3 入力欄に返信内容を入力し、

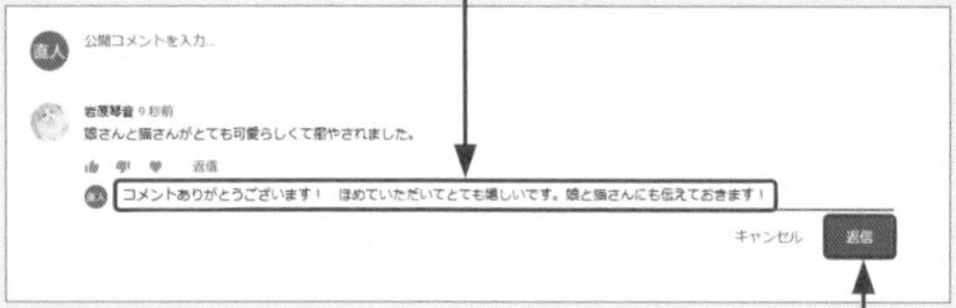
公開コメントを入力...
岩原琴音 9 秒前
娘さんと猫さんがとても可愛らしくて癒やされました。
返信
コメントありがとうございます！　ほめていただいてとても嬉しいです。娘と猫さんにも伝えておきます！
キャンセル
返信

4 <返信>をクリックすると、

5 返信が投稿されます。

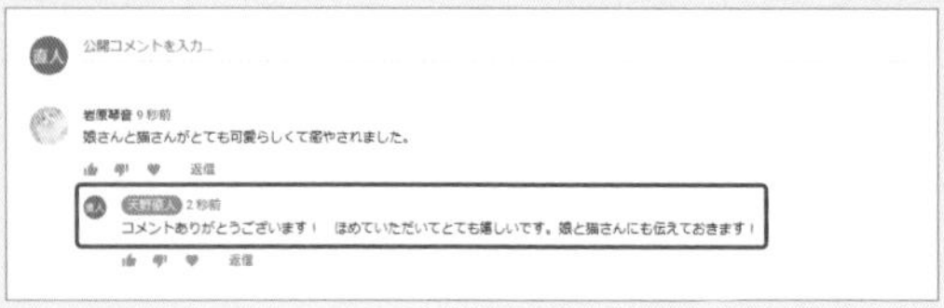
公開コメントを入力...
岩原琴音 9 秒前
娘さんと猫さんがとても可愛らしくて癒やされました。
返信
2 秒前
コメントありがとうございます！　ほめていただいてとても嬉しいです。娘と猫さんにも伝えておきます！
返信

Q 集客

221 ▶ 字幕を設定すると見てもらいやすくなる？

A 字幕ありの動画のほうが再生数が多い傾向にあります。

YouTubeの長期的なVSEO対策として、近年は字幕が注目されています。Discovery Digital Networksが実施した調査によると、同じ内容の動画のうち字幕ありの動画と字幕なしの動画では、再生回数は字幕ありの動画のほうが上回っていたそうです。ここでは、動画に字幕を付けるメリットを3つ紹介します。少々手間ですが大きなメリットが期待できるので、Q.135を参考にして可能な限り字幕を付けることをおすすめします。

● メリット1：検索結果上位に表示されやすい

YouTubeの検索結果は、テキスト情報が重視されます。字幕を付けることで多くの文字情報が追加され、多方面からの検索流入が期待できます。検索結果の上位にも表示されやすくなりますが、これはYouTubeに搭載されている字幕編集機能を使った場合です。動画に直接字幕を付けた場合はこの限りではありません。

● メリット2：インバウンドが期待できる

私達日本人は、日本語での動画を投稿している場合がほとんどです。そのため、動画の視聴者層は日本語を理解できる人がメインターゲットになります。しかし、日本語を話す人の数は英語や中国語を話す人の数と比べると大幅に少ないです。多言語に対応した字幕を付けることで日本語話者以外にも動画の内容が伝わりやすくなります。海外からの視聴者も獲得できるなど、高いインバウンド効果が期待できます。

● メリット3：聴覚障害者に情報を伝えられる

聴覚障害を持つ人々は動画の音が聞こえにくい分、動画によって伝えられる情報量が少なくなってしまいます。字幕を付けることで情報量が増え、動画の内容を理解しやすくなります。

Q 集客

222 終了画面を活用するメリットとは？

A ほかの動画への誘導やチャンネル登録を促進し、チャンネル成長に貢献できます。

YouTubeでは、動画の再生が終わってから約5〜20秒間、「終了画面」を表示させることができます。終了画面には、「動画」「再生リスト」へのリンクアイコンやチャンネル登録アイコンを埋め込むことができます。終了画面を設定することで、ほかの動画への流入やチャンネル登録をアピールできるメリットがあります。チャンネルの成長に大きく貢献してくれるので、必ず設定しましょう。なお、終了画面のレイアウトは複数用意されているので、目的に合った配置を選びましょう。

チャンネル登録アイコン
チャンネル登録を誘導できます（詳細はQ.225参照）。

動画のリンク
特定の動画、最近アップロードした動画（自動）、コンテンツに相応しい動画（自動）へのリンクを設定できます（詳細はQ.223参照）。

再生リストのリンク
指定した再生リストへのリンクを設定できます。

エンドカード
視聴してくれたことに対するお礼やチャンネル登録を促す静止画を終了画面に入れることができます（Q.224参照）。

Q 集客

223 終了画面でほかの動画を宣伝したい！

A 終了画面に動画のリンクアイコンを配置します。

終了画面には、特定の動画へのリンク、最近アップロードした動画へのリンク（自動）、コンテンツに関連する動画へのリンク（自動）アイコンを配置して、動画を宣伝できます。まずは、動画の詳細画面を表示し、＜終了画面＞をクリックします。＜要素＞から＜動画＞を選択し、動画の種類を選択します。アイコンをドラッグ＆ドロップして画面内の好きな場所に配置し、最後に＜保存＞をクリックするとリンクアイコンの設置が完了します。

1 YouTube Studioで動画の詳細画面を表示し、

2 ＜終了画面＞をクリックします。

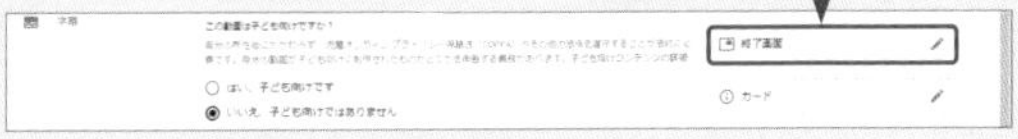

3 ＜要素＞をクリックして、

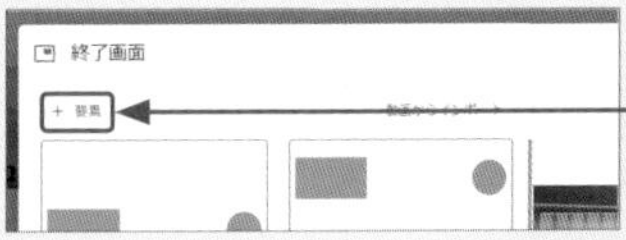

4 ＜動画＞をクリックします。

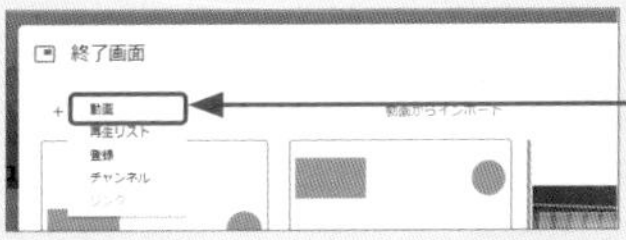

5 動画リンクの種類を選択して、

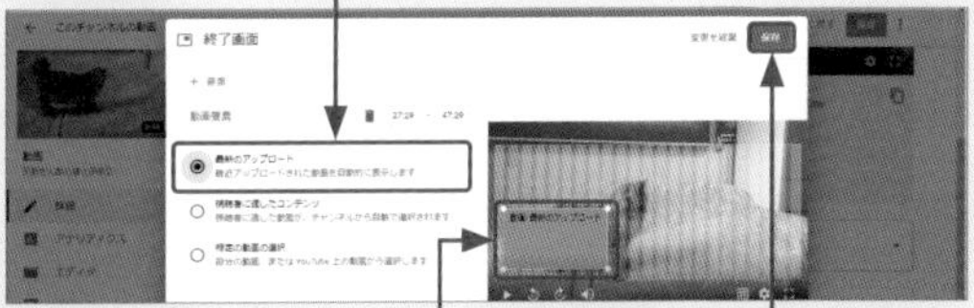

6 動画のリンクアイコンをドラッグ＆ドロップして任意の場所に配置し、

7 ＜保存＞をクリックします。

Q 集客

224 終了画面でチャンネル登録を呼びかけたい！

A チャンネル登録を促すエンドカードを挿入してみましょう。

YouTubeの人気クリエイターたちは、終了画面に「エンドカード」と呼ばれる静止画像を配置しています。エンドカードにチャンネル登録を促すメッセージなどを記載し、チャンネル登録アイコンと合わせて配置すると効果的です（詳細はQ.225参照）。作成したエンドカードは、動画の最後に配置します。終了画面の表示時間とズレがないように注意して配置しましょう。

● エンドカードを作成する

画像編集ソフトなどでエンドカードを作成します。チャンネル登録アイコンや動画リンクアイコンを配置することを想定してスペースを設けたり、アイコンの場所を強調するための矢印を配置したりします。

● 動画の最後にエンドカードを配置

動画編集ソフトで、動画終了後の5～20秒間にエンドカードを挿入します。

● 終了画面でチャンネル登録アイコンを配置

YouTubeで終了画面の設定を表示し、チャンネル登録アイコンを配置します（詳細はQ.225参照）。

Q 集客

225 終了画面にチャンネル登録アイコンを配置したい！

A 終了画面の設定から配置できます。

動画の最後に表示される終了画面では、自分のチャンネル登録リンクを掲載した「チャンネル登録アイコン」を配置できます。まずは、動画の詳細画面を表示し、<終了画面>をクリックします。<要素>から<登録>を選択し、動画の種類を選択します。アイコンをドラッグ&ドロップして画面内の好きな場所に配置し、最後に<保存>をクリックするとチャンネル登録アイコンの設置が完了します。

1 Q.223の手順1～2を参照して「終了画面」の設定を表示し、

2 <要素>をクリックします。

3 <登録>をクリックします。

4 チャンネル登録アイコンをドラッグ&ドロップして任意の場所に配置し、

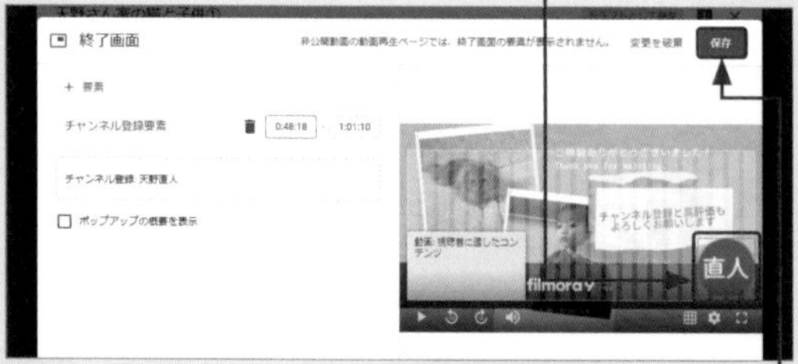

5 <保存>をクリックします。

Q 外部サイト

226 ▶ 外部サイトで紹介するメリットを知りたい！

A チャンネルの認知度や再生回数アップに貢献できます。

非常に多くのクリエイターが、YouTubeに投稿した動画を外部サイトで宣伝しています。なぜなら、ただ動画を投稿しただけではチャンネル登録者以外に通知されず、再生回数が少なくなってしまうためです。そこで、拡散力に優れたSNSや自身のブログなどの外部サイトを利用して宣伝することで、チャンネル登録者以外にもチャンネルや投稿動画の存在を知ってもらえるようになります。外部サイトで動画を宣伝することは規約違反にはならないので、積極的に活用していきましょう。ここでは、宣伝手段として活用されている主な外部サイトの特徴とメリットを解説します。

● 自分のサイト（詳細はQ.227参照）

自分のサイトで宣伝する場合は、Webページに動画の再生画面を埋め込むことができます。レイアウトの自由度は高いですが、検索エンジンから自分のサイトに流入してきたユーザーが中心となるため、競争率が激しいです。

● SNS（詳細はQ.229〜231参照）

Twitter、Facebook、InstagramなどのSNSは、非常に拡散力に優れています。幅広いユーザー層からの流入が期待できるので、宣伝効果は抜群です。

● ブログ（詳細はQ.227参照）

livedoor Blogやアメーバブログなど国内のブログサービスには、YouTubeとの連携機能が用意されているものがあります。ブログサービスの公式サイトやランキングからの流入も期待できます。

● YouTube動画宣伝サイト

投稿した動画を宣伝できるWebサービスです。多くの動画宣伝サイトがあるので、複数のサービスを併用して宣伝すると効果的です。

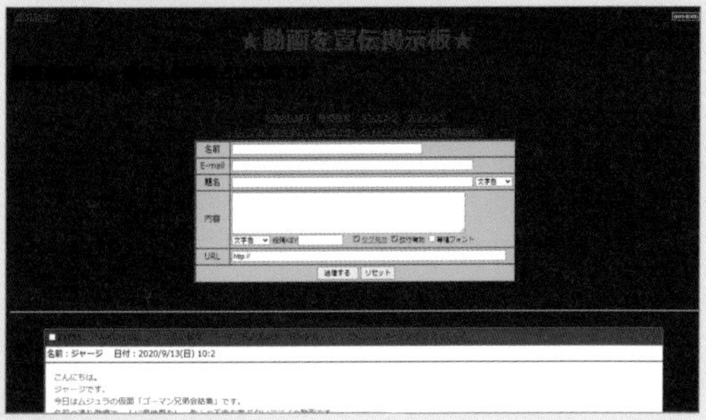

Q 外部サイト

227 自分のブログやホームページで動画を紹介したい!

A 共有機能で動画のURLをコピーし、ブログやホームページにペーストしましょう。

ブログやホームページでYouTubeの動画を宣伝したいなら、記事に動画のリンクを張ってみましょう。まず動画再生ページの<共有>をクリックします。ポップアップに動画のURLが表示されるので、<コピー>をクリックするとURLをコピーできます。コピーしたURLをブログやホームページの編集画面にペーストして投稿すると、動画ページの画像やタイトル、概要などがカード形式で表示される「埋め込み動画」(詳細はQ.228参照)が表示されます。

1 動画再生ページで<共有>をクリックし、

2 <コピー>をクリックします。

3 ブログやホームページの記事編集画面で手順2でコピーしたリンクをペーストすると、

4 埋め込み動画が反映されます。

Q 外部サイト

228 外部サイトに埋め込みリンクを張りたい!

A 動画の埋め込みコードを発行して、外部サイトに埋め込みましょう。

外部サイトで動画を宣伝する場合は、動画の埋め込みコードを発行する方法もあります。埋め込みコードでは、再生画面の表示サイズや再生開始位置などをユーザーが自由にカスタマイズできます。まずは、動画ページで<共有>→<埋め込む>の順にクリックします。埋め込みコードの編集画面が表示されるので、必要に応じてウインドウの横幅や高さ、開始位置などを変更して埋め込みコードを発行します。あとは、コピーしたコードをブログやホームページの編集画面にペーストして投稿すると、「埋め込み動画」が反映されます。

1 動画再生ページで<共有>をクリックしておきます。

2 <埋め込む>をクリックします。

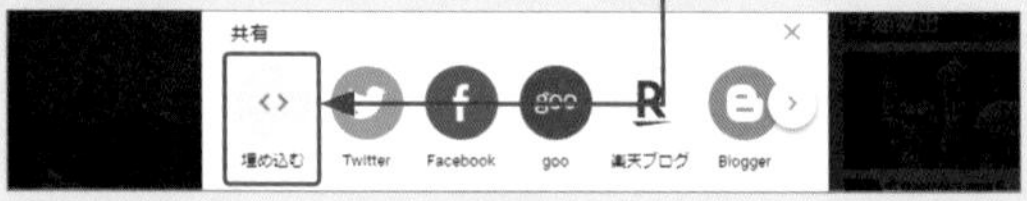

3 必要に応じてウインドウの大きさなどを調整し、

4 <コピー>をクリックして埋め込みコードを発行します。

5 ブログやホームページの記事編集画面で手順4でコピーした埋め込みコードをペーストすると、

6 埋め込み動画が反映されます。

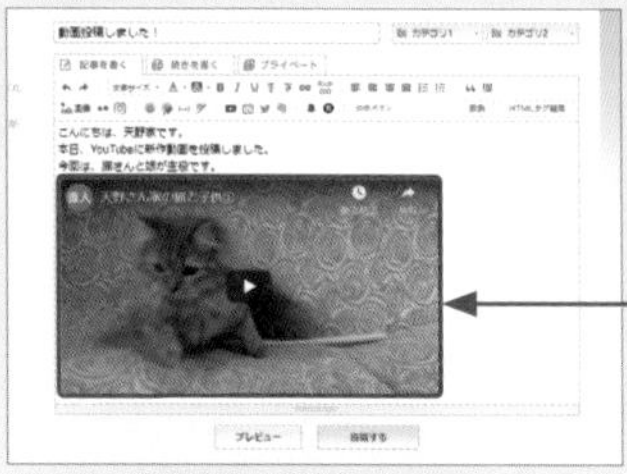

Q 外部サイト

229 SNSで動画を紹介するメリットとは？

A 投稿した動画をシェアしてもらい、幅広いユーザー層に広めることができます。

YouTubeの動画を宣伝するツールとして、今やSNSは欠かせない存在となっています。SNSはリアルタイムで多くのユーザーに情報を発信できるため、情報の拡散力が非常に優れています。シェアしてもらうことで新規視聴者を開拓できるのはもちろん、自分のチャンネル登録者に新着動画やお知らせをいち早く知らせることもできます。こうしたメリットを活かすには、それぞれのSNSの特徴を理解して使い分けることが必要です。

● Twitter（詳細はQ.230参照）

URL https://twitter.com/

140文字以内のつぶやきを投稿できる日本最大級のSNSです。リアルタイムの情報発信に特化しているため、緊急時のインフラとしても注目されています。「いいね」や「リツイート」での拡散力は、SNSの中でも群を抜いています。

● Facebook（詳細はQ.231参照）

URL https://twitter.com/

世界でもっとも利用されているSNSです。匿名性が高いSNSの中では例外的に、実名での利用が前提となっています。自分とリアルの世界でもつながりのあるユーザーに対して情報を発信できます。日本では40代以上のユーザーが多いです。

Q 外部サイト

230 Twitterで動画を紹介したい！

A YouTubeの共有機能を使って、Twitterに動画をシェアします。

Twitterで動画を宣伝する場合は、YouTubeの共有機能を活用しましょう。まずは、Twitterにログインしておきます。続いて、動画ページで＜共有＞をクリックし、＜Twitter＞をクリックします。動画リンクが反映された状態でTwitterの入力画面が表示されるので、必要に応じてテキストを編集して投稿します。すると、タイムラインに動画のサムネイル付きのツイートが反映されます。

1 シェアしたい動画ページを表示し、

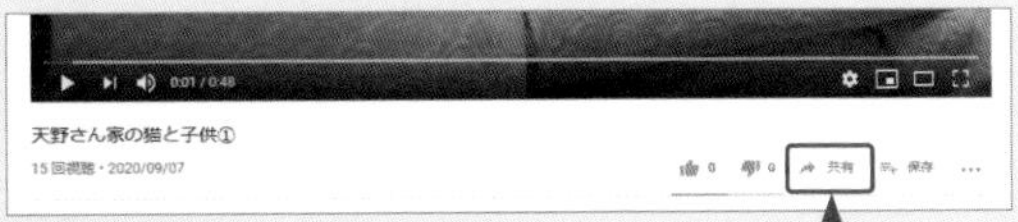

2 ＜共有＞をクリックします。

3 ＜Twitter＞をクリックします。

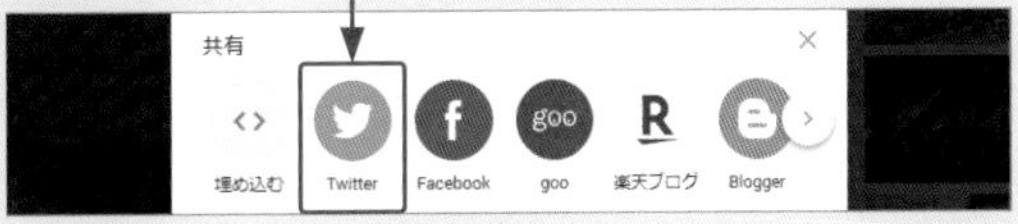

4 Twitterの投稿画面に切り替わります。

5 必要に応じてテキストを入力し、＜ツイートする＞をクリックします。

Q 外部サイト

231 Facebookで動画を紹介したい!

A **YouTubeの共有機能を使って、Facebookに動画をシェアします。**

Facebookで動画を宣伝する場合は、YouTubeの共有機能を活用しましょう。まずは、シェアする前にFacebookにログインしておきます。続いて、動画ページで＜共有＞をクリックし、＜Facebook＞をクリックします。動画リンクが反映された状態でFacebookの入力画面が表示されるので、必要に応じてテキストを編集して投稿します。すると、ニュースフィードに動画のサムネイル付き投稿が反映されます。

1 シェアしたい動画ページを表示し、

2 ＜共有＞をクリックします。

3 ＜Facebook＞をクリックします。

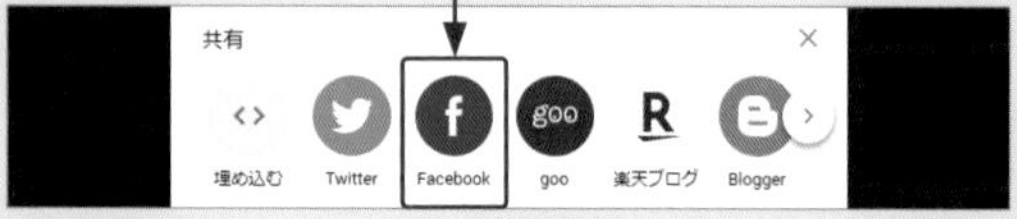

4 Facebookの投稿画面に切り替わります。

5 必要に応じてテキストを入力し、

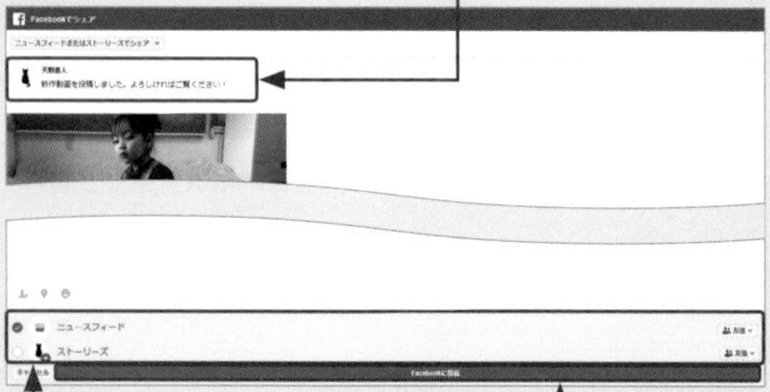

6 投稿する範囲を設定して、

7 ＜Facebookに投稿＞をクリックします。

Q 外部サイト

232 QRコードで動画の宣伝ってできる?

A **QRコード作成サイトで動画リンクをQRコード化します。**

外部サイトで動画の埋め込みができない場合は、QRコードの画像を貼っておくと、Webサイトを見た人がQRコードからYouTubeで動画を見てくれるかもしれません。ブログやSNSなどのプロフィール欄にチャンネルのQRコードを貼っておくとよいでしょう。

1 Q.227の1～2を参考にして、動画のリンクをコピーします。

2 「クルクルManager（https://m.qrqrq.com/）」にアクセスします。

3 ＜URL＞をクリックし、

4 入力欄に手順1でコピーしたURLをペーストして、

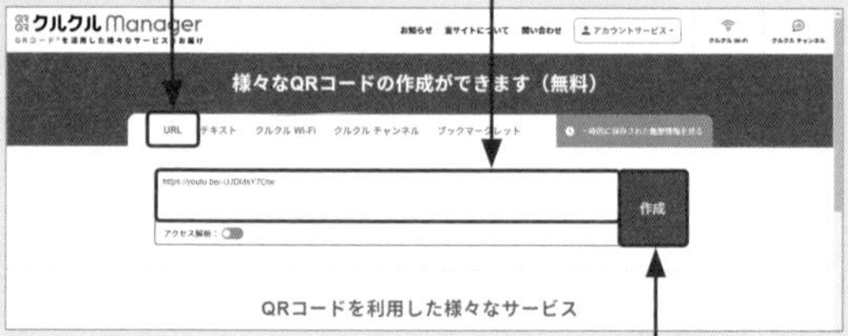

5 ＜作成＞をクリックします。

6 ダウンロード形式を選択して、

7 ＜ダウンロード＞をクリックすると、QRコードをダウンロードできます。

第 8 章

広告でしっかり稼ぐ! 収益技

Q 収益化

233 YouTubeで稼ぐには、どんな方法があるの？

A 広告収入など、複数の稼ぎ方があります。

YouTubeで稼ぐ方法にはいくつかの種類がありますが、代表的なものは広告収入です。一定の条件を満たして「YouTubeパートナープログラム」に参加することで、広告収入を得られるようになります。さらに、チャンネルメンバーシップやスーパーチャット、グッズ販売などそのほかの収益機能も利用できるようになります。

● 広告収入（YouTube AdSense）

動画再生時に表示される広告の掲載料として支払われる収入です。広告形態にはいくつかの種類があります。

● チャンネルメンバーシップ

視聴者が月額料金を支払うことで、バッジや絵文字をはじめとした限定特典を得られる制度です。

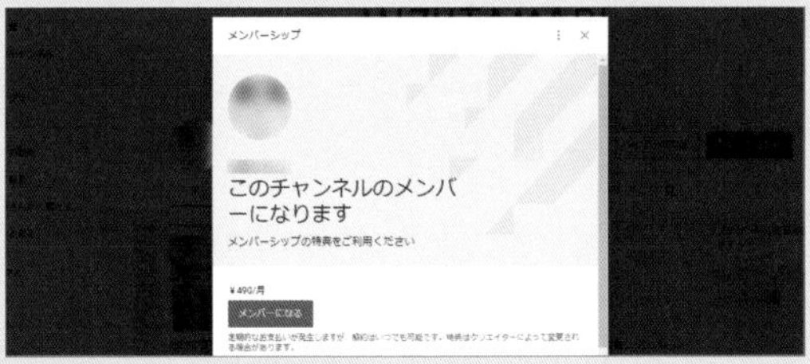

● スーパーチャット

ライブ放送動画やプレミア公開動画の放映中に、配信者に対して100円〜5万円のお金を自由に送ることができる投げ銭機能です。

Q 収益化

234 収益化するのに条件ってあるの？

A YouTubeが提示する基準を満たす必要があります。

YouTubeで収益を得るには、「YouTubeパートナープログラム」に参加する必要があります。しかし、このプログラムは誰でも参加できるわけではありません。YouTubeが提示する5つの参加条件を満たす必要があります。ここでは、2021年3月時点の参加条件をご紹介します。なお、Q.247では収益化できない動画について解説をします。

1　YouTube収益化ポリシーの遵守
チャンネルガイドライン、利用規約、著作権を遵守し、かつ広告掲載に適した動画が投稿されている必要があります。ガイドラインや利用規約の詳細は、YouTubeヘルプ（https://support.google.com/youtube）から確認できます。

2　パートナープログラム対象国・地域に在住
日本は対象国なので問題ありません。日本以外の地域にお住まいの方は確認する必要があります。

3　総再生時間4,000時間以上
公開動画が直近12か月間で4,000時間以上視聴されている必要があります。YouTube Studioの「アナリティクス」から確認できます。

4　チャンネル登録者数1,000人以上
チャンネル登録者が1,000人以上必要です。「マイチャンネル」や「YouTube Studio」などで確認できます。

5　Google AdSenseアカウント所持
広告収益の受け取りに必要なGoogle AdSenseアカウントとYouTubeアカウントを紐付けておく必要があります。なお、Google AdSenseアカウントの取得には審査があるため、早めに手続きしておくことをおすすめします。

Q 収益化

235 ▶ 広告収益のしくみを知りたい!

A 動画内広告の再生回数やクリック数に応じて支払われます。

YouTubeパートナープログラムに参加しているクリエイターたちの多くは、広告収益で稼いでいます。広告収益は、まず広告主（スポンサー）がYouTubeの運営元であるGoogleに広告出稿を依頼します。するとGoogleがYouTubeの動画に広告を掲載し、その広告費の中から動画投稿者に掲載料が支払われるしくみです。広告単価は公表されていませんが、広告の種類や視聴者層によって変動します。

● YouTube広告収益のしくみ

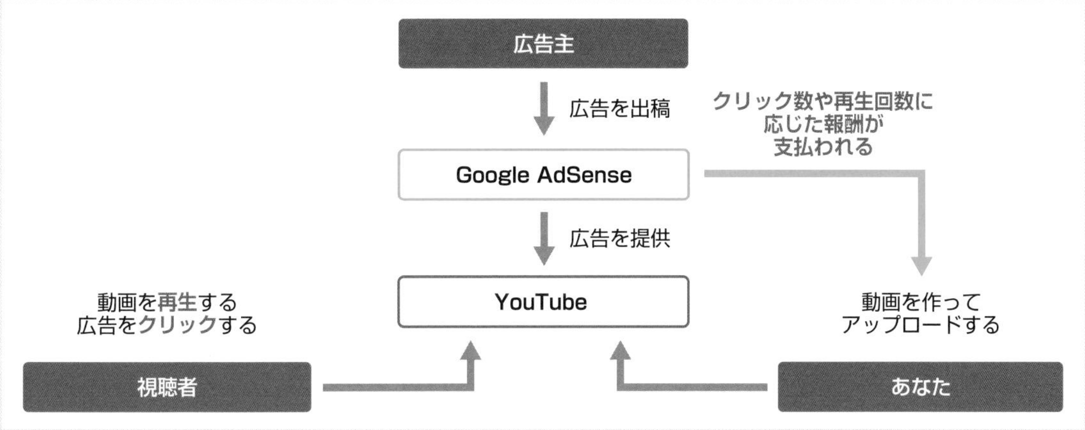

● クリック数に応じて支払われる

動画ページの右上に表示されるディスプレイ広告、動画再生画面の上に覆い被さるように表示されるオーバーレイ広告は、広告をクリックしてもらうことで掲載料が発生します。

● 再生回数に応じて支払われる

10分以上の動画を再生する際に自動的に挿入されるインストリーム広告は、再生回数に応じて掲載料が発生します。30秒以上の視聴で、再生数がカウントされます。

Q 収益化

236 収益化に必要なものって何？

A 広告掲載に適した動画、AdSenseアカウントなどが必要です。

収益化するためには、事前に準備しておくものが3つあります。1つ目は、広告掲載に適した動画です。チャンネルガイドライン、利用規約、著作権を遵守した動画を制作しましょう。2つ目は、Google AdSenseのアカウントです。YouTubeでの収益は、主に広告収入に依存します。AdSenseアカウントを取得し、YouTubeアカウントを紐付けておきましょう。3つ目は、2段階認証です。Googleアカウントで2段階認証を有効にしておかないと、審査に時間がかかる場合があります。

● 広告掲載に適した動画

チャンネルガイドライン、利用規約、著作権を遵守した動画を複数投稿している必要があります。

● Google AdSenseアカウント

YouTubeでの広告収益を得るためには、Googleが提供する広告サービス「Google AdSense」のアカウントを取得してYouTubeと紐付けることが最低条件となっています。

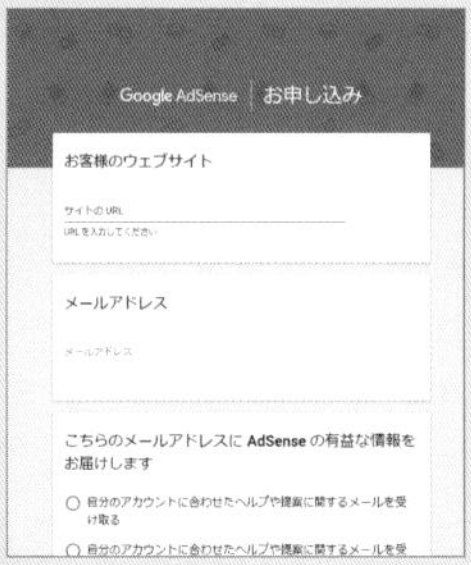

● 2段階認証

Googleアカウントへの不正ログインを防止できる「2段階認証」を有効にしておく必要があります。

Q 収益化

237 Google AdSenseって何？

A 広告をクリックされることで収益を得られるしくみです。

Google AdSenseとは、Webサイトやブログ、動画などにGoogle AdSenseのタグを貼り付けることによって、視聴しているユーザーに対して自動で最適な広告が表示され、広告がクリックされるたびに収益を受け取ることができるというものです。ユーザーによって表示される広告が異なり、なおかつそのユーザーがよく検索しているキーワードや閲覧しているWebサイトに合わせて広告を表示してくれるので、クリックされる可能性が高い収益方法の1つです。表示される広告によって広告費が異なりますが、だいたいは1クリックにつき30円～90円が多いとされています。Google AdSenseを利用するには、Googleによる厳正な審査があり、審査基準は厳しいといわれています。YouTubeで利用する場合は、プログラムポリシーを必ず順守する必要があります。

Google AdSense
https://www.google.co.jp/adsense/start/

Q 収益化

238 ▶ 収益を得るまでの流れを知りたい！

A 収益化の条件を満たしたら、「YouTube Studio」の<収益受け取り>から審査を申し込みましょう。

Q.234を参照して収益化の条件を満たすことを確認できたら、早速収益化を申し込んでみましょう。まずは、YouTube Studioを表示し、メニューから<収益受け取り>をクリックします。審査可能な状態になると「パートナー プログラム利用規約を確認する」という画面が表示されるので、<開始> をクリックします。利用規約に同意したら、AdSenseアカウントとYouTubeチャンネルを紐付けします。チャンネルは複数紐付けできるので、サブチャンネルもリンクしておきましょう。紐付けが完了すると、審査待ちの状態になります。審査には時間がかかるので、結果の連絡が来るまで普段通り投稿を続けていきましょう。

1 YouTube Studioを表示し、<収益受け取り>をクリックして、<申し込む>をクリックします。

2 <開始>をクリックして、

3 <規約に同意する>をクリックします。

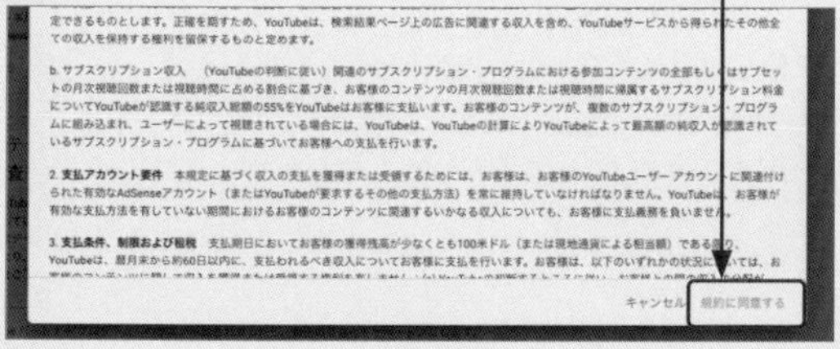

4 「Google AdSenseに申し込む」の<開始>をクリックします。

5 AdSenseアカウントとチャンネルを接続して、<関連付けを承認>をクリックします。

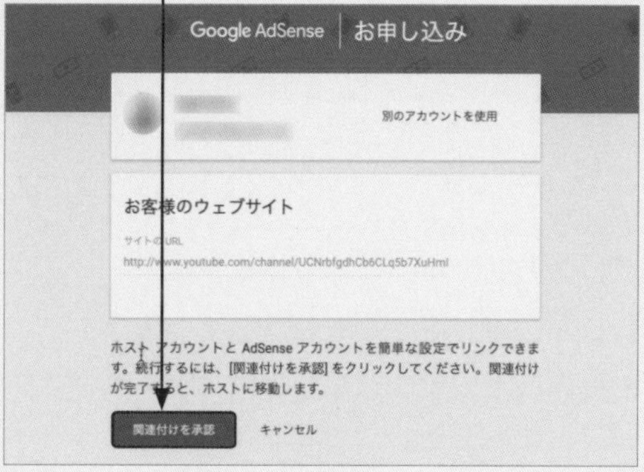

6 チャンネルが審査待ちの状態になります。

条件を満たしたら通知してほしい

収益化審査には時間がかかるので、条件を満たしたらすぐに審査申し込みしたい人も多いのではないでしょうか。そんなときは、通知機能を活用しましょう。YouTube Studioを表示してメニューから<収益受け取り>をクリックし、<参加条件を満たしたら通知する>をクリックします。チャンネル登録者数と総再生時間が収益化の条件を満たすと、いち早くメールで通知してくれるようになります。

Q 収益化

239 広告収入の支払い時期を知りたい!

A 当月の収益額は、翌月の21～26日に支払われます。

YouTube広告収入の支払時期は、Google AdSenseのスケジュールに準拠します。1～31日までの1か月間でどのくらい視聴者に広告が見られたのか、クリックされたのかが集計され、翌月のはじめに収益額が決定します。収益額の支払い時期は、ユーザーの在住国や週末・祭日、支払い方法によって異なります。たとえば、日本のパートナープログラム参加者でもっとも一般的な銀行口座振込の場合、21～26日に支払い処理が行われ、振込から7営業日以内に受け取ることができます。

● 支払いのスケジュール（銀行口座振込）

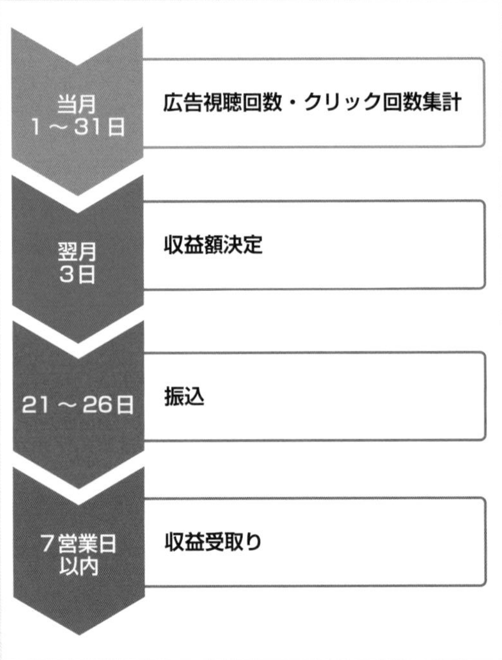

支払いの最低金額は？
広告収入をもらうための最低金額は、国によって異なります。日本の場合は最低でも8,000円以上に達していないと受け取ることができません。基準を満たしていない月の報酬は繰り越しになります。

Q 広告

240 設定できる広告の種類は？

A 6種類の広告を動画ごとに設定できます。

収益化の対象になった動画は、「オーバーレイ広告」「ディスプレイ広告」「スキップ可能なインストリーム広告」「スキップ不可なインストリーム広告」「バンパー広告」「スポンサーカード」の6種類の広告を動画ごとに設定できます。端末によっては表示されない広告の種類もあります。

● オーバーレイ広告（詳細はQ.241参照）

対象：パソコン
再生画面下部20％に表示される半透明の広告です。

● ディスプレイ広告（詳細はQ.242参照）

対象：パソコン
動画プレイヤーの右側に表示される広告です。

● インストリーム広告（詳細はQ.243参照）

対象：パソコン・スマホ・タブレット

動画内に挿入される動画広告です。基本的に一定時間再生しないと、動画の続きを見ることができません。

● スポンサーカード（詳細はQ.245参照）

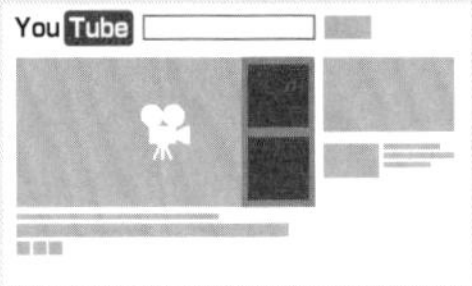

対象：パソコン・スマホ・タブレット
動画内で紹介した商品をカードで表示します。

Q 広告

241 ▶ オーバーレイ広告って何？

A 動画の再生画面下部に表示される広告のことです。

YouTube広告の1つである「オーバーレイ広告」は、動画の再生画面20％を覆うように表示されるバナー広告です。広告の右上に表示されている×をクリックすることでスキップできます。この広告はパソコン版YouTubeのみに表示され、スマホ版YouTubeには表示されません。30秒以上表示されると、広告収入が発生します。

● オーバーレイ広告のメリット

・再生画面下部という目立つ位置に表示されるため、ほぼ確実に視聴者の目に留まりクリックされやすい
・視聴者の意思で非表示にできるので反感が比較的少ない
・長く表示するほど広告収入が発生する

● オーバーレイ広告のデメリット

・スマホ版には表示されない
・広告ブロックのアドオンで排除される可能性がある

● オーバーレイ広告の活用方法

オーバーレイ広告は途中で非表示にされると広告収入が発生しないため、いかに長く表示させるかがポイントとなります。そのため、動きの少ないオープニング時に挿入している投稿者が多く見られます。オーバーレイ広告を表示するパートでは、できるだけ画面下部に動きを入れないようにすると効果的です。

Q 広告

242 ▶ ディスプレイ広告って何？

A 動画プレイヤーの右側に表示される広告のことです。

YouTube広告の1つである「ディスプレイ広告」は、動画プレイヤーの右側に表示される静止画・テキスト広告です。この広告はパソコン版YouTubeのみに表示され、スマホ版YouTubeには表示されません。広告がクリックされると、収入が発生します。

● ディスプレイ広告のメリット

・動画視聴を邪魔しないので視聴者の反感が比較的少ない
・動画プレイヤーや検索結果と同じ目線に配置されるので目立つ

● ディスプレイ広告のデメリット

・スマホ版には表示されない
・広告ブロックのアドオンで排除される可能性がある
・興味・関心のない広告はクリックされにくい
・広告の内容は選ぶことができない

● ディスプレイ広告の活用方法

ディスプレイ広告は、ホームページなどでよく見られる広告形態です。動画内容や視聴者の検索結果によって表示される広告が変わるため、クリックされるかどうかは広告の魅力次第という側面が強いです。ディスプレイ広告だけに依存せず、複数の広告と併用して運用することをおすすめします。

Q 広告

243 インストリーム広告って何？

A **動画視聴時に自動再生される動画広告のことです。**

YouTube広告の1つである「インストリーム広告」は、動画視聴時に自動再生される動画広告です。動画広告には、5秒視聴すればスキップできる「スキップ可能な動画広告」、最後まで視聴しないと動画を視聴できない「スキップ不可の動画広告」、最長6秒間スキップできない「バンパー広告」の3種類があります。広告挿入のタイミングは、動画投稿者が任意で設定できます。30秒間スキップされずに視聴してもらえれば、広告収入が発生します。

● インストリーム広告のメリット

- 強制的に表示されるため、全広告形態の中でもっとも視聴されやすい
- スキップ不可の動画広告は確実に広告収入が発生する
- すべてのデバイスで表示される
- 表示するタイミングを設定できる

● インストリーム広告のデメリット

- 動画視聴を邪魔するため、途中で離脱されやすい
- 頻繁に挿入すると反感を持たれやすい

● インストリーム広告の活用方法

視聴者の動画視聴を強制的に中断させるため、離脱されないようオープニングやエンディング前、シーンの切り替え時など適切なタイミングで表示するように設定する必要があります。また、多く表示しすぎると視聴者離れの原因となってしまうため、動画の長さに見合った回数に留めましょう。ライブ放送のアーカイブなどの場合、何も設定しないとYouTube側が表示タイミングと回数を自動設定してしまうため、ある程度管理する必要があります。

Q 広告

244 スマートフォンでは広告はどう表示される？

A **スマホの画面に最適化された状態で表示されます。**

スマホの画面はパソコンと比べると小さいため、「オーバーレイ広告」（詳細はQ.241参照）と「ディスプレイ広告」（詳細はQ.242参照）のように画面の占有率が高い広告は表示されません。しかし、「インストリーム広告」（詳細はQ.243参照）や「スポンサーカード」（詳細はQ.245参照）のように動画再生時に表示される広告は、スマホの画面に最適化された状態で表示されます。近年はスマホからの視聴者が大多数に上るため、広告収入を効率よく得るためにはインストリーム広告を上手く活用する必要があります。

● スマホ版のインストリーム広告

動画再生時に表示されます。スキップ可能な動画については、一定時間視聴後に＜広告をスキップ＞をタップすることで非表示にできます。

● スマホ版のスポンサーカード

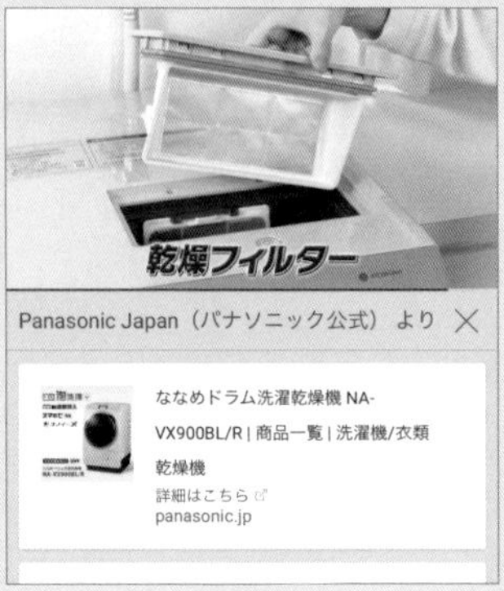

動画再生中に動画内で登場した商品がカードで表示されます。カードをタップすると、商品の詳細が表示されます。

Q 広告

245 スポンサーカードって何？

A 動画に関連する商品やサービスを参照できる広告形態です。

「スポンサーカード」とは、動画に関連する商品やサービスを再生画面の右側に一定時間カードで表示する広告です。商品やサービスが記載されたカードをクリックすると詳細が表示されるので、視聴者の購買意欲を促すことができます。カードがクリックされると、広告収入が発生します。ただし、YouTubeの判断によっては意図した商品が表示されない場合もあります。

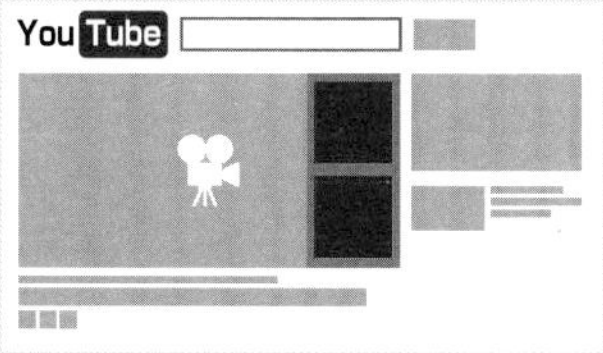

● スポンサーカードのメリット

・動画再生中に表示されるので目に留まりやすい
・カードをクリックすれば商品の情報を確認できる
・デバイスを問わず再生される

● スポンサーカードのデメリット

・スキップができず画面を占有するので動画視聴の邪魔になる
・動画の商売気が感じられてしまう

● スポンサーカードの活用方法

スポンサーカードをクリックしてもらうには、商品やサービスの魅力を伝え、購買意欲を促すコンテンツを制作できるかどうかにかかっています。スポンサーカードを表示するパートでは、できるだけ画面の右側に動きを入れないほうが効果的です。なお、スポンサーカードの表示の有無はYouTubeが選定するため、複数の広告と併用して運用することをおすすめします。

Q 収益のルール

246 パートナープログラムの査定基準を知りたい！

A 年齢制限とガイドラインに注意しましょう。

YouTubeパートナープログラムは、単純にお金がもらえるだけのシステムではありません。テレビ番組と同様にスポンサーの看板を背負うことになるため誰でも参加できるわけではなく、YouTubeが定める基準を守ったクリエイターであると認められる必要があります。審査には、2つの要件が重要視されます。1つ目は、18歳以上の年齢制限が設けられていることです。これはYouTubeの年齢制限コンテンツの基準年齢に合わせたものと思われます。18歳未満のユーザーは、Google AdSense経由での支払いに対応できる保護者がいれば収益化可能です。2つ目は、広告掲載に適したコンテンツのガイドラインに準拠した動画を作成していることです。視聴者に不快感を与えるような動画や悪影響を与えるような動画は、広告掲載に相応しくないと判断され、収益化は許可されないでしょう。ガイドラインの詳細については、Q.247で解説します。

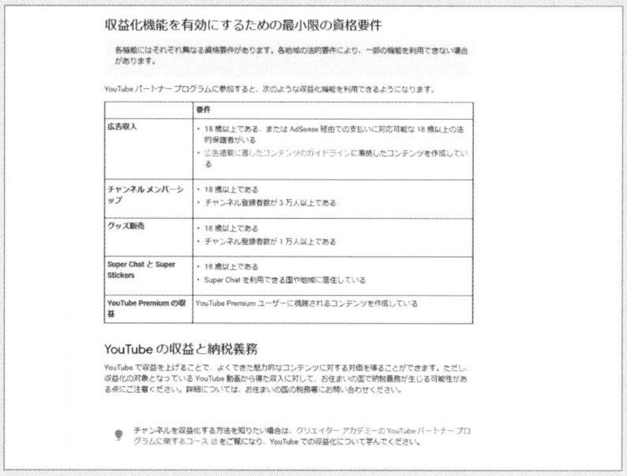

収益化機能を有効にするための最小限の資格要件

各機能にはそれぞれ異なる資格要件があります。各地域の法的要件により、一部の機能を利用できない場合があります。

YouTube パートナー プログラムに参加すると、次のような収益化機能を利用できるようになります。

	要件
広告収入	・18 歳以上である、または AdSense 経由での支払いに対応可能な 18 歳以上の法的保護者がいる ・広告掲載に適したコンテンツのガイドラインに準拠したコンテンツを作成している
チャンネル メンバーシップ	・18 歳以上である ・チャンネル登録者数が 3 万人以上である
グッズ販売	・18 歳以上である ・チャンネル登録者数が 1 万人以上である
Super Chat と Super Stickers	・18 歳以上である ・Super Chat を利用できる国や地域に居住している
YouTube Premium の収益	YouTube Premium ユーザーに視聴されるコンテンツを作成している

YouTube の収益と納税義務

YouTube で収益を上げることで、よくできた魅力的なコンテンツに対する対価を得ることができます。ただし、収益化の対象となっている YouTube 動画から得た収入に対して、お住まいの国で納税義務が生じる可能性がある点にご注意ください。詳細については、お住まいの国の税務署にお問い合わせください。

チャンネルを収益化する方法を知りたい場合は、クリエイター アカデミーの YouTube パートナー プログラムに関するコース をご覧になり、YouTube での収益化について学んでください。

「YouTubeで収益を得るには」
https://support.google.com/youtube/answer/72857?hl=ja
YouTubeパートナープログラムのルールは、昨今の問題や影響を鑑みて年々厳格化されつつあります。収益化に申し込む前に、今一度「YouTubeヘルプ」の収益化に関する項目や注意事項を確認しておきましょう。

Q 収益のルール

247 ▶ 収益化できないコンテンツってどんなもの？

A 不適切な表現や暴言描写のある動画は収益化が認められません。

収益化するにはYouTubeの審査が必要となります。審査の際に重視される項目の1つが、YouTubeが提示する「広告掲載に適したコンテンツのガイドライン」を守ったコンテンツを作成しているかどうかです。たとえば、放送禁止用語が含まれた動画や暴力描写のある動画などは広告掲載に適していないとみなされ、収益化が通らない可能性があります。ここでは、ガイドラインの事例を紹介します。確実に収益化するために、該当する表現はできるだけ避けてコンテンツを制作しましょう。なお、Q.234ではYouTubeチャンネルが収益化を満たすための条件を紹介しています。

● 不適切な表現

冒涜的または下品な表現を繰り返し使っているコンテンツが該当します。とくに動画の冒頭で使用すると、広告表示なしや広告を制限される可能性が高いです。軽度な表現かつ頻繁に使用していないのであれば問題はないようです。

例）放送禁止用語、中傷的・軽蔑的な表現など

● 暴力

不快感を与える表現や画像、暴力行為を含むコンテンツが該当します。ゲームなどの創作物や報道ニュース的なコンテンツでの表現であれば、許容されるようです。どうしても必要な場合は、モザイクをかけて対処することをおすすめします。

例）血液、内臓、流血、排泄物、性的な体液、暴力行為全般、犯罪現場、死体、発砲、爆発、処刑、動物虐待、殴り合い、子供への暴力、動物の死体など

● アダルトコンテンツ

生々しい性的行為および性的表現、性的内容を想起させるコンテンツが該当します。作品内でどうしても必要な場合は、モザイクをかけたり音声を加工したりして対処することをおすすめします。

例）ヌード・性行為・性的内容を想起させる行為の画像や音声、性産業に関する商品の紹介など

● 有害または危険な行為

心身に悪影響のあるコンテンツ、危険行為を助長するコンテンツが該当します。

例）一歩間違えば死亡する可能性のある不適切ないたずらやチャレンジ行為、スタント、犯罪行為、脅迫的な行為、いじめ、性的に不適切な行為、自傷行為、健康被害をもたらす行為や宣伝など

● 差別的なコンテンツ

特定の個人やグループに対する差別行為や言動を含むコンテンツが該当します。

例）人種差別、宗教差別、民族差別、障害者差別、性的差別など

● 扇動的・侮辱的な表現

特定の個人やグループに対する、悪意を先導するコンテンツなどが該当します。

例）特定の個人・グループへの侮辱、嫌がらせ、威嚇、いじめ、中傷、名誉毀損など

● 危険物に関連するコンテンツ

危険ドラッグ、タバコ、銃器の宣伝や販売行為を行うコンテンツが該当します。

Q 収益のルール

248 ▶ 収益化を設定したい！

A YouTube Studioから収益化を設定できます。

審査に通ってパートナープログラムに参加できたら、YouTube Studioの＜設定＞にアクセスし、＜アップロード動画のデフォルト設定＞→＜収益化＞の順にクリックして動画の収益化を設定しましょう。掲載したい広告フォーマットにチェックを付けると、収益化対象のすべての動画に広告が付与されます。なお、広告フォーマットの有無や種類は個別に設定することも可能です。

1 YouTube Studioを表示し、

2 ＜設定＞をクリックします。

3 ＜アップロード動画のデフォルト設定＞をクリックし、

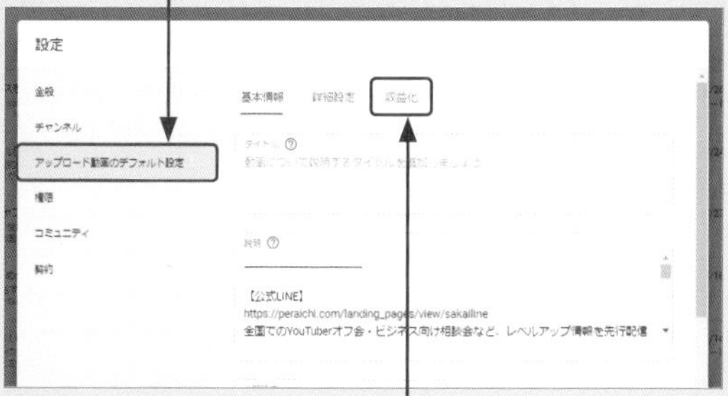

4 ＜収益化＞をクリックします。

5 掲載したい広告フォーマットにチェックを付け、

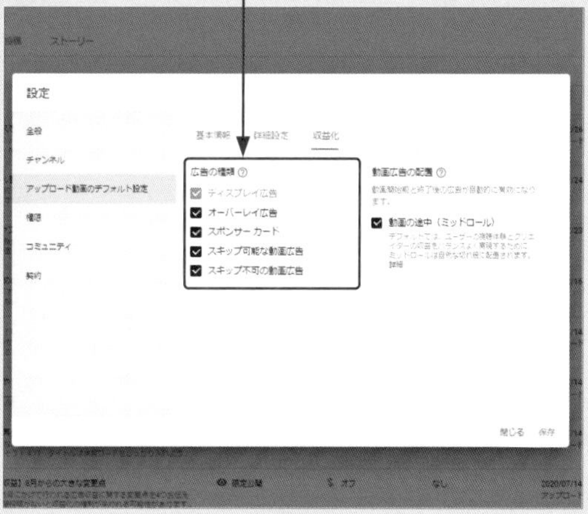

6 ＜保存＞をクリックします。

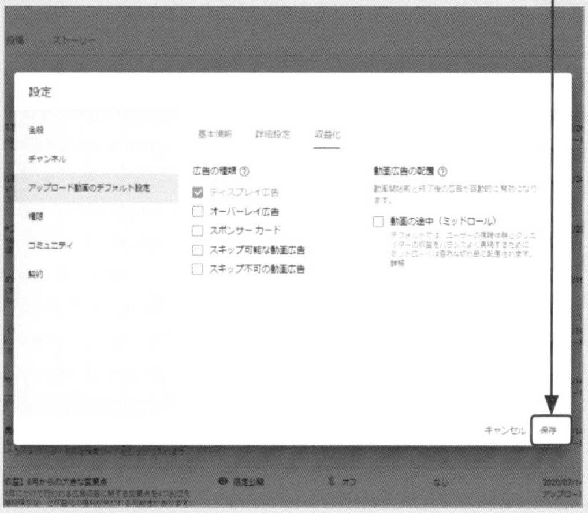

広告を個別に設定する

掲載する広告を個別に設定したい場合は、YouTube Studioの左側のメニューで＜動画＞をクリックします。任意の動画にマウスポインタを合わせて＜収益化＞をクリックし、有効にしたい広告にチェックを付けます。設定が完了したら、＜保存＞をクリックします。

Q 審査

249 審査の通過はどうやってわかる？

A YouTube Studioの<収益受け取り>から確認できます。

YouTubeパートナープログラムの審査状況は、YouTube Studioの左側のメニューで<収益受け取り>をクリックすると確認できます。まだ審査中の場合は「チャンネルは審査中です」というステータスメッセージが表示されます。収益化が認められると、動画の収益化を設定できるようになります（Q.248参照）。

1 YouTube Studioを表示し、

Studio
チャンネルのダッシュボード
直人
最新の動画のパフォーマンス
ニュース
チャンネル アナリティクス
Studio の新機能

2 <収益受け取り>をクリックします。

3 審査状況が表示されます。

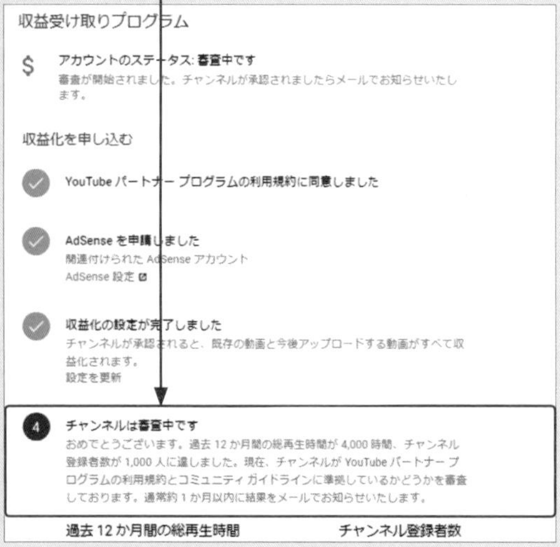
収益受け取りプログラム
アカウントのステータス: 審査中です
審査が開始されました。チャンネルが承認されましたらメールでお知らせいたします。
収益化を申し込む
YouTube パートナー プログラムの利用規約に同意しました
AdSense を申請しました
関連付けられた AdSense アカウント
AdSense 設定
収益化の設定が完了しました
チャンネルが承認されると、既存の動画と今後アップロードする動画がすべて収益化されます。
設定を更新
4
チャンネルは審査中です
おめでとうございます。過去 12 か月間の総再生時間が 4,000 時間、チャンネル登録者数が 1,000 人に達しました。現在、チャンネルが YouTube パートナー プログラムの利用規約とコミュニティ ガイドラインに準拠しているかどうかを審査しております。通常約 1 か月以内に結果をメールでお知らせいたします。
過去 12 か月間の総再生時間
チャンネル登録者数

Q 審査

250 審査はどれくらいで結果が来る？

A 平均1か月程度とされています。

YouTubeパートナープログラムの審査期間は、応募後から1か月程度と公表されています。しかし、応募者が多い場合は遅延する場合もあります。さらに、2020年初頭より世界を騒がせているコロナ禍によってGoogle社の人員不足が続いているため、通常よりも審査が遅延しているケースが多発しているようです。条件を満たしているのに1か月以上経っても連絡がない場合は、Q.251を参照して再度応募してみるとよいでしょう。

通常は、収益化が承認されると1か月以内に以下のような通知が届きます。

YouTube
おめでとうございます-YouTubeチャンネルの動画集客ライブ！がYouTubeパートナープログラムに承認され、YouTubeで収益化できるようになりました！
はじめに、YouTubeクリエイターハブをご覧ください。YouTubeチームや他のクリエイターとのつながりを保つことができます。
YouTubeヘルプセンターを確認して、YouTubeでの収益化の詳細を確認することをお勧めします。
収益化できるコンテンツの種類
YouTubeで収益化するさまざまな方法
特定の動画を収益化する方法
収益化アイコンガイド
Youtubeに関連するすべてのものと同様に、常識を使用し、サイトを乱用せず、収益化するコンテンツを選択するときは他の人を尊重してください。
どうぞよろしくお願いいたします。
ありがとう、
YouTubeチーム

最低でも公式で発表されている1か月間は待ってから、コンテンツやVSEO対策を見直して再審査に臨みましょう。

TeamYouTube
@TeamYouTube
返信先: @plastic_braveさん
審査結果の通知までに要する時間は通常で1ヶ月、また申請者の数や追加レビュー等の要因によりそれ以上掛かる場合もあります。なお、COVID-19の影響により審査プロセスの多くで遅れが生じておりますこともご了承下さいませ。審査プロセスについては下記リンクもご確認下さい。yt.be/help/tMi8
午後2:53 · 2020年3月29日 · Salesforce - Social Studio
2 件のいいね

Q 審査

251 なかなか審査に通らないんだけど…

A 収益化ポリシーとコミュニティガイドラインを再確認しましょう。

近年はYouTubeパートナーズプログラムの審査基準が厳しくなり、なかなか審査に通らない人が続出しています。「再利用されたコンテンツ」など、結果連絡のメッセージに不承認の大まかな理由が記載されている場合もありますが、基本的に具体的な理由は教えてくれません。そのため、何を改善してよいかわからない人も多いのではないでしょうか。YouTube公式によると、チャンネル収益化が認められない原因の大半の理由が、収益化ポリシーおよびコンテンツガイドラインに則ったコンテンツではないと判断されていることのようです。不承認のメールが送信されてから30日経過すれば再度応募できるようになるので、まずは収益化ポリシーとコミュニティガイドラインを再確認し、YouTubeが求める要件に近付けるようコンテンツ制作を見直しましょう。

● YouTube収益化ポリシー

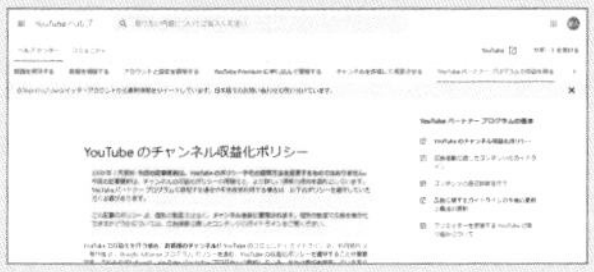

https://support.google.com/youtube/answer/1311392

● コミュニティガイドライン

https://www.youtube.com/howyoutubeworks/policies/community-guidelines/#community-guidelines

Q 審査

252 複数チャンネルの収益化にAdSenseアカウントは複数必要？

A 1人1アカウントが原則なので、作成する必要はありません。

サブチャンネルを収益化する場合も、メインチャンネル申請時と同じく、AdSenseアカウントと紐付ける必要があります。その際、新たにAdSenseアカウントを取得する必要があるのか、疑問に思われる人もいるのではないでしょうか。AdSenseアカウントは、原則として1人1アカウントまでと決められています。そのため、サブチャンネルを紐付ける際もメインチャンネルで紐付けた既存のAdSenseアカウントと同じものを使用して構いません。紐付けできるチャンネルの個数制限は設けられていないので、安心して同じAdSenseアカウントを使用できます。

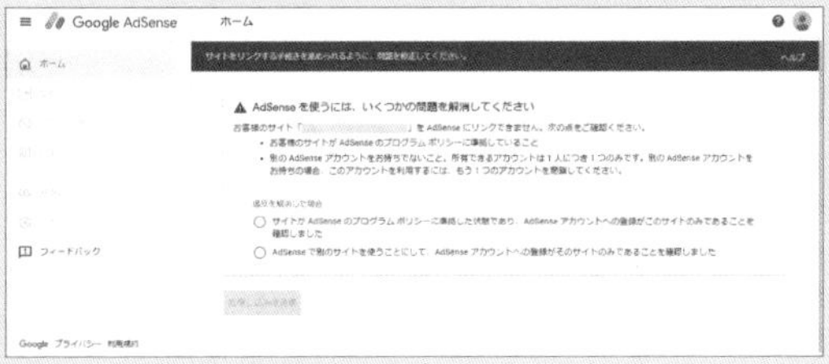

重複アカウントとみなされる
複数のAdSenseアカウントを所持していると、重複アカウントとしてパートナーズプログラムの審査が不承認になってしまいます。また、既存のAdSenseアカウントとは別に、新たに作成しようとしている審査中のAdSenseアカウントも重複アカウントの対象とみなされてしまいます。

重複アカウントが原因で審査落ちした場合の対処方法
重複アカウントが原因で審査に落ちた場合は、既にチャンネルに紐付けられたAdSenseアカウント以外のアカウントを停止する必要があります。停止が反映されるまでに10日ほどかかります。

Q 広告設定

253 ▶ 動画ごとに広告を設定したい！

A **収益化を有効にしたあとに、動画ごとに自動または手動で広告を設定することが可能です。**

YouTube Studioのメニューから＜設定＞をクリックし、＜アップロード動画のデフォルト設定＞を選択して＜保存＞をクリックすると、アップロードしている動画・ライブ放送のアーカイブすべてに広告が付きます。動画ごとに個別に広告を設定したい場合は、メニューから＜コンテンツ＞を選択し、任意の動画にマウスポインタを合わせて[$]をクリックします。＜保存＞をクリックすると、広告が設定されます。

● 動画全体に広告を設定する

1 YouTube Studioを表示し、

2 メニューから＜設定＞をクリックします。

3 ＜アップロード動画のデフォルト設定＞をクリックし、

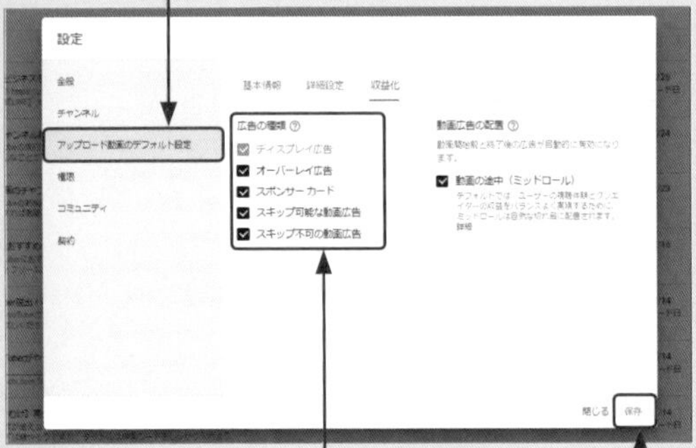

4 広告フォーマットにチェックを付け、

5 ＜保存＞をクリックします。

● 個別に広告を設定する

1 YouTube Studioを表示し、

2 メニューから＜コンテンツ＞をクリックします。

3 任意の動画にマウスポインタを合わせて[$]をクリックします。

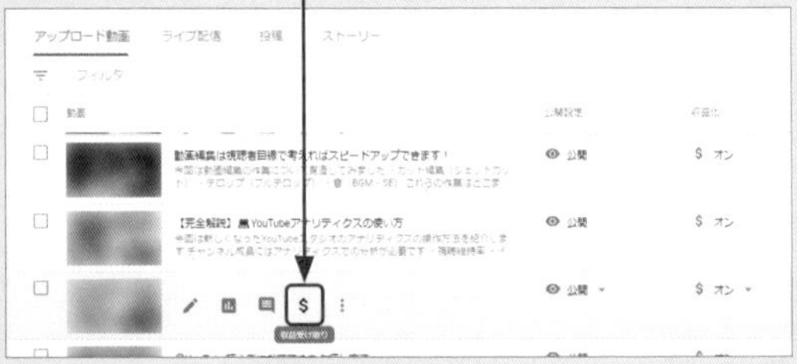

4 広告フォーマットにチェックが付いているのを確認し、

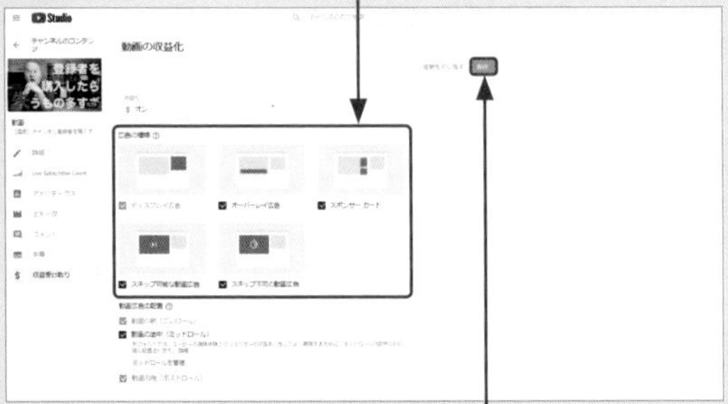

5 ＜保存＞をクリックします。

Q 広告設定

254 表示させる広告を選びたい！

A 任意の広告フォーマットを設定できます。

パートナープログラム参加者は、表示する広告フォーマットの種類を任意で設定することができます。＜アップロード動画のデフォルト設定＞の＜収益受け取り＞または任意の動画の＜収益受け取り＞を表示すると、広告フォーマットの種類が表示されます（Q.253参照）。初期状態ではすべてのフォーマットにチェックが付いているので、表示させたくない広告フォーマットのチェックを外しましょう。＜保存＞をクリックすると、変更が確定します。短い動画では頻繁に広告が表示されるのは好ましくないので、ある程度種類を絞って表示すると効果的です。

1 Q.253の手順1～3を参考に、＜アップロード動画のデフォルト設定＞の＜収益受け取り＞または任意の動画の＜収益受け取り＞を表示します。

2 非表示にしたい広告のチェックを外す、または表示したい広告のチェックを付けたら、

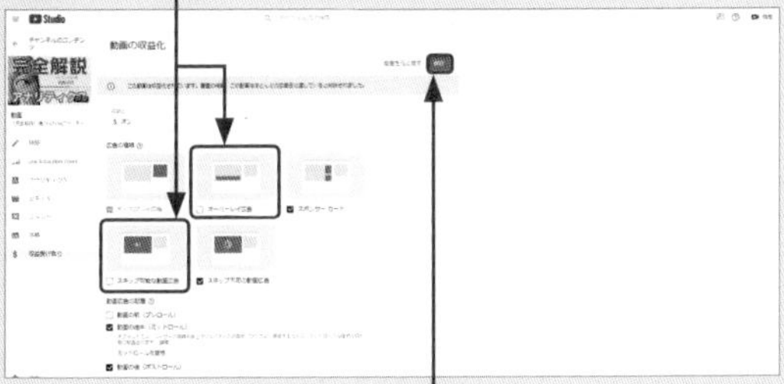

3 ＜保存＞をクリックします。

Q 広告設定

255 ディスプレイ広告を非表示にしたい！

A ディスプレイ広告を非表示に設定することはできません。

パソコン版YouTubeの動画プレイヤー右側または下側に表示される「ディスプレイ広告」（詳細はQ.242参照）は、画面の専有面積が比較的大きい広告です。視線が広告に行きやすくなるため、動画視聴を邪魔するとして好ましく思わない人も多いようです。しかし、残念ながらパートナープログラム参加者がディスプレイ広告を非表示に設定することはできません。Webブラウザの拡張機能として、サードパーティー製の「Adblock（アドブロック）」をインストールすることで非表示にすることはできますが、推奨はされていません。

広告フォーマットの種類を選択する際も、ディスプレイ広告だけはチェックボックスがないため、オフに設定することはできません。

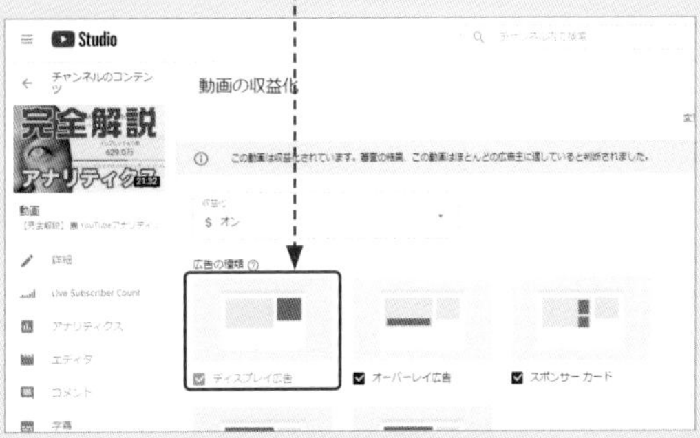

Microsoft EdgeやGoogle ChromeなどのWebブラウザに「Adblock（広告ブロック）」の拡張機能をインストールすれば、ある程度ディスプレイ広告を非表示にすることは可能です。ただし、視聴者に推奨するものではありません。

Q 広告設定

256 スキップ不可のインストリーム広告のメリットは？

A ほぼ確実に広告収益が発生するなど、さまざまなメリットがあります。

スキップ不可のインストリーム広告は、最大15～20秒間、強制的に再生される広告フォーマットです（詳細はQ.243参照）。ここでは、この広告フォーマットのメリットを解説していきます。

● ほぼ確実に広告収入が発生する

通常のインストリーム広告では、5秒経過すると＜スキップ＞ボタンが現れます。クリックするとスキップできるため、30秒以上視聴してもらえるケースはさほど多くありません。それに対してスキップ不可のインストリーム広告は再生されるたびに課金されるシステムとなっているので、ほぼ確実に広告収入を得られます。

● 挿入箇所をユーザーが指定できる

8分以上の動画には、動画の途中でインストリーム広告を自由に挿入できます。必ずしもスキップ不可のインストリーム広告が表示されるわけではありませんが、より多くの広告収益を得たいなら活用しない手はありません。

● 広告主の費用対効果が大きい

スキップ不可のインストリーム広告は、通常のインストリーム広告よりも長い時間視聴者にアプローチできます。費用対効果が大きいことから広告主にも好まれているため、広告単価が高めに設定されています。

Q 広告設定

257 スキップ不可のインストリーム広告のデメリットは？

A 多用すると視聴者離れを招いてしまう恐れがあります。

Q.256ではスキップ不可のインストリーム広告のメリットを解説しましたが、当然デメリットも存在します。ここでは、この広告のデメリットを解説していきます。

● スキップ不可のインストリーム広告だけを指定できない

インストリーム広告は、＜アップロード動画のデフォルト設定＞の＜収益化＞、または任意の動画の＜収益化＞から＜インストリーム広告＞にチェックを付けると再生できます。しかし、スキップ不可のインストリーム広告だけを指定することはできません。スキップ可能なインストリーム広告も混在して表示されます。

● ユーザーの視聴を邪魔する

スキップ不可のインストリーム広告は、スキップ可能なインストリーム広告よりも長く視聴しないと動画の続きが見られないことから、動画の視聴を一定時間邪魔します。あまりに多用するとまともに視聴できなくなるので、視聴者離れを招いてしまいます。途中で挿入する場合は、回数や挿入のタイミングを見計らって手動で設定するとよいでしょう（詳細はQ.258参照）。

● 広告内容によってはイメージダウンになる

インストリーム広告は、動画の内容、現在地、ユーザーの検索履歴・視聴履歴などから最適な広告が自動的に選定されます。ただし、必ずしも視聴者が興味を持ちそうな広告が表示されるわけではありません。関心のない広告が強制的に表示されると、視聴者にとっては非常にストレスがたまります。さらに、広告の内容次第ではチャンネルのイメージダウンにもつながる恐れがあります。

Q 広告設定

258 インストリーム広告を設定したい！

A スキップ不可のインストリーム広告だけを指定することはできません。

動画の「収益化」画面で<インストリーム広告>にチェックを付けると、インストリーム広告が再生されます。しかし、スキップ不可のインストリーム広告だけを指定することはできません。どちらが再生されるかは、自動的に判断されます。スキップ不可のインストリーム広告の表示確率を上げたい場合は、動画の途中（ミッドロール）にインストリーム広告を設定するとよいでしょう。ミッドロール広告は8分以上の動画に適用され、自動または手動で設定できます。

● ミッドロールを自動で設定する

1 Q.253の手順1～3を参考に、任意の動画の<収益受け取り>を表示します。

2 「動画広告の配置」で<動画の途中（ミッドロール）>にチェックを付けます。

● ミッドロールを手動で設定する

1 任意の動画の<収益化>を表示し、「動画広告の配置」で<動画の途中（ミッドロール）>にチェックを付けておきます。

2 <ミッドロールを管理>をクリックし、

3 <広告挿入>をクリックして、

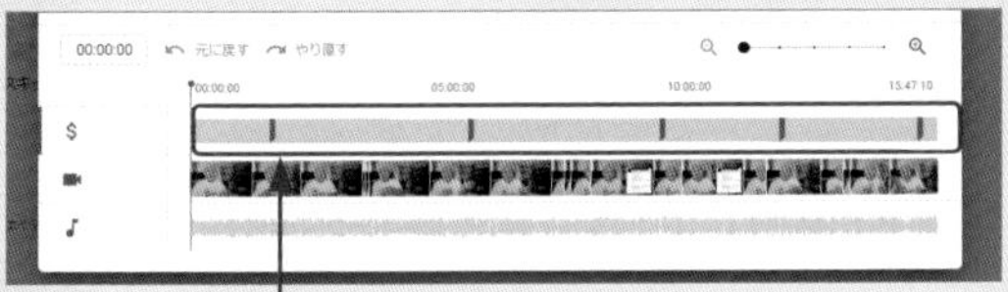

4 広告の開始時間を入力するか、挿入したいタイミングまでバーをドラッグします。

Q 広告設定

259 プロダクトプレースメントって何？

A プロモーション動画であることをアピールするための機能です。

YouTubeの動画には、「プロダクトプレースメント（有料プロダクトプレースメント）」という特殊な広告フォーマットがあります。これは、特定の企業の商品やサービスを宣伝するために、企業とYouTubeクリエイターがコラボレーションして制作したプロモーション動画であることを視聴者に開示するためのフォーマットです。プロダクトプレースメントはYouTubeへの申告義務があり、申告していない動画にはYouTubeからペナルティが科せられる可能性があります。

● 特殊なメッセージが表示される

プロダクトプレースメントでは、動画開始から数秒間、プレイヤーの左下に「プロモーションを含みます」というメッセージが表示され、通常の動画との違いがわかるようになっています。

● 競合広告が表示されなくなる

プロダクトプレースメントを設定した動画には、競合企業の広告は表示されません。たとえば、ゲームアプリのプロダクトプレースメントの場合は、ほかのゲームアプリの広告が表示されなくなります。

● 子供向け動画サービスには表示されない

YouTubeの子供向けサービス「YouTube Kids」には、プロダクトプレースメントが表示されません。子供の誤購入を防止できます。

Q 広告設定

260 ▶ プロダクトプレースメントを設定したい！

A ＜私の動画には、プロダクト プレースメント～＞ にチェックを付けます。

企業から依頼を受けて制作した有料プロモーション動画は、YouTubeに申告してプロダクトプレースメントを設定する義務があります。まずは、YouTube Studioで＜コンテンツ＞をクリックし、該当する動画を選択します。続いて、＜その他のオプション＞を選択し、＜私の動画には、プロダクトプレースメント、スポンサーシップ、おすすめ情報などの有料プロモーションが含まれています＞にチェックを付けます。＜保存＞をクリックすると、動画にプロダクトプレースメントが設定されます。なお、プロダクトプレースメントの設定義務は、パートナープログラムに参加していないユーザーにも同様に発生するので注意しましょう。

1 YouTube Studioを表示し、

2 メニューから＜コンテンツ＞をクリックします。

3 該当する動画にマウスポインタを合わせて✎をクリックし、

4 ＜その他のオプション＞をクリックします。

5 ＜私の動画には、プロダクト プレースメント、スポンサーシップ、おすすめ情報などの有料プロモーションが含まれています＞にチェックを付け、

6 ＜保存＞をクリックします。

あわせて設定しておきたい項目
有料プロモーションであることをより視聴者にアピールするなら、概要欄に企業や商品・サービスのURLを記載したり（詳細はQ.210参照）、「カード」で商品・サービス・企業のリンクを掲載しておきましょう（詳細はQ.218～219参照）。さらに、パートナープログラムに参加しているのであれば、広告フォーマットの＜スポンサーカード＞（詳細はQ.245参照）をオンにしておくと効果的です。

261 ▶ 広告収益を確認したい！

A YouTube Studioの<アナリティクス>メニューから確認できます。

YouTubeで得たこれまでの広告収入を確認したい場合は、YouTube Studioにアクセスし、メニューから<アナリティクス>をクリックします。さらに、メニューから<収益>をクリックすると、月ごとの推定収益額をグラフや数値で確認できます。ただし、YouTube上ではあくまでも推定額しか確認できません。確定収益額は、Google AdSenseの<設定>で<お支払い>をクリックすると確認できます。なお推定額と確定額には、差異が生じる場合もあります。

● 推定収益額を確認する

1 YouTubeを表示して、右上のプロフィールアイコンをクリックします。

2 <YouTube Studio>をクリックします。

3 メニューから<アナリティクス>をクリックします。

4 上部のメニューで<収益>をクリックすると、

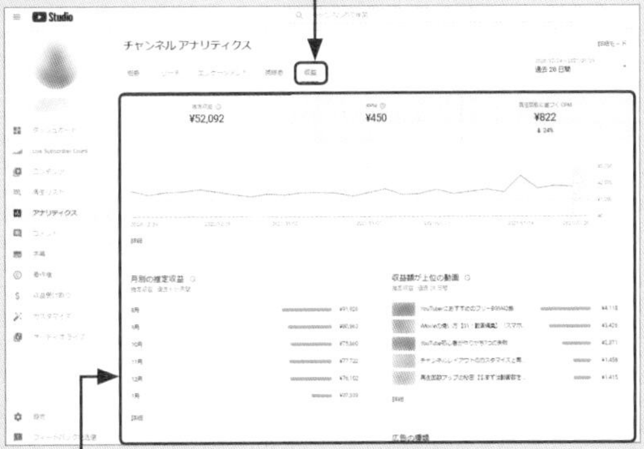

5 月別推定収益レポートが表示されます。

Q 収益確認

262 AdSenseに振込口座を登録したい!

A 基準額に到達すると、支払い方法を登録できるようになります。

YouTubeで得た広告収入の支払いを受け取るには、Google AdSenseに支払い方法を登録する必要があります。支払い方法は全5種類用意されていますが、日本では一般的に銀行口座振込が選択されています。支払い方法登録の基準額となる1,000円以上に達したら、Google AdSenseにアクセスし、銀行口座情報を登録しましょう。なお、支払い方法を登録しても、8,000円以上の収益がないと振込はされません。

1 Google AdSenseにアクセスし、AdSenseアカウントにログインします。

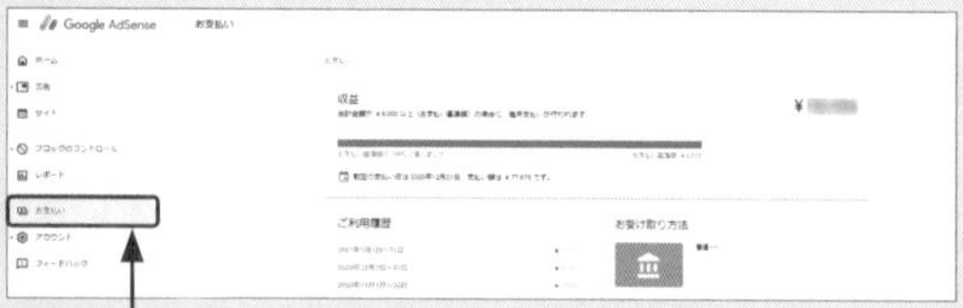

2 ＜お支払い＞をクリックします。

3 ＜お支払い方法を追加＞をクリックします。

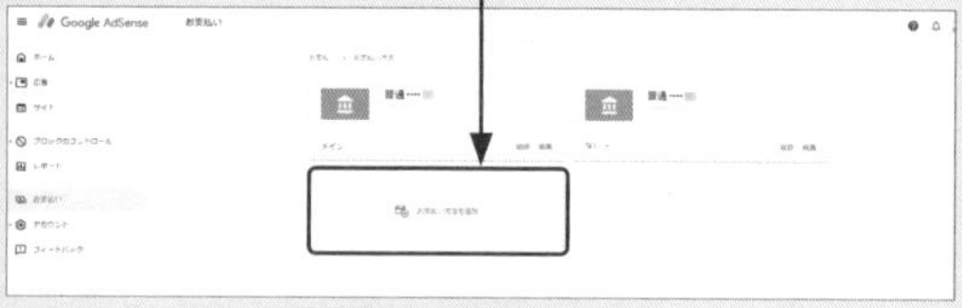

4 銀行口座情報を入力し、

5 ＜保存＞をクリックします。

Q 収益確認

263 収益化が無効になることってある？

A 規約に違反すると収益化が無効になる場合があります。

著作権のある動画・画像・音楽などを了承なく使用したコンテンツをアップロードしていたり、広告掲載に適したコンテンツのガイドラインやYouTube収益化ポリシーに違反していたりすると、YouTubeでの収益化が無効になる場合があります。ただし、2020年に発生したコロナ禍以降、AIの誤判断で収益化が無効になるケースも多発しています。いずれにしても、収益化が停止された場合は自分のコンテンツに違反がないかどうかを確認し、問い合わせや再審査申し立てを行いましょう。

● ①収益化のステータスを確認する

YouTube Studioにログインし、メニューから＜収益受取り＞をクリックして、収益化のステータスを確認します。有効になっていると「有効」と表示されますが、無効になっている場合は「無効」と表示されます。

● ②原因に対処する

著作権違反など、収益化停止の原因がわかっている場合は、該当するコンテンツの説明欄に引用元を明記するなどして対処します。なお、動画を削除すると警告が残ったままになり、二度と再審査を請求できなくなるので注意が必要です。

● ③再審査を請求する

原因を対処したら、YouTube Studioのダッシュボードから再審査を請求できます。違反していないことがわかれば復旧されますが、違反とみなされた場合は無効になったままです。30日後に再度審査に応募できるので、それまでに原因を究明し、対策しておきましょう。

第9章

動画を改善!情報分析技

Q アナリティクス

264 YouTubeアナリティクスって何？

A YouTubeが公式で公開している動画解析機能のことです。

YouTubeアナリティクスとは、チャンネルや動画を分析するためのさまざまな情報集計ツールの総称です。リアルタイムで更新される情報を把握することで、動画制作の改善や今後のチャンネル運営に役立たせることができます。YouTubeアカウントを持っていれば、無料で利用できます。YouTubeアナリティクスの表示方法や各項目の詳細は、Q.265以降を参照してください。

● チャンネルアナリティクス

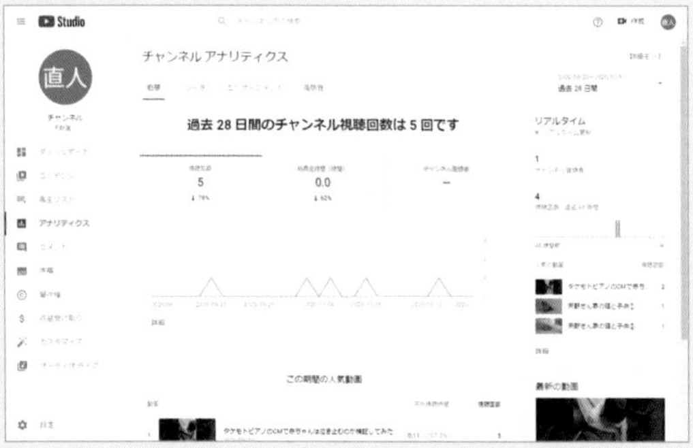

動画の視聴者層や、動画に対する視聴者からの反応などを、グラフや数値などのデータで把握できます。

● 動画アナリティクス

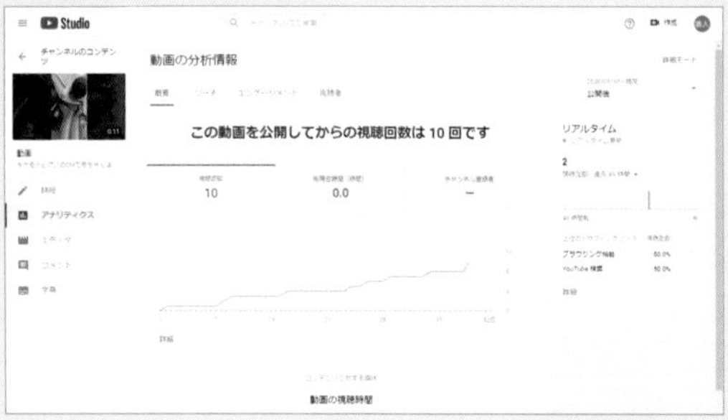

個別の動画のデータを参照できます。反応のよかった動画や悪かった動画などのデータを参照し、視聴者がどのような動画を求めているのかを分析できます。

Q アナリティクス

265 YouTubeアナリティクスを表示したい！

A YouTube Studioの＜アナリティクス＞メニューから表示できます。

パソコンでは、YouTube Studioの左側のメニューから＜アナリティクス＞をクリックすると、YouTubeアナリティクスを表示できます。スマホからYouTubeアナリティクスを確認したい場合は、Q.346を参照してください。

1 YouTubeのホーム画面でプロフィールのアイコンをクリックし、

2 ＜YouTube Studio＞をクリックします。

3 左側のメニューから、＜アナリティクス＞をクリックします。

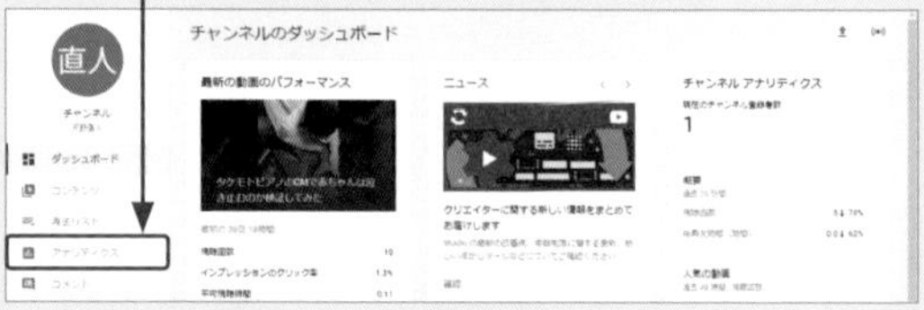

4 YouTubeアナリティクスが表示されました。

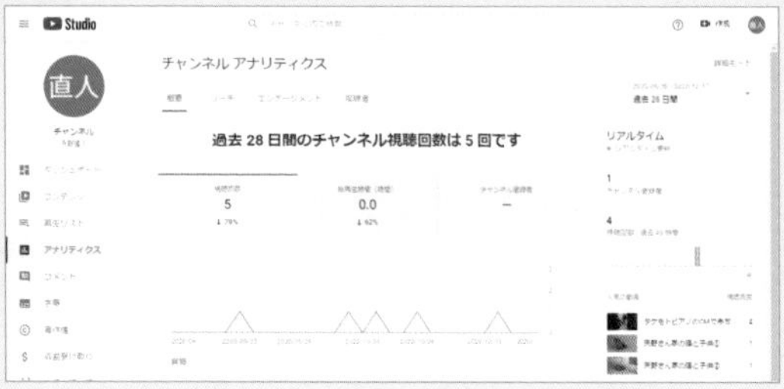

Q アナリティクス

266 ▶ アナリティクスレポートの種類を把握したい！

A 詳細モードから8種類のレポートを確認できます。

YouTubeアナリティクスの詳細モードには、8種類のレポートが用意されています。ここでは、各レポートの内容を紹介します。

● 動画

投稿した動画やライブ動画ごとの視聴回数などを確認できます。

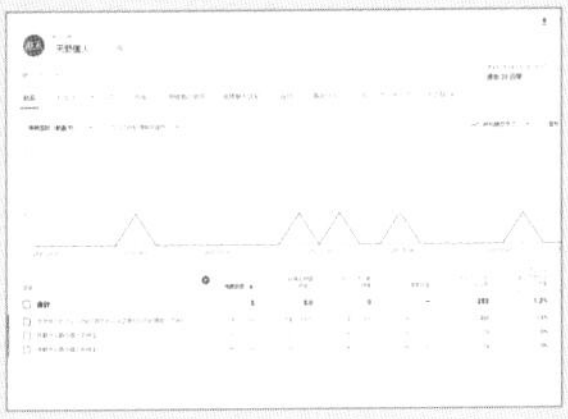

● トラフィックソース

視聴者が動画を検索する際に使用したサイト（トラフィックソース）などを確認できます。

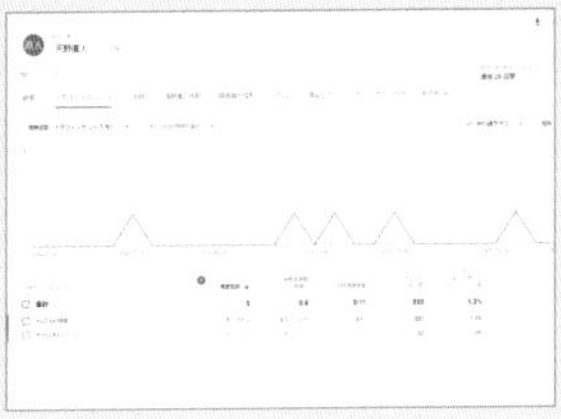

● 地域

動画の視聴者がどの国や地域からアクセスしているのかを確認できます。

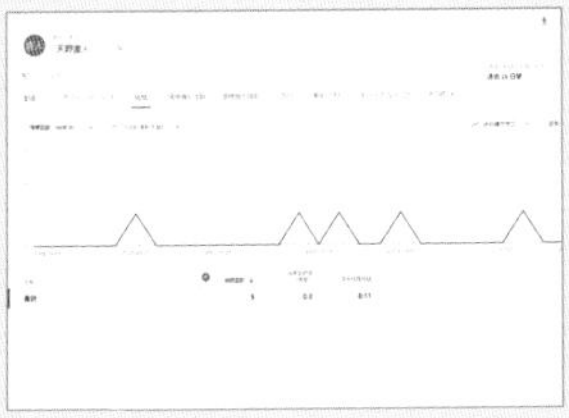

● 視聴者の年齢

動画視聴者の年齢層ごとのデータを確認できます。

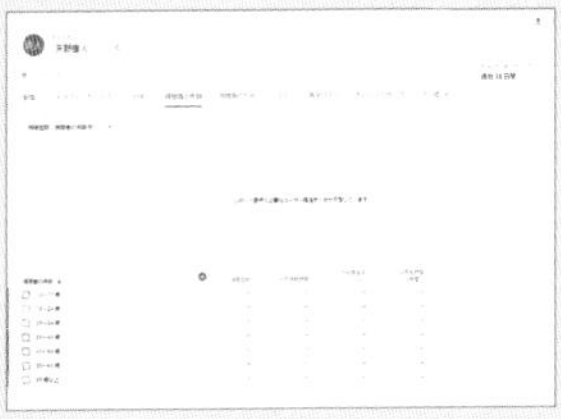

● 視聴者の性別

動画視聴者の性別ごとのデータを確認できます。

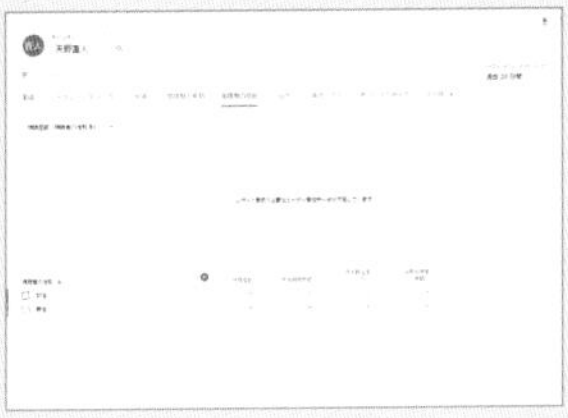

● 日付

動画の視聴回数や総再生時間などを、1日・1週間・1ヶ月・1年単位で確認できます。

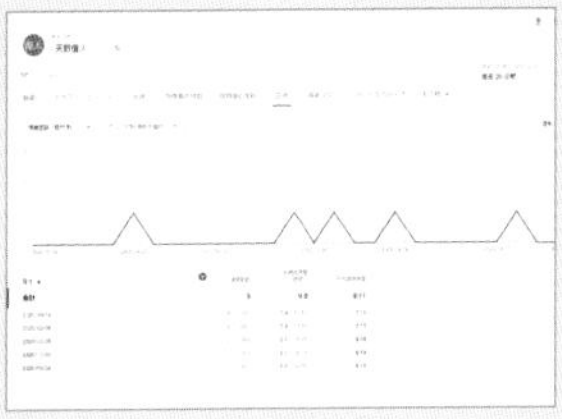

● 再生リスト

作成した再生リストの起動回数や視聴回数などのデータを確認できます。

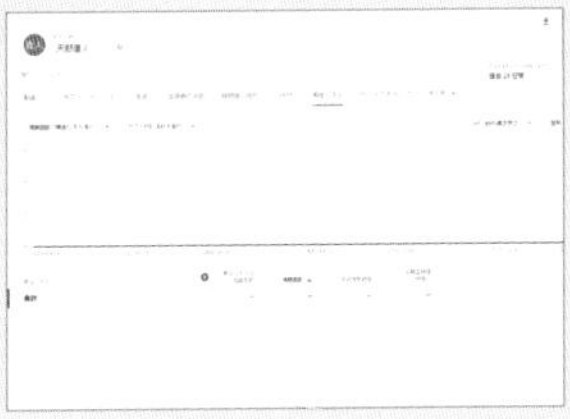

● デバイスのタイプ・その他

視聴者が動画を視聴する際に使用したデバイスやYouTubeサービス、終了画面、カードに関する情報を確認できます。

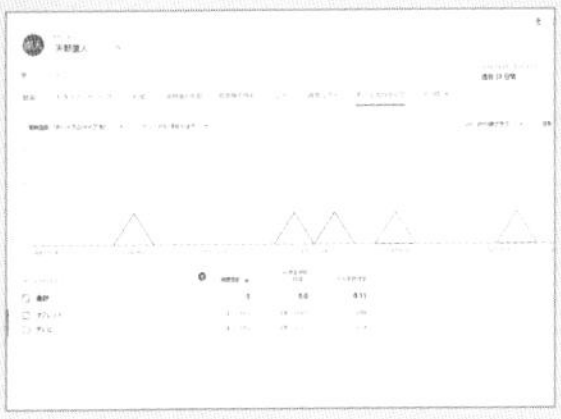

Q アナリティクス

267 ▶ YouTubeアナリティクスにはどのような項目があるの？

A 「概要」「リーチ」「エンゲージメント」「視聴者」「収益」の5つの項目に分類されています。

YouTubeアナリティクスの各種データは、「概要」「リーチ」「エンゲージメント」「視聴者」「収益」という5つの項目に分類されています。各タブをクリックすると、該当の項目が表示されます。ここでは、各項目の内容を紹介します。

● 概要（詳細はQ.268参照）

「視聴回数」「総再生時間」「チャンネル登録者」など、主にチャンネル全体の情報が表示されます。また、「人気の動画」「リアルタイム統計」「最新の動画」「最新のパフォーマンス」などのデータも確認できます。

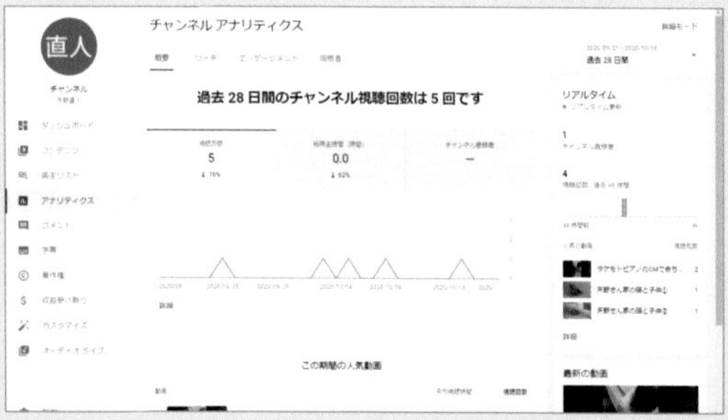

● エンゲージメント（詳細はQ.270参照）

「人気の動画」や「終了画面で人気の動画」など、動画の視聴状況に関する情報が表示されます。

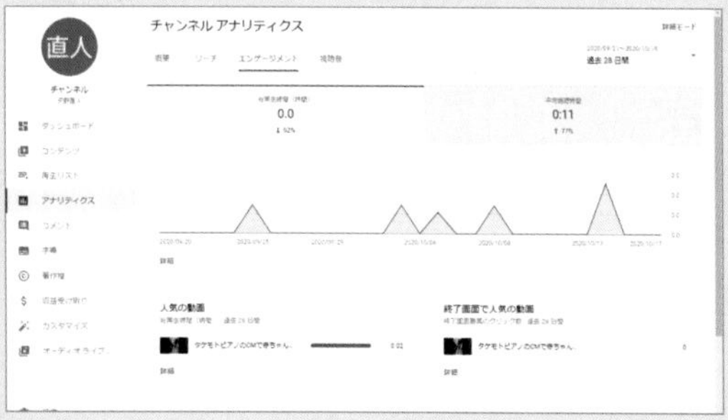

● リーチ（詳細はQ.269参照）

動画サムネイルの表示回数およびクリック回数など、インプレッション関連のデータが表示されます。また、「トラフィックソースの種類」「上位の外部ソース」「インプレッションと総再生時間の関係」「上位のYouTube検索キーワード」などのデータも確認できます。

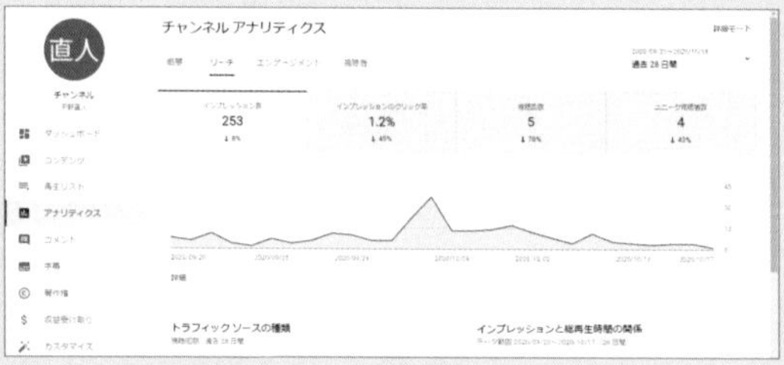

● 視聴者（詳細はQ.271参照）

視聴者の情報が表示されます。「上位の国」「字幕の利用が上位の言語」「年齢と性別」「視聴者がYouTubeにアクセスしている時間帯」などのデータを確認できます。

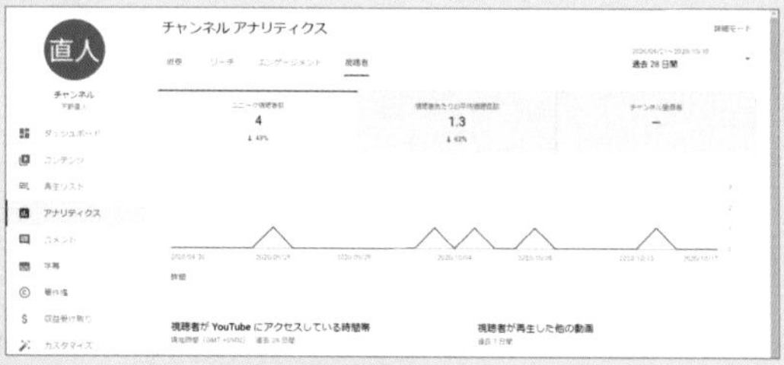

● 収益（詳細はQ.272参照）

YouTubeパートナープログラムに参加しているユーザーのみに表示される項目です。「月別の推定収益」「収益額が上位の動画」「収益源」「広告の種類」「トランザクション収益」など、動画の収益額に関するデータを確認できます。

Q アナリティクス

268 「概要」で何がわかる？

A チャンネルや動画全体の統計情報を確認できます。

YouTubeアナリティクスの「概要」では、チャンネルや動画全体の統計情報を確認できます。「概要」は、大きく4つのセクションに分かれています。各セクションの詳細は、以下を参照してください。

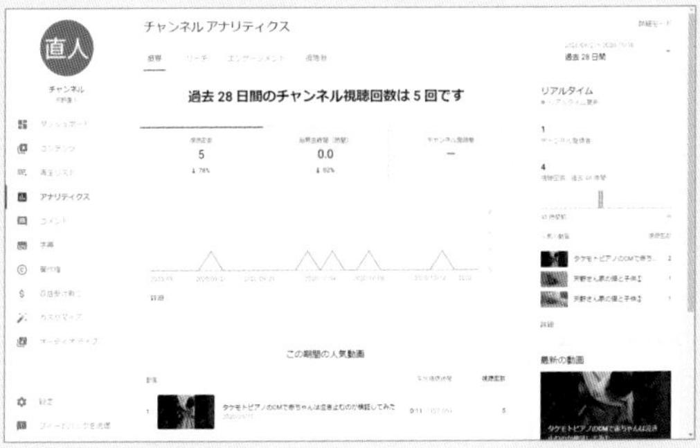

● **主要指標カード**

指定した期間の総再生時間、視聴回数、チャンネル登録者が折れ線グラフで表示されます。

● **この期間の人気動画**

指定した期間の動画がランキング形式で表示されます。

● **リアルタイム**

1時間ごとの動画の視聴回数やチャンネル登録者が棒グラフで表示されます。

● **最新の動画**

直近でアップロードした動画やライブ動画の視聴回数、インプレションのクリック率、平均視聴時間が表示されます。

Q アナリティクス

269 「リーチ」で何がわかる？

A 動画のトラフィックやインプレッションに関する情報を確認できます。

YouTubeアナリティクスの「リーチ」では、視聴者が動画を見つけた手段（トラフィック）や、動画のサムネイルが表示された回数（インプレッション）に関する統計情報を確認できます。「リーチ」は大きく7つのセクションに分かれています。各セクションの詳細は、以下を参照してください。

● **主要指標カード**

指定した期間の動画のインプレッション数、インプレッションのクリック率、視聴回数、ユニーク視聴者数が折れ線グラフと数値で表示されます。

● **トラフィックソースの種類**

視聴者のアクセス経路が円グラフとランキングで表示されます。

● **トラフィックソース：外部サイト**

視聴者が動画を見つけたYouTube以外のWebサイトやアプリの情報が表示されます。

● **トラフィックソース：関連動画**

視聴者がどの関連動画から流入してきたかが表示されます。

● **インプレッションと総再生時間の関係**

動画のサムネイルの表示回数（インプレッション数）、クリック率、視聴回数、平均視聴時間、総再生時間が表示されます。

そのほかにも、再生リストや検索ワードでの情報を確認できます。

Q アナリティクス

270 「エンゲージメント」で何がわかる？

A 動画全体および個別の視聴状況を確認できます。

YouTubeアナリティクスの「エンゲージメント」では、動画の視聴状況に関する情報を確認できます。「エンゲージメント」は、大きく6つのセクションに分かれています。各セクションの詳細は、以下を参照してください。

● 主要指標カード

投稿動画やライブ動画全体の総再生時間と平均視聴時間が折れ線グラフで表示されます。

● 人気の動画

投稿動画やライブ動画の総再生時間がランキング形式で表示されます。

● 上位の再生リスト

自分が作成・公開している再生リストの利用率がランキング形式で表示されます。

● 上位のカード

自分が公開しているカードのクリック率がランキング形式で表示されます。

● 終了画面で人気の動画

終了画面表示中にもっともクリックされた動画がランキング形式で表示されます。

● 人気の終了画面要素の種類

終了画面でもっとも多くクリックされた終了画面の要素がランキング形式で表示されます。終了画面の要素については、Q.222〜225を参照してください。

Q アナリティクス

271 「視聴者」で何がわかる？

A 年齢や国など、視聴者に関する情報を確認できます。

YouTubeアナリティクスの「視聴者」では、動画を視聴している視聴者の年齢、性別、国・地域などの情報を確認できます。「視聴者」は、大きく7つのセクションに分かれています。各セクションの詳細は、以下を参照してください。

● 主要指標カード

ユニーク視聴者数、視聴者あたりの平均視聴回数、チャンネル登録者が、折れ線グラフで表示されます。

● 視聴者がYouTubeにアクセスしている時間帯

視聴者がYouTubeにアクセスしている時間帯が表示されます。チャンネル登録者以外の視聴者もカウントされます。

● チャンネル登録者の総再生時間

チャンネル登録者の総再生時間が表示されます。チャンネル登録者以外の視聴者の情報も対比して教えてくれます。

● 年齢と性別

視聴者の年齢層と性別が表示されます。

● 視聴者が再生した他の動画

視聴者が直近で視聴した他のユーザーの動画情報が表示されます。

そのほかに、国別視聴者や字幕についても確認できます。

Q アナリティクス

272 「収益」で何がわかる？

A 広告収益に関するデータを確認できます。

YouTubeアナリティクスの「収益」では、YouTubeパートナープログラム参加者限定で広告収益額に関する情報を確認できます。「収益」の詳細は、以下を参照してください。

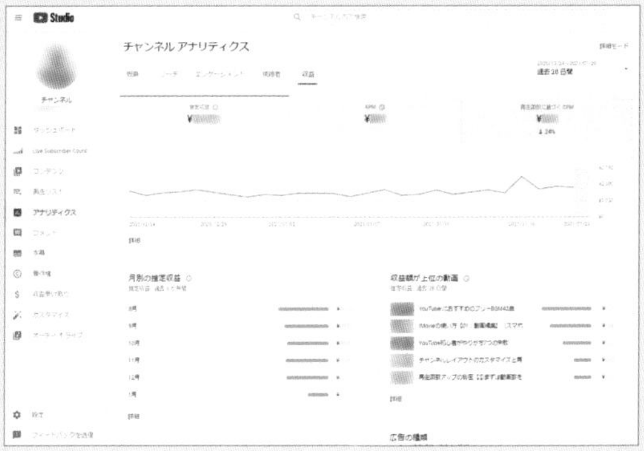

「収益」では、まず一定期間での収益額をグラフで確認することができます。

下にスクロールすると、月ごとの推定収益額や収益額が上位の動画、収益の内訳、広告の種類などが確認できます。

Q アナリティクス

273 動画ごとの情報を参照したい！

A ＜コンテンツ＞で各動画ごとのアナリティクスを参照できます。

YouTube Studioで＜コンテンツ＞をクリックすると、投稿した動画やライブ配信のアーカイブが一覧表示されます。任意の動画にマウスポインタを合わせ、＜アナリティクス＞をクリックすると、その動画のアナリティクスを参照できます。チャンネルのアナリティクスと同様、「概要」「リーチ」「エンゲージメント」「視聴者」「収益」の5つの項目に分かれており、各項目名をクリックすると該当の情報を確認できます（各項目で確認できる情報の詳細についてはQ.268～272参照）。

1 YouTube Studioを表示し、

2 ＜コンテンツ＞をクリックします。

3 任意の動画にマウスポインタを合わせ、

4 をクリックします。

5 動画単体のアナリティクスが表示されます。

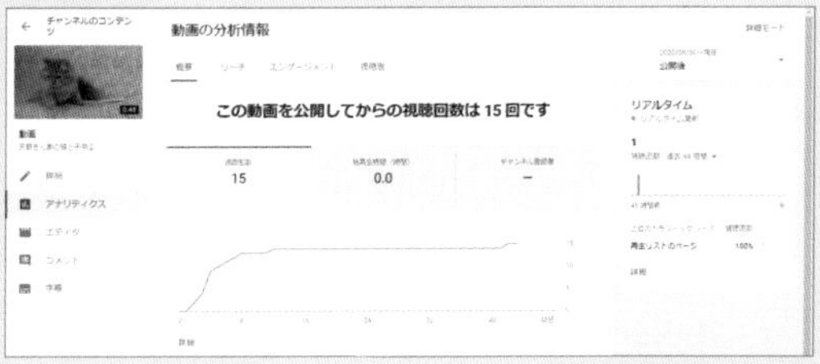

Q アナリティクス

274 分析のグループを作りたい!

A 詳細モードで新しいグループを作成すると、情報を参照できます。

YouTubeアナリティクスでは、任意の動画をグループ化し、最大500件まで一括で表示できる「グループ」機能が用意されています。類似したデータを比較参照したいときに役立ちます。まずは＜詳細モード＞の＜比較＞からグループを作成してみましょう。比較の方法は、Q.276を参照してください。

1 YouTubeアナリティクスを表示し、＜詳細モード＞をクリックします。

2 ＜比較＞をクリックします。

3 ＜グループ＞をクリックし、

4 ＜グループを作成＞をクリックします。

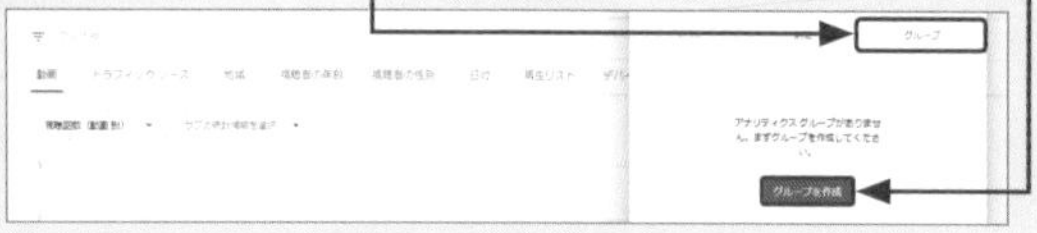

5 グループ名を入力して、

6 任意の動画を選択し、

7 ＜保存＞をクリックします。

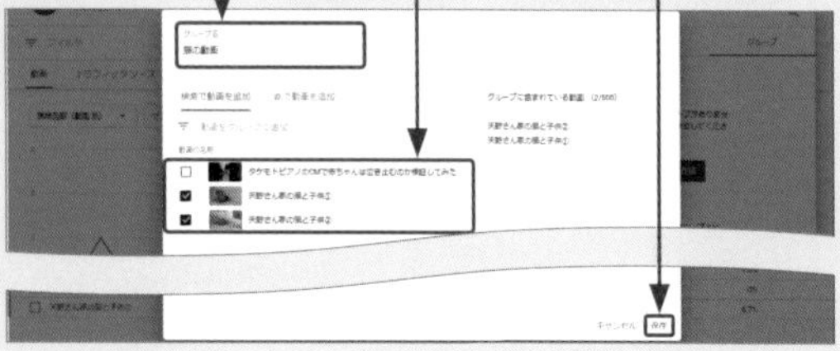

Q アナリティクス

275 表示データの期間を指定したい!

A 任意の期間を指定しましょう。

YouTubeアナリティクスのデータは、初期状態では直近28日間のデータが表示されています。表示する期間を変更したい場合は、▼をクリックしましょう。「日別」「月別」「年別」など、任意の期間を選択することができます。

1 YouTubeアナリティクスを表示し、任意のタブをクリックします。

2 ▼をクリックします。

3 任意の期間をクリックすると、

4 アナリティクスの集計データが、手順3で指定した期間に切り替わります。

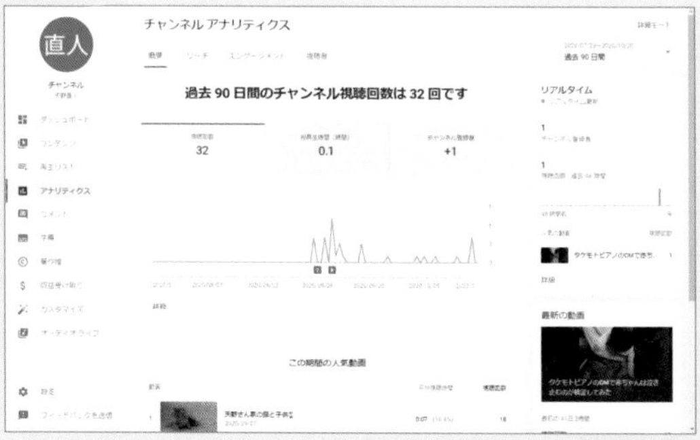

Q 分析

276 ▶ 動画の情報を比較したい！

A **＜詳細モード＞の＜比較＞から、特定の動画やグループとのデータを比較できます。**

特定の動画のデータとチャンネル全体のデータを比較したい場合は、YouTubeアナリティクスの＜詳細モード＞で＜比較＞機能を選択しましょう。比較したい動画のキーワードを入力し、検索結果から目的の動画をクリックすると、対象の動画とチャンネル全体のデータを比較したグラフが表示されます。なお、比較できる動画は自分のチャンネル内に投稿されている動画・ライブ動画に限られます。

1 YouTubeアナリティクスを表示し、＜詳細モード＞をクリックします。

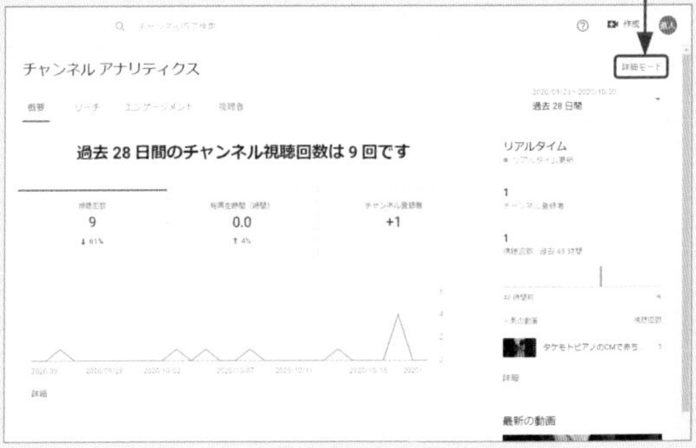

2 ＜比較＞をクリックします。

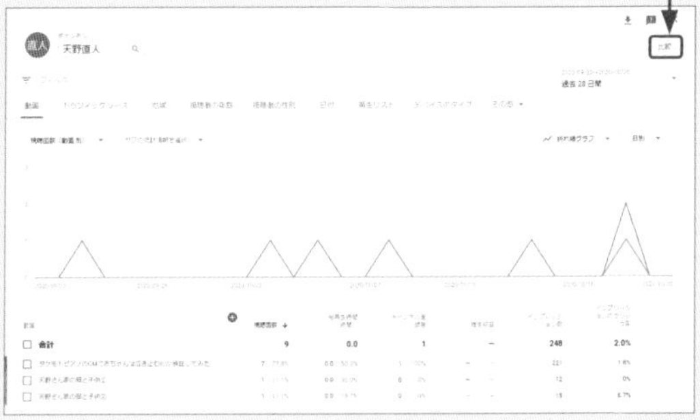

3 検索欄に比較したい動画のキーワードを入力し、

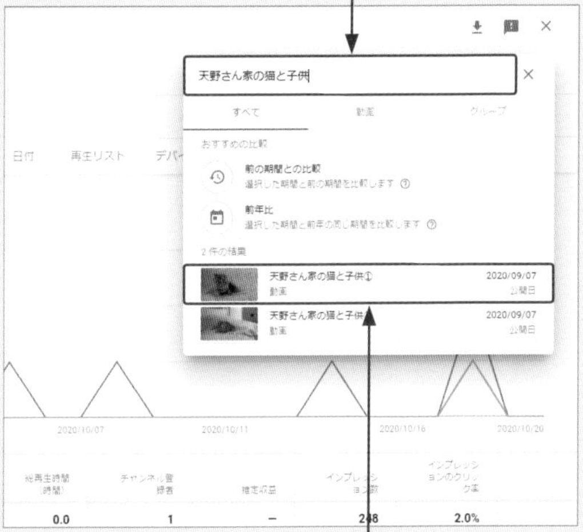

4 検索結果から任意の動画を選択します。

5 手順**4**で指定した動画とチャンネル全体のデータが比較されます。

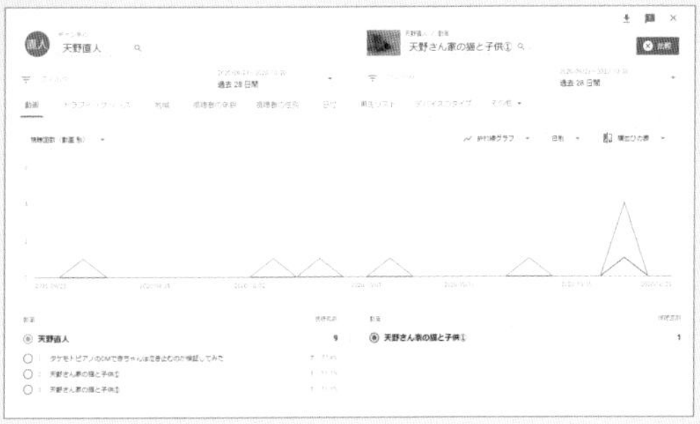

> **グループと比較する**
> グループ（詳細はQ.274参照）とチャンネル全体のデータを比較することも可能です。手順**1**～**3**の方法で検索画面を表示し、＜グループ＞をクリックします。一覧から参照したいグループをクリックすると、対象のグループとチャンネル全体のデータを比較したグラフが表示されます。

Q 分析

277 ▶ チャンネル全体の状況を大まかに把握したい！

A ＜概要＞で、チャンネル全体の状況を把握することができます。

チャンネル全体の状況を把握する場合は、YouTubeアナリティクスの＜概要＞が最適です。YouTube Studioの左側のメニューから＜アナリティクス＞をクリックし、＜概要＞をクリックすると、概要アナリティクスを参照できます。各セクションで確認できる情報については、Q.268を参照してください。

● アナリティクスの＜概要＞を表示する

1 YouTube Studioを表示し、＜アナリティクス＞をクリックします。

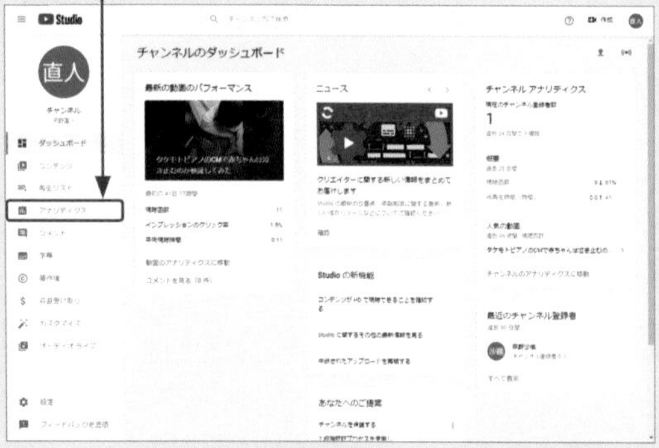

2 ＜概要＞をクリックすると、

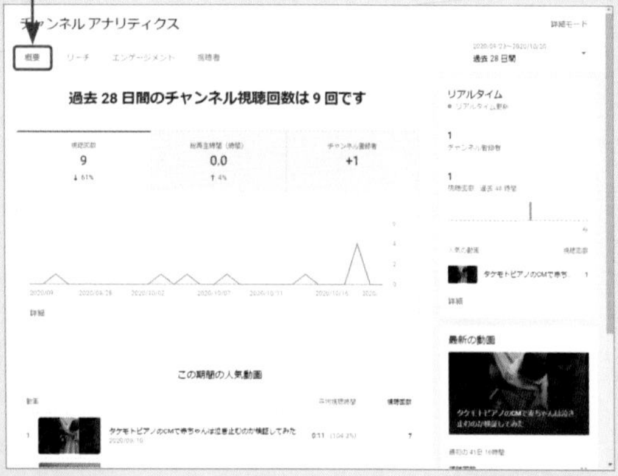

3 概要アナリティクスが表示されます。

● 主要指標カードの表示情報を切り替える

1 アナリティクスの＜概要＞を表示した状態で、＜総再生時間（時間）＞をクリックします。

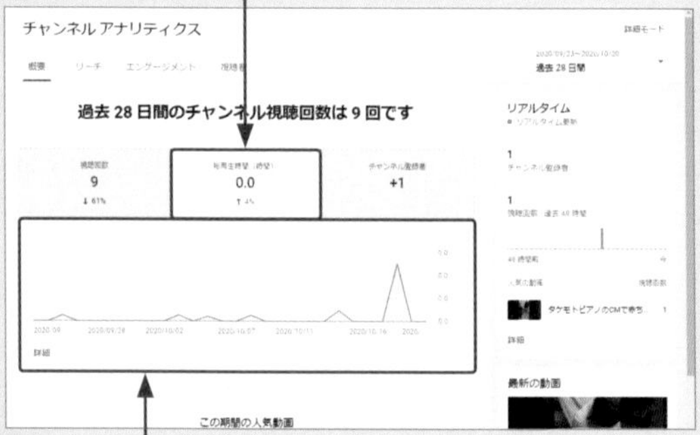

2 チャンネル全体の総再生時間の推移を表すグラフが表示されます。

3 アナリティクスの＜概要＞を表示した状態で、＜チャンネル登録者＞をクリックします。

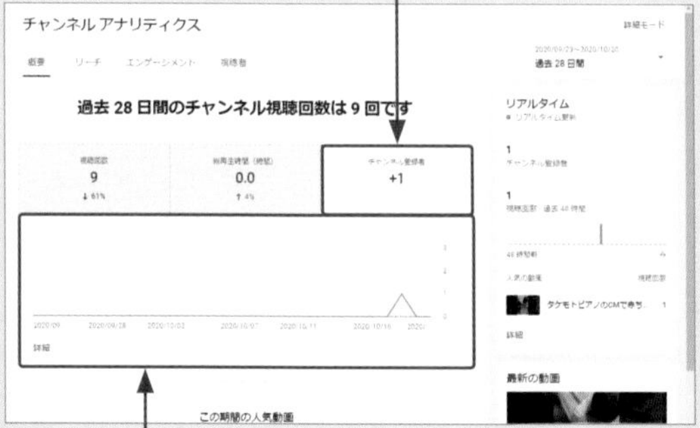

4 チャンネル登録者の推移を表すグラフが表示されます。

Q 分析

278 動画の個別の状況をおおまかに把握したい!

A 動画個別のアナリティクスから＜概要＞を確認してみましょう。

動画個別のアナリティクスを表示して＜概要＞をクリックすると、「視聴回数」「総再生時間（時間）」「チャンネル登録者」「視聴者維持率」「リアルタイム」の5つの情報を確認できます。動画個別の状況がおおまかに把握できるので、コンテンツ制作の改善に役立てることができます。

1 Q.273を参照して、動画個別のアナリティクスを表示し、＜概要＞をクリックします。

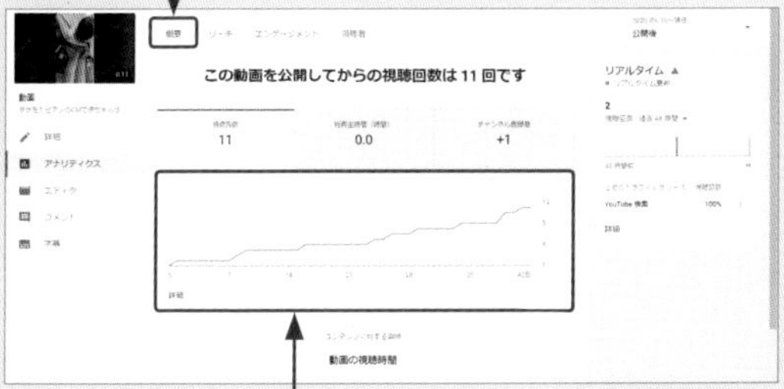

2 初期状態では、動画個別の視聴回数の推移を表すグラフが表示されます。

3 アナリティクスの＜概要＞を表示した状態で＜総再生時間（時間）＞をクリックすると、

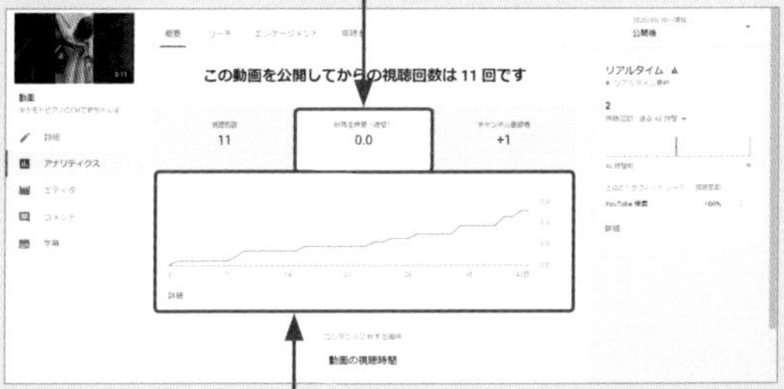

4 動画個別の総再生時間の推移を表すグラフが表示されます。

5 アナリティクスの＜概要＞を表示した状態で＜チャンネル登録者＞をクリックすると、動画個別のチャンネル登録者の推移を表すグラフが表示されます。

Q 分析

279 ユーザー層を知りたい!

A アナリティクスの＜視聴者＞から、ユーザー層の情報を確認できます。

自分の動画がどのようなユーザー層に視聴されているかを知りたい場合は、YouTubeアナリティクスで＜視聴者＞をクリックし、視聴者アナリティクスを確認してみましょう。視聴者アナリティクスの各セクションの詳細は、Q.271を参照してください。

1 YouTube Studioで、＜アナリティクス＞をクリックします。

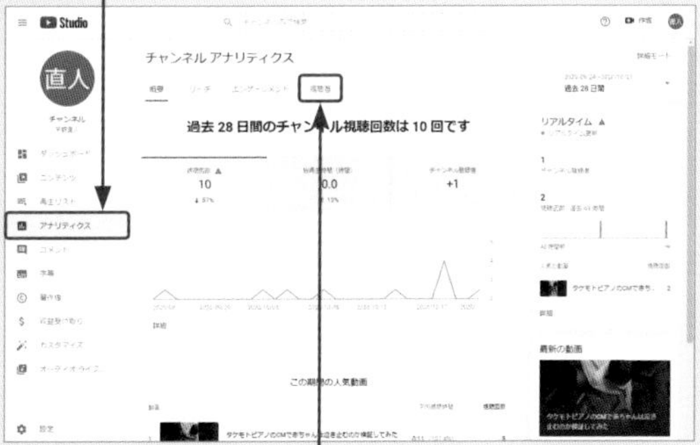

2 ＜視聴者＞をクリックします。

3 視聴者アナリティクスが表示されます。

4 確認したい情報の＜詳細＞をクリックすると、

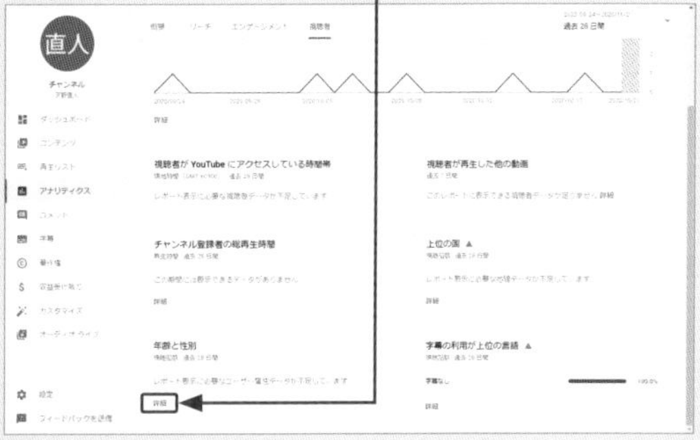

5 詳細モードに切り替わり、該当の詳細情報が表示されます。

Q 分析

280 ▶ ユーザー層の情報をもとにやるべきことは？

A ターゲットを絞り込んだコンテンツ制作にチャレンジしてみましょう。

自分の動画を視聴しているユーザー層の情報を把握し、ターゲットを絞り込むことは、YouTubeのマーケティング戦略において非常に重要です。それには、視聴者アナリティクスの情報が非常に役立ちます（確認方法の詳細はQ.279参照）。最初のうちに必ず確認しておきたいのが、「年齢」「性別」「YouTubeにアクセスしている時間帯」の3つです。たとえば、自分のチャンネルのメイン視聴者層が「年齢：35〜44歳　性別：男性」であれば、30代半ばの男性がメインターゲットということになります。それらの年代や性別をターゲットにしたコンテンツを制作してみると効果的です。

● 年齢と性別を把握する

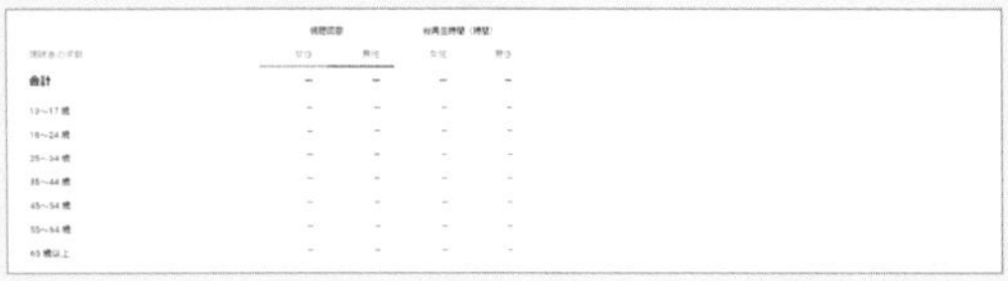

年齢と性別を把握し、メインのターゲットを絞り込みます。明確なターゲットを決めてコンテンツ制作を行うことで、ファンを獲得しやすくなります。

● YouTubeにアクセスしている時間帯を把握する

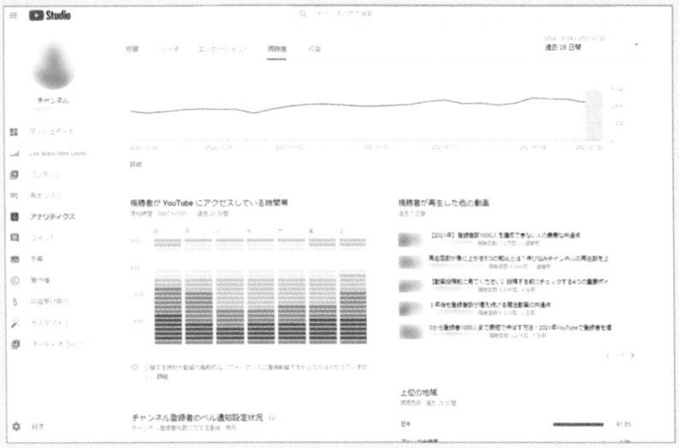

アップロードする時間帯をメインターゲットに合わせることで、見てもらいやすくなります。

Q 分析

281 ▶ 動画が最後まで見られているか確認したい！

A 動画個別の概要アナリティクスで、「視聴者維持率」を確認しましょう。

動画が最後まで視聴されているかを確認するには、動画個別のアナリティクスの＜概要＞で「視聴者維持率」を確認してみましょう。視聴者維持率の折れ線グラフの形状から、最後まで見られているかどうかがわかります。グラフの線が平坦だと、最初から最後まで再生されていることがわかります。反対に途中でグラフの線が下降している場合は、該当箇所で視聴を離脱していることを意味します。

1 Q.273を参照して、動画個別のアナリティクスで＜概要＞を表示しておきます。

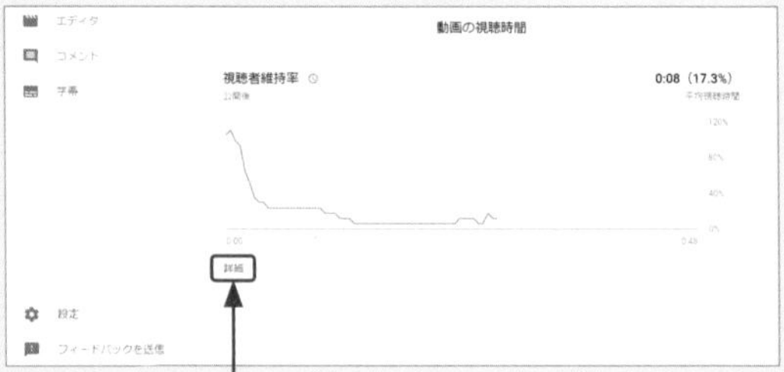

2 「視聴者維持率」の＜詳細＞をクリックすると、

3 より詳細な視聴者維持率が表示されます。

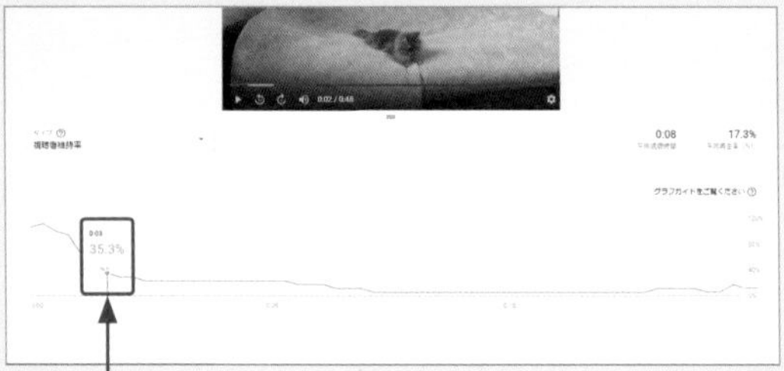

4 折れ線グラフの形状に注目しましょう。グラフが下降している箇所は、途中離脱が多いことを意味しています。折れ線グラフが下降している場所をクリックすると、該当箇所の時間と視聴者維持率が表示されます。

Q 282 分析

途中で見るのをやめている動画が多いときはどうすればよい？

A 該当箇所をカットし、動画のテンポをよくすると改善される可能性があります。

まずはQ.281を参考にして、「視聴者維持率」の折れ線グラフの形状が急下降している箇所を確認しましょう。自分の目で確認し、該当シーンが不要だと判断したら、＜エディタ＞の＜カット＞機能でトリミングすることができます。既存の動画はこの方法で改善するとともに、今後制作する動画は総再生時間を短めにして、視聴者維持率を保つようにします。慣れてきたら、徐々に総再生時間の長い動画を制作していくとよいでしょう。

1 動画個別のアナリティクスを表示した状態で、＜エディタ＞をクリックし、

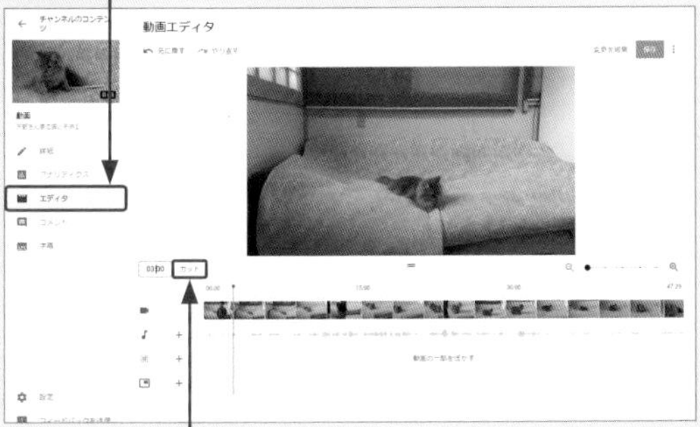

2 ＜カット＞をクリックします。

3 青い枠をドラッグして、カットする箇所を選択します。

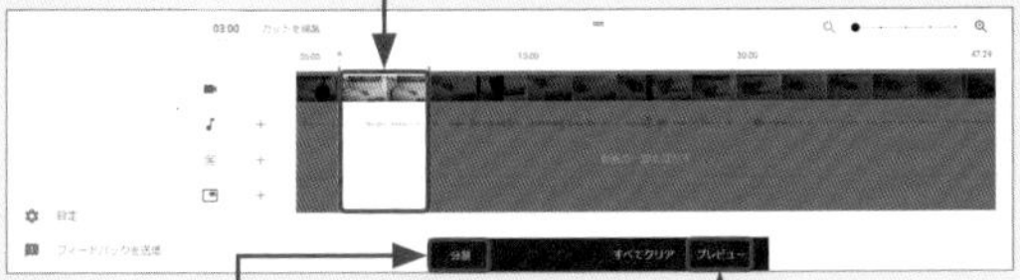

4 ＜分割＞をクリックし、

5 ＜プレビュー＞をクリックします。

6 ＜保存＞→＜保存＞の順にクリックすると、手順3で選択した箇所がカットされます。

Q 283 分析

どんな検索キーワードで辿り着いたか知りたい！

A ＜リーチ＞タブの＜トラフィックソース＞から、検索キーワードを調べることができます。

自分の動画がどのような検索キーワードで検索され、視聴されたのかを調べるには、YouTubeアナリティクスの＜リーチ＞にある「トラフィックソースの種類」というデータに注目しましょう。＜詳細＞をクリックして詳細モードに切り替え、＜YouTube検索＞をクリックすると、YouTube内の検索で利用された検索キーワードが表示されます。なお、検索エンジンからアクセスされた場合の検索ワードは表示されません。

1 YouTubeアナリティクスを表示した状態で＜リーチ＞をクリックし、

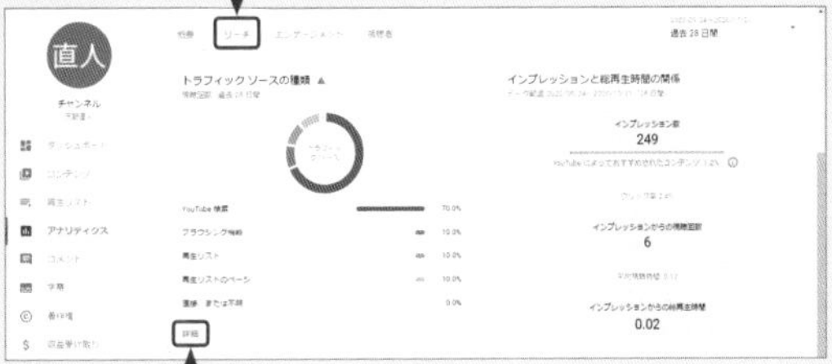

2 「トラフィックソースの種類」の＜詳細＞をクリックします。

3 ＜YouTube検索＞をクリックすると、

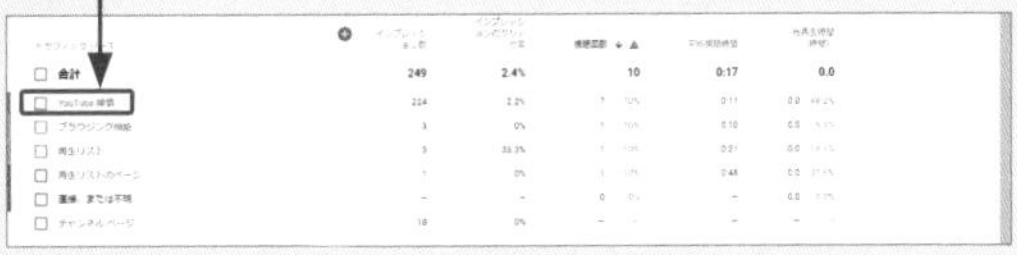

4 YouTube内の検索で使用されたキーワードが一覧表示されます。

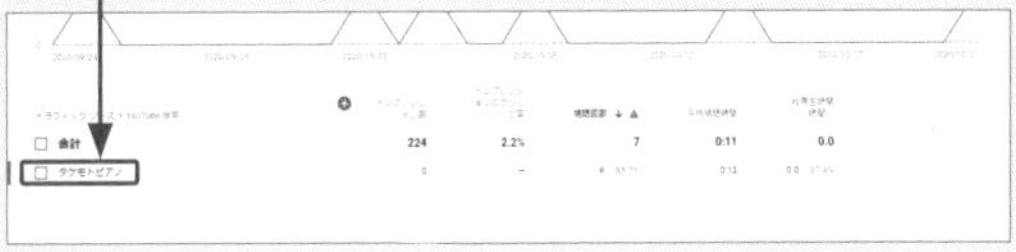

Q 改善

284 検索キーワードをどう改善に活かせばよい？

A VSEO対策やサムネイルの改善に役立てましょう。

Q.283では、YouTube内検索でどのような検索キーワードを使ってアクセスされたかを調べる方法を紹介しました。この情報をうまく活用すれば、VSEO対策とサムネイルの改善に役立てることができます。検索キーワードの情報で注目すべきは、「インプレッション数」と「インプレッションのクリック率」です。ここでは、この2点に焦点を当てた改善策を解説します。

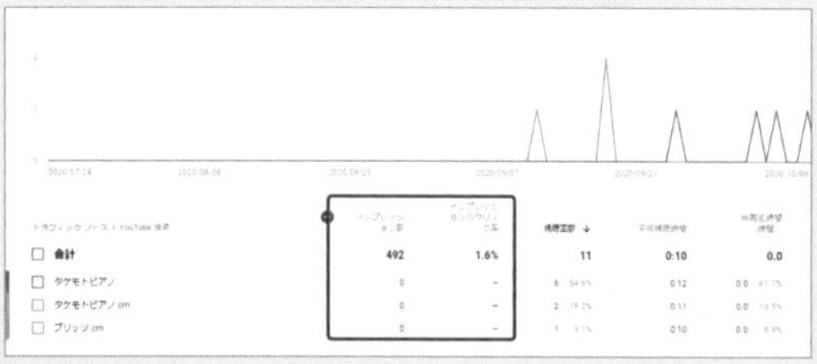

● インプレッション数

インプレッション数が多いキーワードは、それだけYouTubeの検索結果に多く表示されていることを意味します。この場合、検索キーワードの選定は成功しています。インプレッション数が少ない場合は、キーワードの選定がうまくいっていないことを意味します。再度、最適なキーワードを調べ直し、タイトル・説明文・タグに盛り込む必要があります（VSEO対策の詳細についてはQ.208〜211を参照）。

● インプレッションのクリック率

インプレッション数が多いのにインプレッションのクリック率が悪いキーワードは、キーワードの選定自体に問題はなくても、サムネイルに魅力がない可能性があります。Q.212を参照して、思わずクリックしたくなるようなサムネイルを作成してみましょう。インプレッションのクリック率を上げることで、視聴回数を増やすことができます。

Q 改善

285 チャンネル登録のきっかけになった動画を知りたい！

A <チャンネル登録者>から、チャンネル登録した動画を調べることができます。

チャンネル登録のきっかけになった動画を調べるには、YouTubeアナリティクスの<概要>で<チャンネル登録者>の<詳細>をクリックします。すると、チャンネル登録者の推移がグラフと数値で表示されます。このうち、各動画の「チャンネル登録者」という項目の数値が、その動画をきっかけにチャンネル登録した人の数を意味します。

1 YouTubeアナリティクスを表示した状態で、<概要>をクリックします。

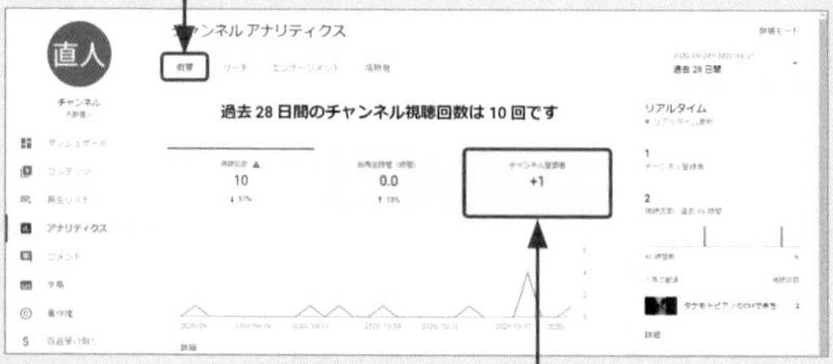

2 <チャンネル登録者>をクリックします。

3 「チャンネル登録者」の<詳細>をクリックします。

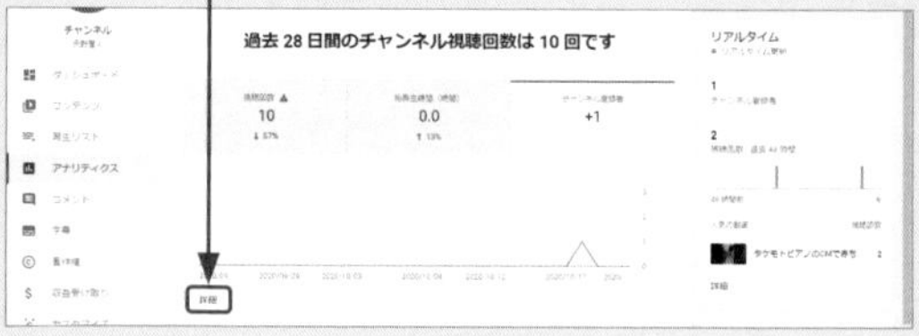

4 「チャンネル登録者」の項目に、その動画からチャンネル登録した人の数が表示されます。

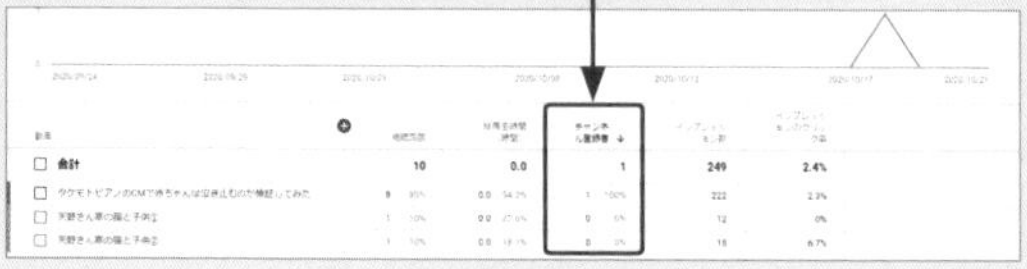

Q 改善

286 チャンネル登録者の分析をどう改善に活かせばよい？

A チャンネル登録者のニーズに合ったコンテンツを制作しましょう。

Q.285では、チャンネル登録のきっかけとなった動画の分析方法を紹介しました。チャンネル登録者が多い動画は、それだけ視聴者のニーズに合っていることを意味しており、視聴者は同様のテーマの動画を求める傾向にあります。反対に、登録者が少ない動画は視聴者のニーズに合っていないことが考えられます。さまざまなジャンルにチャレンジしたいという人は多いでしょうが、最初のうちはある程度視聴者のニーズに合ったコンテンツに絞り込むべきです。新たなジャンルへのチャレンジは、実績を積み上げてからでも遅くはありません。

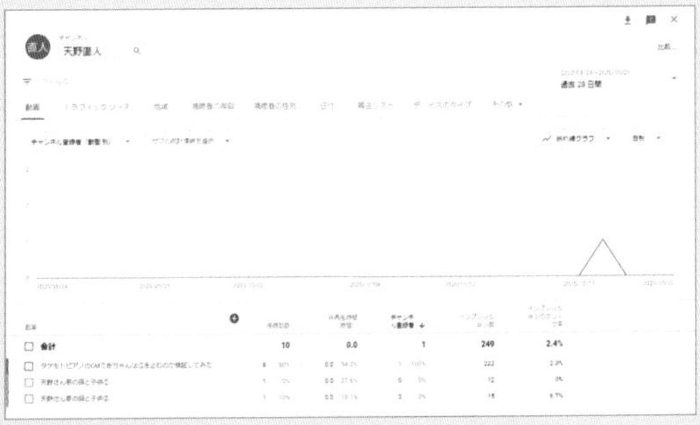

● チャンネル登録者が多い動画を分析

チャンネル登録者が多い動画は、視聴者のニーズに合っていることを意味します。チャンネル登録者を増やすために、同様のテーマに特化したコンテンツ制作を行うとよいでしょう。

● チャンネル登録者が少ない動画を分析

チャンネル登録者が少ない動画は、視聴者の興味を引く動画ではなかったことを意味します。今後は同様のテーマのコンテンツ制作は控え、ニーズに合ったテーマのコンテンツ制作に切り替えていくことをおすすめします。

Q 改善

287 動画が再生された場所を知りたい！

A ＜視聴者＞の「上位の地域」から、再生された場所を調べることができます。

視聴者の地域や国を調べるには、YouTubeアナリティクスの＜視聴者＞で「上位の国」を確認してみましょう。「上位の国」には、アクセス数の多い地域・国がランキング形式で表示されます。＜詳細＞をクリックすると詳細モードに切り替わり、各地域・国の視聴者の推移をグラフで確認できます。

1 YouTubeアナリティクスを表示した状態で＜視聴者＞をクリックします。

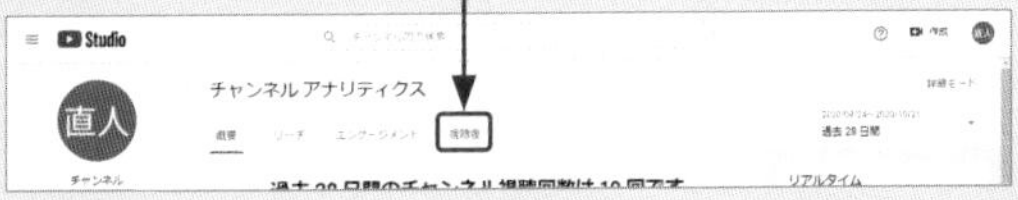

2 「上位の国」の項目に、アクセス数の多い地域・国がランキング形式で表示されます。

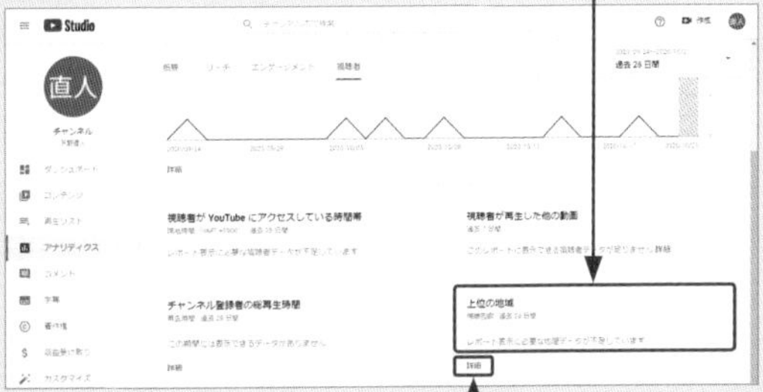

3 ＜詳細＞をクリックすると、

4 詳細モードに切り替わり、各地域・国の視聴者の推移をグラフで確認できます。

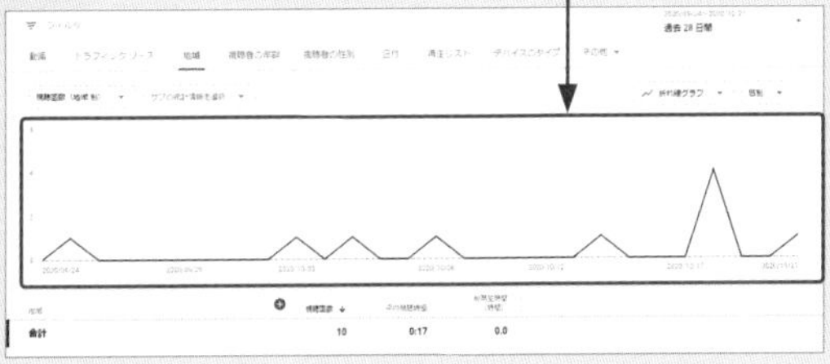

Q 改善

288 スマートフォンとパソコン、どちらの再生が多いか知りたい！

A ＜詳細モード＞の＜デバイスのタイプ＞から確認できます。

YouTubeアナリティクスの画面で＜詳細モード＞に切り替え、＜デバイスのタイプ＞をクリックすると、動画の視聴に使用されたデバイスの種類を確認できます。どのデバイスが視聴環境として多く利用されているかを調べることによって、コンテンツ制作にも役立てることができます。たとえば、スマートフォンからの視聴が半数以上を占めるのであれば、動画内の文字の大きさをスマホの視聴者向けに大きくしたり、色を変更したりすると効果的です。

1 YouTubeアナリティクスを表示した状態で、＜詳細モード＞をクリックします。

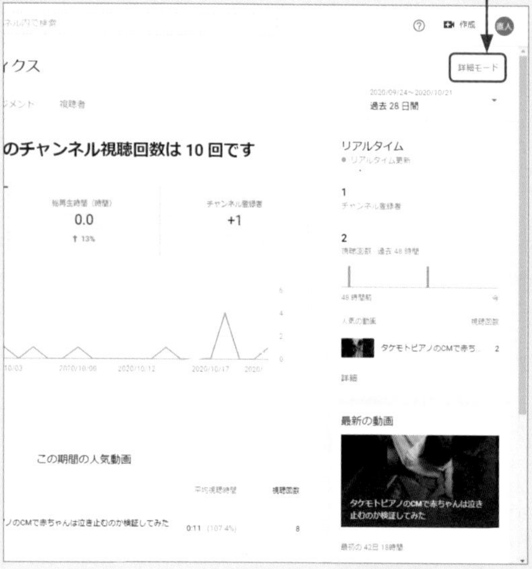

2 ＜デバイスのタイプ＞をクリックすると、

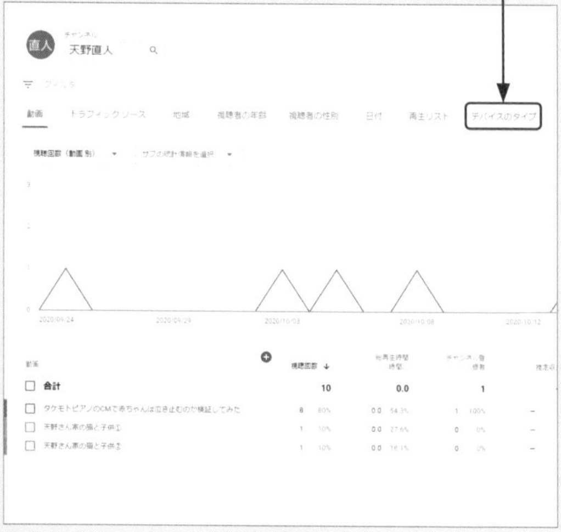

3 デバイスごとの再生回数を確認できます。

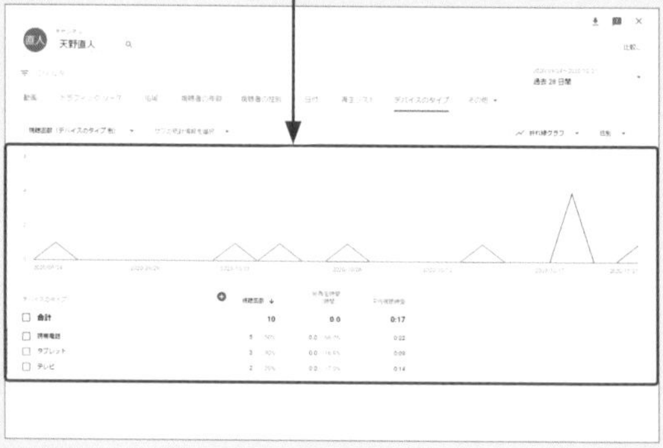

Q 改善

289 ▶ 再生リストに含まれている人気動画を調べたい！

A ＜エンゲージメント＞の「上位の再生リスト」で調べることができます。

再生リストに関する情報を調べるには、YouTubeアナリティクスの＜エンゲージメント＞で「上位の再生リスト」を確認してみましょう。「上位の再生リスト」には、よく利用されている再生リストがランキング形式で表示されます。さらに、＜詳細＞をクリックして詳細モードに切り替え、任意の再生リスト名をクリックすると、アナリティクスの対象をその再生リストに絞り込めます。この状態で＜動画＞をクリックすると、再生リスト内の動画ごとの視聴回数や総再生数、起動回数などを確認できます。

1 YouTubeアナリティクスで＜エンゲージメント＞をクリックし、

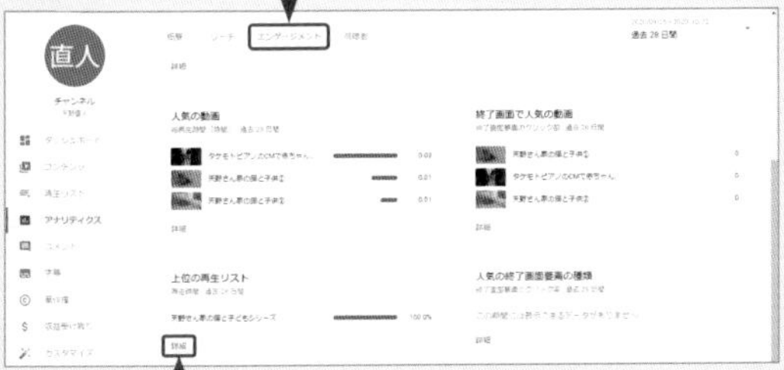

2 「上位の再生リスト」の＜詳細＞をクリックします。

3 再生リストの名前をクリックします。

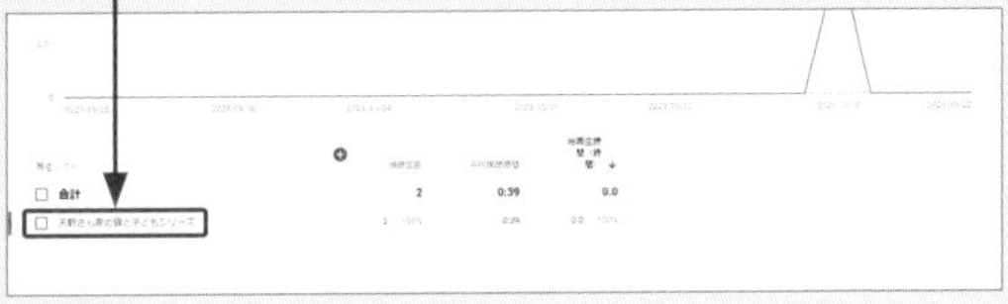

4 アナリティクスの対象が、手順3で選択した再生リストに絞り込まれます。

5 ＜動画＞をクリックすると、

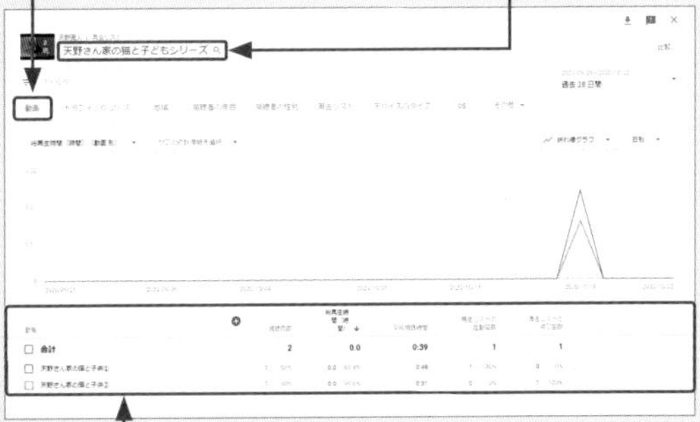

6 再生リスト内の動画の視聴回数などを確認できます。

Q 改善

290 ▶ 再生リストに追加してもらうには？

A 人気動画を集めた再生リストを作成し、カードや説明文でアピールしましょう。

Q.289で再生リストの動画情報を調べたら、続いてQ.215の方法で人気動画を集めた再生リストを作成しましょう。人気動画を集めた再生リストは、チャンネル登録者数や視聴回数の増加、再生リストへの追加を促進する効果が期待できます。再生リストを作成したら、動画に再生リストへのリンクを盛り込んだカードを挿入したり（Q.218～219）、説明文に再生リストのURLを明記するなど（Q.210）、再生リストの存在を積極的にアピールしましょう。

Q 改善

291 カードの効果を知りたい!

A <エンゲージメント>の「上位のカード」で調べることができます。

動画に設定した各種カードが利用されているかを知りたい場合は、YouTubeアナリティクスの<エンゲージメント>で「上位のカード」を確認してみましょう。「上位のカード」には、利用率の高いカードがランキング形式で表示されます。<詳細>をクリックすると詳細モードに切り替わり、カードやティザーのクリック数、表示1回あたりのクリック数などを確認できます。

1 YouTubeアナリティクスで<エンゲージメント>をクリックすると、

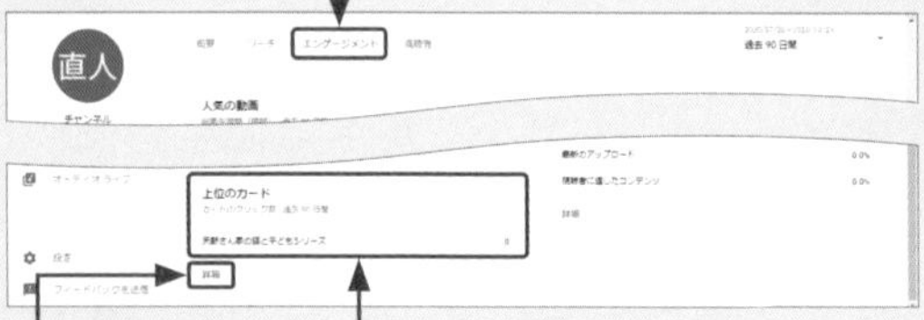

2 「上位のカード」という項目に、動画に設定しているカードの利用率がランキング形式で表示されます。

3 <詳細>をクリックすると、

4 詳細モードに切り替わり、カードのクリック率が折れ線グラフと数値で表示されます。

5 <カードのクリック数(カード別)>をクリックし、

6 任意の項目をクリックすると、選択した項目のアナリティクスに切り替わります。

Q 改善

292 終了画面の効果を知りたい!

A <終了画面で人気の動画>や<人気の終了画面要素の種類>で調べることができます。

動画の最後に設定できる終了画面が効果的に利用されているかを知りたい場合は、YouTubeアナリティクスの<エンゲージメント>で<終了画面で人気の動画>や<人気の終了画面要素の種類>を確認してみましょう。<終了画面で人気の動画>では、終了画面に設定した関連動画のクリック率がランキング形式で表示されます。<人気の終了画面要素の種類>では、チャンネル登録アイコンや関連動画アイコンなど、終了画面に設定したアイコンのクリック率がランキング形式で表示されます。両項目とも、<詳細>をクリックすることで、より詳しいアナリティクスを確認できます。

YouTubeアナリティクスで<エンゲージメント>をクリックすると、<終了画面で人気の動画>や<人気の終了画面要素の種類>を確認できます。

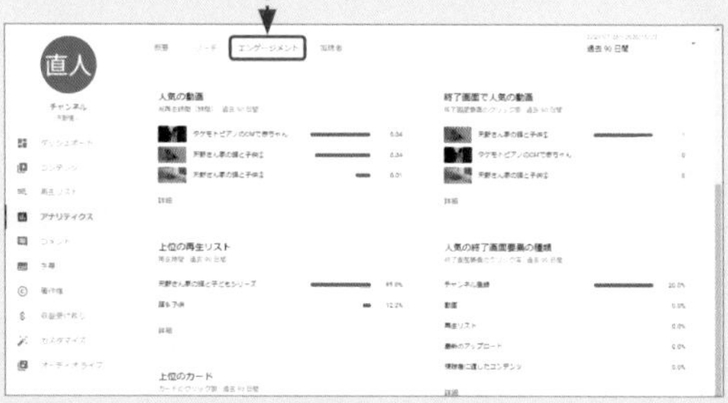

● 終了画面で人気の動画

終了画面に設定した関連動画のクリック率を確認できます。<詳細>をクリックすると、動画のクリック数の推移や数値などのデータを確認できます。

● 人気の終了画面要素の種類

「チャンネル登録」「関連動画」「再生リスト」「最新のアップロード」「視聴者に適したコンテンツ」など、終了画面に設定したアイコンが、クリック率の多い順に表示されます。

Q 広告

293 広告の推定収益額を確認したい！

A ＜収益＞の＜月別の推定収益＞で確認できます。

おおよその広告収益はGoogleアドセンスのほか、YouTubeアナリティクスからも確認できます。YouTubeアナリティクスの＜収益＞をクリックし、「月別の推定収益」を確認してみましょう。「月別の推定収益」では、推定収益額の推移が時系列で表示されます。なお、推定額と実際の確定額は異なる場合があるので注意が必要です。＜詳細＞をクリックすると詳細モードに切り替わり、より細かな推移と数値が表示されます。

1 YouTubeアナリティクスで＜収益＞をクリックします。

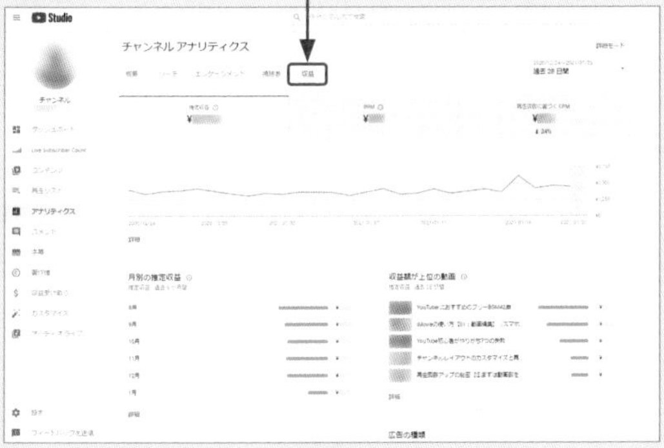

2 「月別の推定収益」で、月別の広告推定収入額を確認できます。

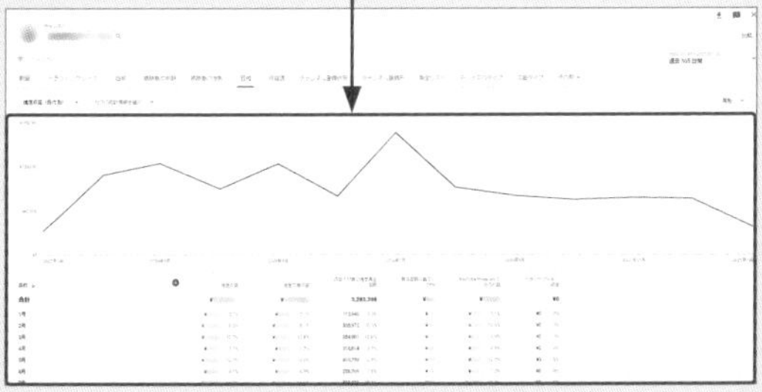

Q 広告

294 広告の表示結果を分析したい！

A 「視聴回数」「視聴率」「平均総再生時間」「クリック数」から分析できます。

＜収益＞には、表示された広告に対して視聴者がどのようなアクションを取ったかのデータが表示されます。とくに重視したいのは、「視聴回数」「視聴率」「平均総再生時間」「クリック数」の4つの指標です。ここでは、この4つの指標から何がわかるのかを解説していきます。

● 視聴回数

動画広告が何回視聴・再生されたかを表す数値です。基本的には、広告収入が発生する基準を満たしたものが反映されます。視聴回数が多いほど、広告収益が増えていきます。

● 視聴率

動画広告の視聴回数とエンゲージメント数（動画を高評価した人の数・コメントしてくれた人の数）を広告の表示回数で割った数値が、視聴率として算出されます。コンテンツの内容と広告の内容がマッチすると、興味を持った人が広告を見てくれやすくなります。

● 平均総再生時間

動画広告の平均再生時間を表す数値です。インストリーム広告は規定の時間視聴されないと広告収入が発生しません。目安となる「30秒」以上視聴してもらえるよう、魅力のあるコンテンツを作ることが大切となってきます。

● クリック数

広告がどれくらいクリックされたのかを表す数値です。バナー広告など、クリックされることで広告収入が発生する広告においてはとくに重要な指標です。

Q 広告

295 ▶ 広告収入を増やすためにはどうすればよい？

A 4つのテクニックを実践して、動画広告の視聴時間と視聴回数を増やしましょう。

YouTubeでは、動画広告の視聴時間と視聴回数が多ければ多いほど広告収入が上がっていきます。しかし、YouTubeの広告単価は年々改訂されており、収益化したユーザーが増加したことによって広告単価は下がる傾向にあります。少しでも多くの広告収入を上げるために、ここで紹介する4つのテクニックを実践してみましょう。

● 自分の動画を見直してみる

まずは、一視聴者の目線で自分の動画を確認することが大切です。広告配分は適切か、長く視聴してもらえるようなコンテンツであるかどうか、関連性のある広告が表示されているかどうかという3つのポイントに注目してチェックしてみましょう。

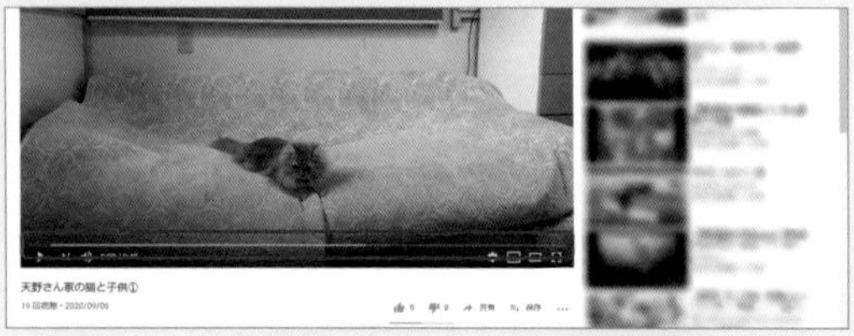

別のアカウントを使って、自分の動画を客観的に視聴してみましょう。広告表示のタイミングや関連広告、動画の長さをもう一度チェックしましょう。

● 魅力的な内容のコンテンツを制作する

当たり前のことですが、もっとも効果的なのは、最後まで視聴してもらえる魅力的なコンテンツを制作することです。アナリティクスで「視聴者維持率」（Q.281参照）を確認し、高く保てるようにしましょう。また、YouTubeでは動画の総再生時間が長いほど広告単価も高くなる傾向にあるようです。最初のうちは短めの動画を制作し、実績を積んだら10分以上のコンテンツにチャレンジしてみましょう。

● 広告の配分を見直す

広告の視聴回数を増やしたいからといって、単純に挿入する広告の量を増やしてしまうと途中離脱しやすくなり、かえって逆効果となる可能性もあります。広告の挿入回数とタイミングを見直してみましょう。広告が多いと感じたら、思い切って減らしてみることも大切です。また、挿入するタイミングをシーンの切り替え時などに設定すると、動画への興味を惹き付けたまま広告を視聴してもらいやすくなります。

● VSEO対策を見直す

コンテンツの内容と広告の内容がマッチしていると、興味を持った人に広告を見てもらいやすくなります。反対に、動画と広告の内容に関連性が薄いと、見てもらえる確率が下がります。動画とより関連のある広告を表示させるためにも、動画に設定したキーワードを見直して再度VSEO対策を行いましょう。

動画の説明などに記載したキーワードを見直して、VSEO対策を行いましょう。

第10章

視聴・管理が手軽にできる！スマホ活用技

Q アプリのメリット

296 スマートフォンならではのメリットを知りたい!

A 撮影した動画をすぐに投稿できるなど、さまざまなメリットがあります。

YouTubeには、スマートフォン向けの専用アプリが用意されています。パソコンで十分だと思う人もいるかもしれませんが、携帯性に優れたスマートフォンには、パソコンにはないメリットがたくさんあります。ここでは、YouTubeをスマートフォンで使う際のメリットを4つ紹介します。

● 撮影した動画をすぐに投稿できる

スマートフォンには、動画カメラ機能が搭載されています。近年はカメラの性能が大幅に向上したこともあり、ビデオカメラと遜色のない高画質の動画を撮影できます。さらに、持ち歩く機会の多いスマホで思い立ったときに撮影できるのも魅力です。撮影した動画をすぐにYouTubeに投稿できる連携性も、大きなメリットです。

● 直感的な操作ができる

スマートフォンは、画面を押したりなぞったりするタッチパネル操作が基本です。マウスやキーボードなどの周辺機器も不要なので、直感的でより細やかな操作ができます。

● テレビにミラーリングできる

ChromecastやApple TVなどの接続機器を仲介することによって、スマートフォンで表示しているYouTubeの画面をテレビの大画面に映すことができます。スマートフォンの小さな画面では動画視聴がしづらいというデメリットもカバーできます。

● ストーリー&ショート動画を楽しめる

YouTubeアプリならではの機能として、TikTokやInstagramのような「ストーリー」と「ショート動画」という15～30秒程度の短編動画を公開・視聴できる機能が用意されています。

Q アプリのメリット

297 スマートフォンならではのデメリットってある?

A パソコン版とは画面構成や操作性が異なるなど、いくつかのデメリットがあります。

Q.296ではスマートフォンのメリットを解説しましたが、その逆にデメリットも存在します。ここでは、YouTubeをスマートフォンで使う際のデメリットを4つ紹介します。

● 画面が小さい

近年のスマートフォンは大型化が進んでいますが、やはりタブレットやパソコンと比較すると画面は小さいです。動画を視聴する際には画面の文字が小さくて見づらいと感じる人も多いようです。

● パソコン版と画面構成が違う

YouTubeアプリは、スマートフォンの縦長で小さな画面サイズに最適化されています。そのため、パソコン版とは大幅に画面構成が異なります。パソコン版に慣れている人ほど、操作に慣れるまでが少々大変です。

● データ通信量を大きく消費してしまう

YouTubeで動画視聴をする際には、データ通信量を大きく消費します。キャリアや格安SIMとの契約では月々のデータ通信量が決まっていることがほとんどなので、気を付けないとすぐに通信量の上限を超えてしまいます。自宅ではWi-Fiに接続するなど、データ通信量に注意して利用する必要があります。

● YouTube Studioが別のアプリ扱いになる

YouTubeのクリエイター向けプラットフォーム「YouTube Studio」は、別のアプリ扱いになります。このほかにも、「YouTube Music」や「YouTube Kids」などYouTubeの関連サービスも基本的に別のアプリ扱いになります。YouTubeアプリだけで完結できないため、ホーム画面にアプリのアイコンが増えるのが嫌だという人は少々不満を感じるかもしれません。

Q インストール

298 YouTubeアプリをAndroidスマホにインストールしたい!

A Androidには最初からインストールされています。

Android版YouTubeアプリは、最初から端末にインストールされており、なおかつアンインストールすることができません。端末のホーム画面やアプリ一覧から起動しましょう。

1 ホーム画面またはアプリ一覧を表示して、<Google>をタップします。

2 <YouTube>をタップすると、アプリが起動します。

Q インストール

299 YouTubeアプリをiPhoneにインストールしたい!

A ＜App Store＞からインストールしましょう。

iPhone向けのYouTubeアプリは、＜App Store＞からインストールできます。なお、アプリのインストールにはAppleアカウントが必要です。事前に＜設定＞アプリで設定しておきましょう。

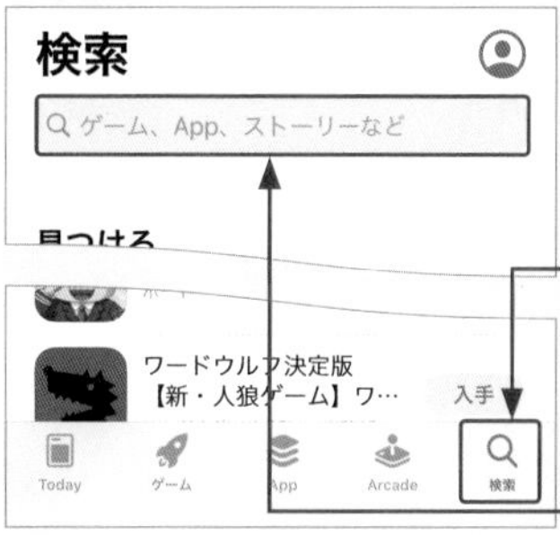

1 <App Store>を起動します。

2 <検索>をタップし、

3 検索ボックスをタップします。

4 「YouTube」と入力して、

5 キーボードの<検索>(または<search>)をタップします。

6 検索結果から<YouTube>アプリをタップし、

7 <入手>→<インストール>の順にタップして、Apple IDの認証を行います。

Q 画面構成

300 ▶ YouTubeアプリの画面構成を知りたい！

A 「ホーム」「登録チャンネル」「ライブラリ」などの画面で構成されています。

YouTubeアプリは、「ホーム」「検索」「登録チャンネル」「通知」「ライブラリ」の5つの画面から構成されています。各画面は、画面下部のアイコンをタップすると切り替えることができます。ここでは、各画面の見方を解説します。なお、AndroidとiPhoneで画面に大きな違いはありません。

● ホーム画面

YouTubeアプリを起動したときに最初に表示される基本画面です。視聴履歴をもとにしたおすすめの動画が表示されます。

● 検索画面

YouTubeに投稿された動画を検索するための画面です。カテゴリ検索ができるほか、YouTubeおすすめの動画も表示されます。

● 登録チャンネル画面

登録したチャンネルの動画やストーリーがタイムライン形式で表示されます。画面上部には各チャンネルのアイコンが表示され、タップすると任意のチャンネルに移動します。

● 通知画面

登録したチャンネルが、動画を投稿したときやライブ放送を開始したときなどに通知される画面です。

● ライブラリ画面

履歴や再生リストなどを確認できる画面です。

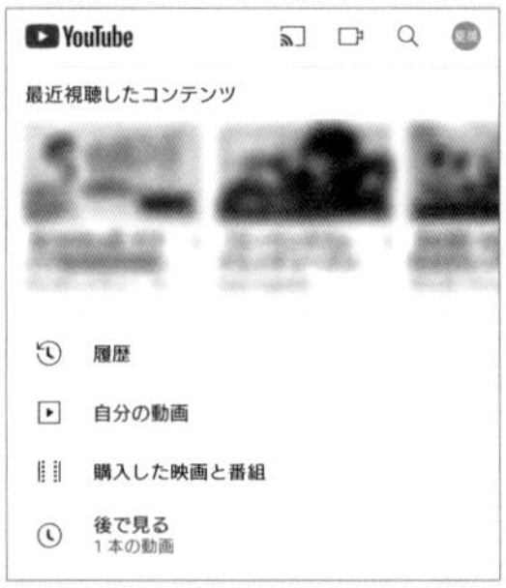

● 画面下部のアイコン

それぞれをタップすることで、画面を切り替えることができます。

常に表示されているメニュー

YouTubeアプリの画面右上には、どの画面でも常に表示されるドックメニューがあります。ドックメニューは左から順番に、ChromecastやApple TVなどのミラーリングができるデバイスに接続するための<デバイスに接続>、スマートフォンから動画投稿やライブ配信をするための<作成>、キーワード検索するための<YouTubeを検索>、自分のアカウント情報や設定を表示するための<アカウント>の4つのメニューから構成されています。

Q 検索

301 ▶ キーワードで動画を検索したい！

A 画面右上の虫眼鏡アイコンをタップし、キーワードを入力すると検索できます。

YouTubeに投稿されている膨大な動画の中から目的の動画を絞り込むには、キーワード検索が便利です。画面右上の虫眼鏡アイコンをタップすると、検索ボックスが表示されます。動画のキーワードを入力すると、キーワードに関連する動画が表示されます。

1 🔍をタップし、

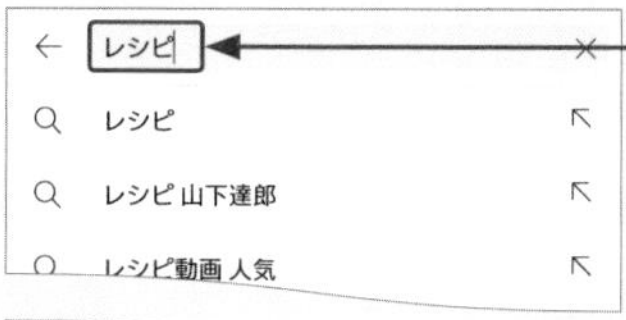

2 検索ボックスに動画のキーワードを入力し、

3 キーボードの虫眼鏡アイコン（iPhoneの場合は<検索>）をタップします。

4 手順2で入力したキーワードに関連する動画が表示されます。

Q 検索

302 ▶ 条件を指定して検索したい！

A 検索結果画面で<検索フィルタ>をタップし、条件を指定できます。

キーワード検索で検索した動画が多くて絞り切れない場合は（キーワード検索の詳細はQ.301参照）、検索フィルタを活用してみましょう。検索結果画面右上の<検索フィルタ>をタップし、動画のタイプや時間などの条件を指定して絞り込むことができます。

1 Q.301を参照してキーワード検索の検索結果を表示しておきます。

2 ☰をタップし、

3 各項目をタップして条件を指定し、

4 <適用>（iPhoneは画面左上の←）をタップします。

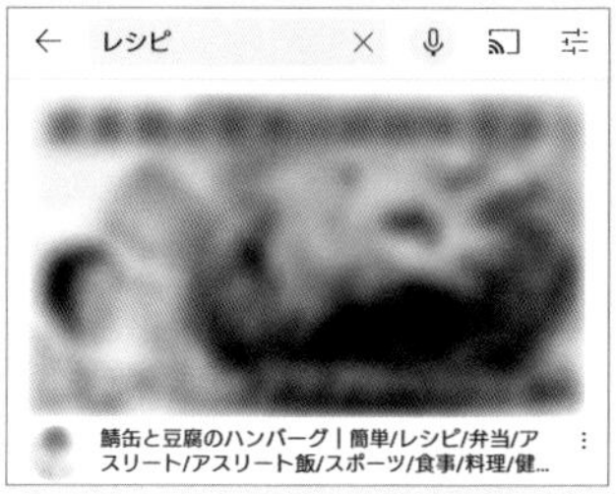

5 手順3で指定した条件で動画が絞り込まれます。

Q 検索

303 ▶ 検索履歴を削除したい！

A <履歴とプライバシー>から<検索履歴を削除>をタップします。

キーワード検索に使用したキーワードは、検索履歴に記録されます。同じキーワードで検索する際はタップするだけで再検索できるので便利ですが、プライバシーを守るためにも定期的に削除しておくことをおすすめします。「設定」画面から<履歴とプライバシー>をタップして、<検索履歴を削除>をタップすると、検索履歴を一括削除できます。

1 画面右上のアカウントアイコンをタップします。

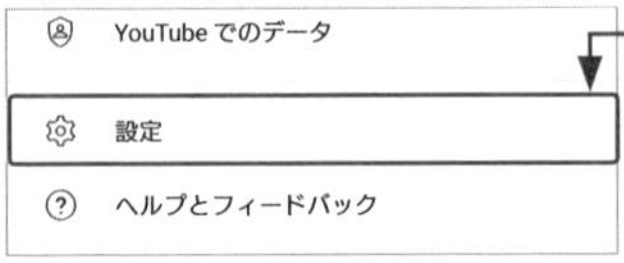

2 <設定>をタップします。

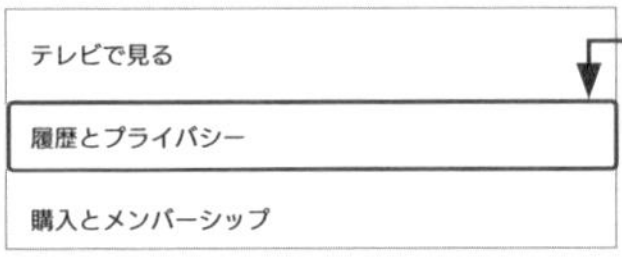

3 <履歴とプライバシー>をタップします。

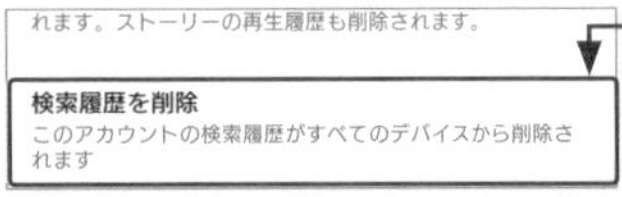

4 <検索履歴を削除>をタップし、

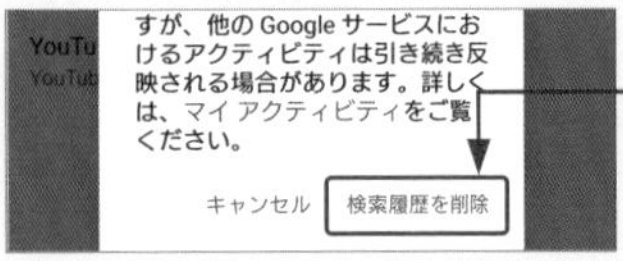

5 <検索履歴を削除>をタップします。

Q 視聴

304 ▶ 動画を再生したい！

A 動画のサムネイルをタップしましょう。

動画を再生したい場合は、動画のサムネイルをタップしましょう。動画の再生ページに移動し、自動的に再生が開始されます。動画プレイヤーの画面構成は、Q.305を参照してください。

1 再生したい動画のサムネイルをタップします。

2 動画の再生が開始されます。

Q 視聴

305 ▶ 再生画面の画面構成を知りたい！

A 動画を快適に視聴するためのさまざまな機能が搭載されています。

動画の再生画面には、動画を快適に視聴するためのさまざまな機能が搭載されています。動画の再生中は非表示になっていますが、再生画面を1回タップするとメニューが表示されます。各メニューの名称と機能は、以下を参照してください。

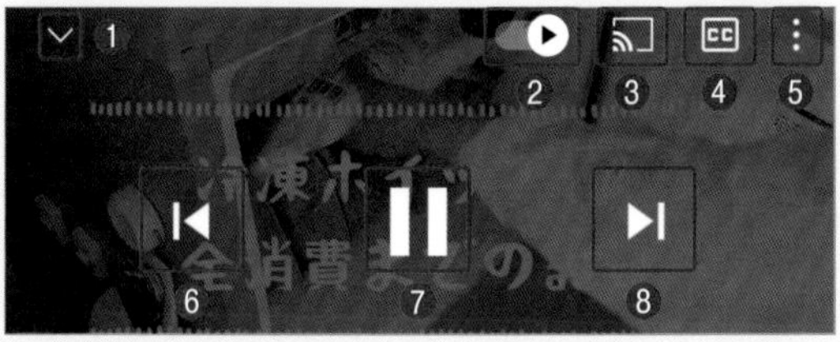

❶ポップアップ

タップすると、再生中の動画がポップアップ表示に切り替わります。

❷自動再生

自動再生のオン／オフを切り替えます。オンにすると、再生中の動画の終了後に、関連動画が再生されます。

❸キャスト

ChromecastやApple TVなどの専用機器に接続して、再生中の動画をテレビにミラーリングできます。

❹字幕

動画のオン／オフを切り替えます。

❺メニュー

画質、字幕、再生速度などを設定できます。

❻前の動画

直前に再生した動画の再生画面に切り替わります。

❼一時停止／再生

再生中の動画を一時停止できます。また、一時停止中にタップすると動画が再生されます。

❽次の動画

おすすめ動画など、次に表示される動画の再生画面に切り替わります。

Q 視聴

306 ▶ 画面いっぱいに再生画面を表示したい！

A 全画面モードに切り替えましょう。

動画の再生画面が小さくて見づらいと感じたら、全画面モードを利用してみましょう。再生画面を1回タップしてメニューを表示し、画面右下の<全画面>アイコンをタップすると、全画面モードに切り替わります。全画面モードではスマホの画面いっぱいに再生画面が表示されるので、小さかった画像や文字が拡大されて見やすくなります。もとに戻すときも、同様の手順で戻すことができます。

1 再生画面をタップします。

2 をタップします。

3 全画面モードに切り替わります。

Q 視聴

307 動画の再生速度を変更したい！

A 再生画面のメニューから、8段階の再生速度に変更できます。

動画の音声が聞き取れないのでもっとゆっくり再生したい、あるいは時間短縮のためにもっと速い速度で再生したいという場合は、動画の再生速度を自分好みに変更するとよいでしょう。再生画面を1回タップしてメニューを表示し、画面右上の⋮→＜再生速度＞の順にタップします。8段階の再生速度から任意の速度をタップすると、再生速度が変更されます。

1 再生画面を1回タップし、

2 ⋮をタップします。

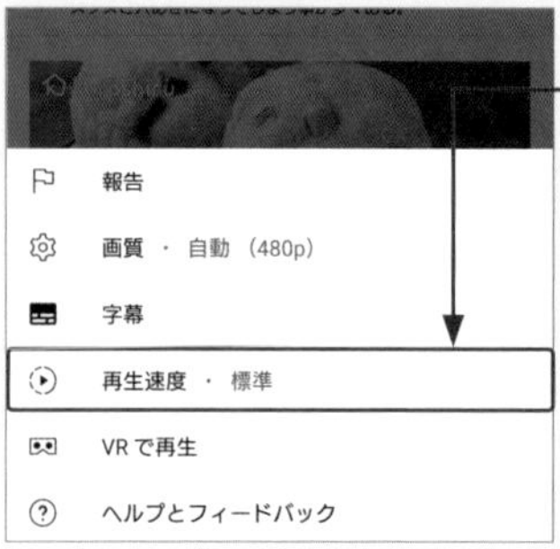

3 ＜再生速度＞をタップします。

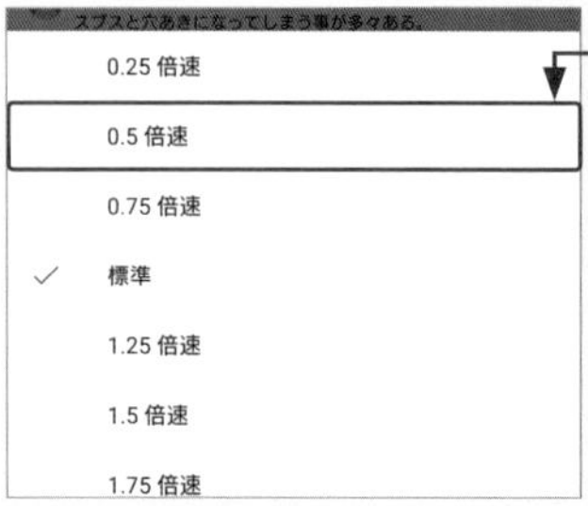

4 任意の再生速度をタップします。

Q 視聴

308 動画に字幕を付けて再生したい！

A 再生画面のメニューから、動画に字幕を付けることができます。

YouTubeには、世界中から多くの動画が投稿されています。海外のユーザーが投稿した動画は言葉がわからず、楽しめないという人も多いのではないでしょうか。そんなときは、YouTubeの字幕機能を活用してみましょう。投稿者が対応する言語の字幕を作成していなくても、音声認識で自動生成された字幕も利用できます。再生画面を1回タップしてメニューを表示し、画面右上の⋮→＜字幕＞の順にタップします。任意の言語をタップすると、再生画面に字幕が表示されるようになります。

1 再生画面を1回タップし、

2 ⋮をタップします。

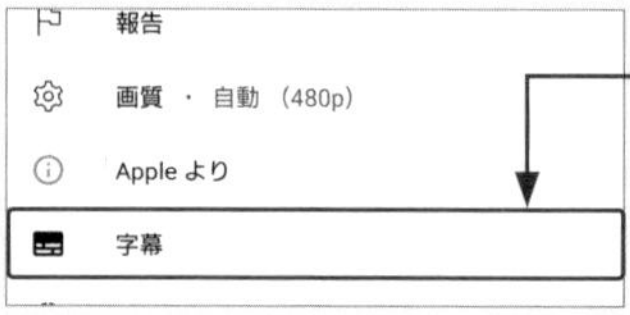

3 ＜字幕＞をタップします。

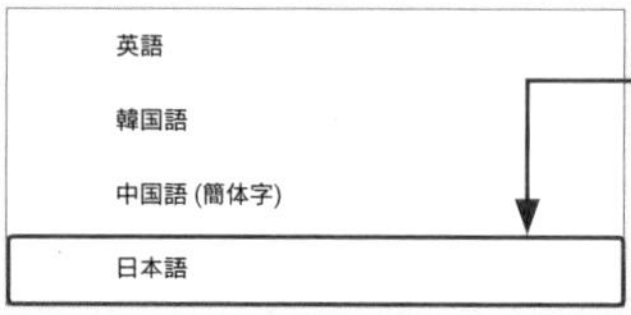

4 任意の言語をタップします。

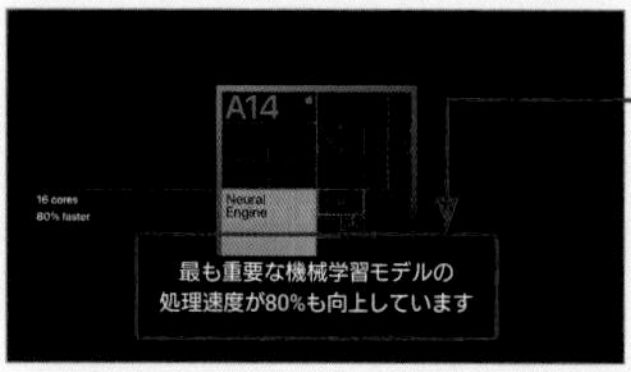

5 再生画面に字幕が表示されるようになります。

Q 視聴

309 再生中の動画の関連動画が見たい！

A 再生ページの下部に表示されている動画のサムネイルをタップしましょう。

YouTubeには、再生中の動画とキーワードやタグが類似した「関連動画」を表示する機能があります。スマートフォン版の場合は、再生中の動画画面下部に表示されます。気になる関連動画を見つけたら、サムネイルをタップしてみましょう。

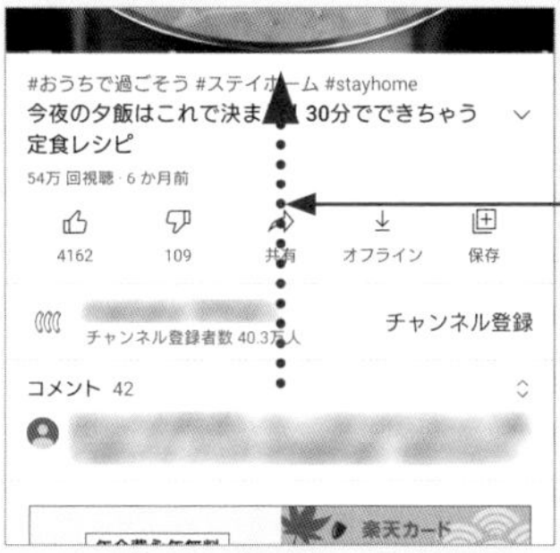

1 動画の再生画面を上方向にスワイプして、再生画面の下部を表示します。

2 関連動画が表示されます。

3 再生したい関連動画のサムネイルをタップすると、

4 関連動画が再生されます。

Q 視聴

310 自動再生にならないようにしたい！

A ＜自動再生＞設定で＜次の動画を自動再生＞をオフにしましょう。

初期状態では、再生中の動画が終わると自動的に次の動画が再生されます。自動再生されるのをやめたい場合は、画面右上のアカウントアイコン→＜設定＞の順にタップします。さらに、＜自動再生＞（iPhoneの場合は不要）→＜次の動画を自動再生＞の順にタップして自動再生をオフにしましょう。

1 アカウントアイコンをタップします。

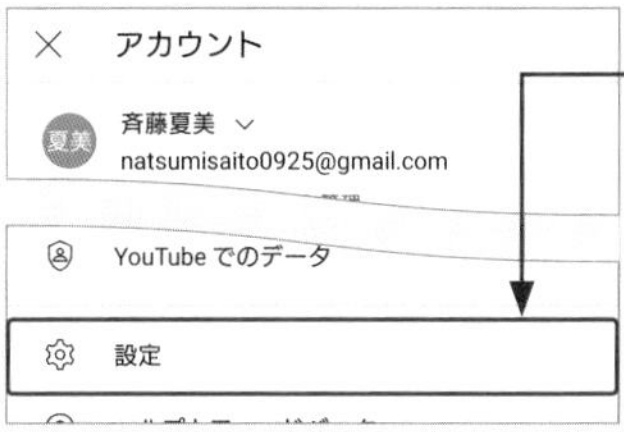

2 ＜設定＞をタップします。

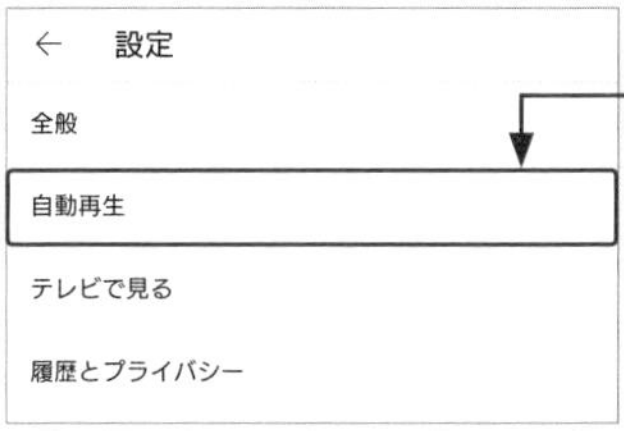

3 ＜自動再生＞をタップします（iPhoneの場合は不要）。

4 ＜次の動画を自動再生＞をタップしてオフにします。

Q 視聴

311 再生中の動画の投稿者のチャンネルを見たい！

A 再生画面でクリエイターのアカウントアイコンをタップしましょう。

動画の投稿者のチャンネルが気になったら、再生画面の左下にあるクリエイターのアカウントアイコンをタップし、チャンネル画面を確認してみましょう。チャンネル画面では、チャンネルに投稿されたほかの動画、再生リスト、コミュニティなどを参照できます。

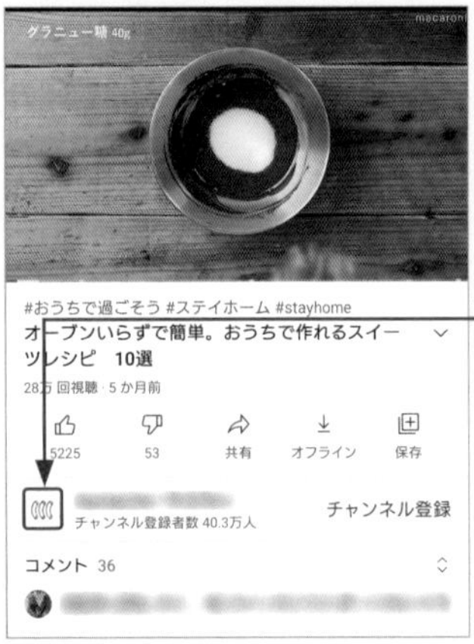

1 動画の再生画面や検索結果画面などを表示しておきます。

2 アカウントアイコンをタップします。

3 クリエイターのチャンネルが表示されます。

Q 視聴

312 動画を評価したい！

A ＜高評価＞をタップすると、評価できます。

YouTubeには、動画を視聴したユーザーが動画を評価するシステムがあります。評価は「低評価」と「高評価」の2種類が用意されています。気に入った動画には、動画再生画面で＜高評価＞をタップし、クリエイターに伝えてあげるとよいでしょう。

1 動画の再生画面を表示しておきます。

2 をタップします。

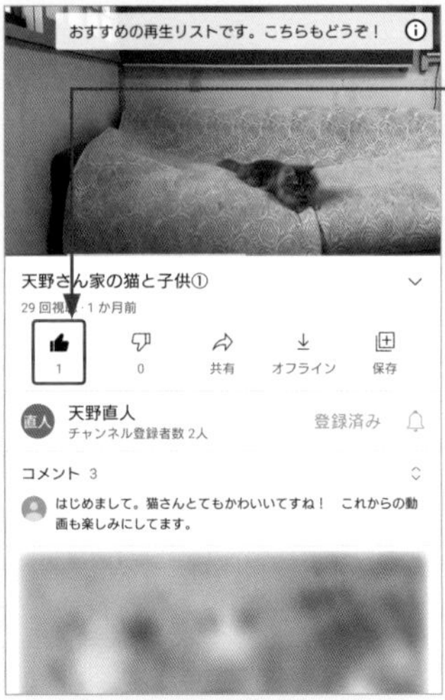

3 アイコンが黒色に変化し、高評価が反映されます。

高評価を取り消す場合
高評価した動画の再生画面で、再度をタップすると、高評価を取り消すことができます。

Q 視聴

313 評価した動画を確認したい！

A <ライブラリ>の<高く評価した動画>から確認できます。

高評価した動画は、<高く評価した動画>という再生リストに追加されます（動画を高評価する手順はQ.312参照）。高評価した動画を確認したい場合は、<ライブラリ>をタップして、「ライブラリ」画面を表示します。続いて、「再生リスト」の項目にある<高く評価した動画>をタップすると、高評価した動画の一覧が表示されます。

1 <ライブラリ>をタップします。

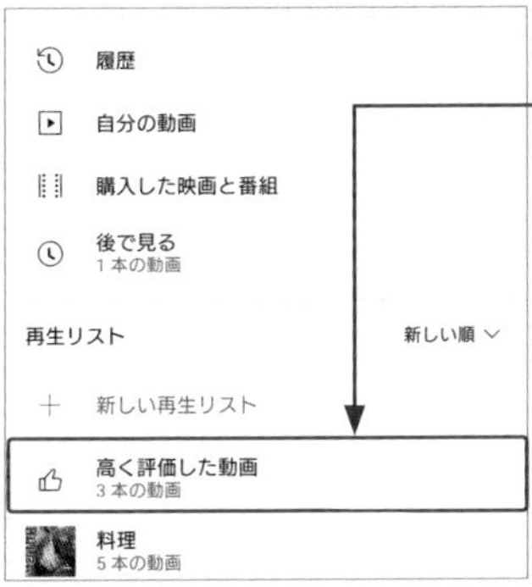

2 「再生リスト」の<高く評価した動画>をタップします。

3 高評価した動画が一覧表示されます。

Q 視聴

314 動画にコメントを付けたい！

A 動画再生画面の<コメント>をタップして、動画にコメントを付けましょう。

動画にコメントを付けたい場合は、動画再生画面で<コメント>をタップします。コメント一覧の上部にある<公開コメントを入力>をタップして、入力欄にテキストを入力します。送信アイコンをタップすると、動画にコメントが反映されます。なお、コメントが無効に設定されている動画はコメントを付けることはできません。コメントを保留するように設定されている場合は、コメント確認後に許可されたものだけが反映されます。

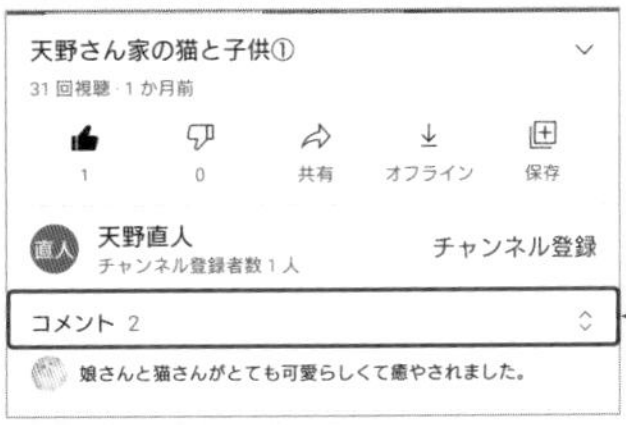

1 動画の再生画面を表示しておきます。

2 <コメント>をタップします。

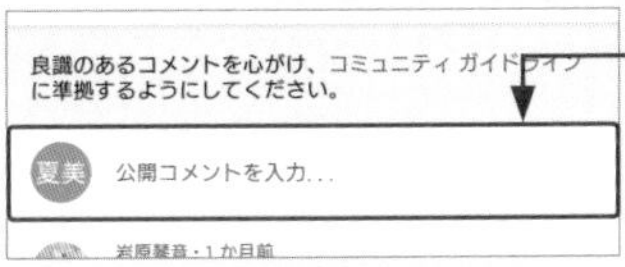

3 <公開コメントを入力>をタップします。

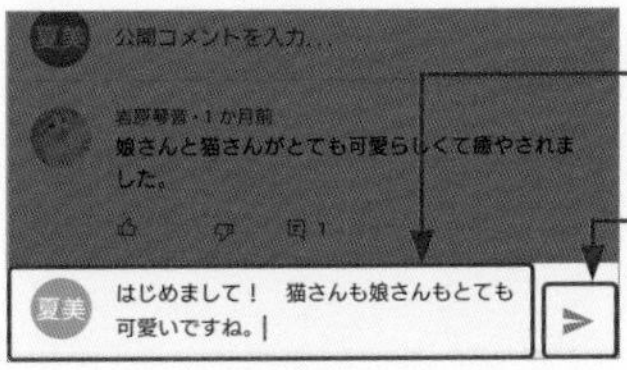

4 コメントを入力し、

5 をタップします。

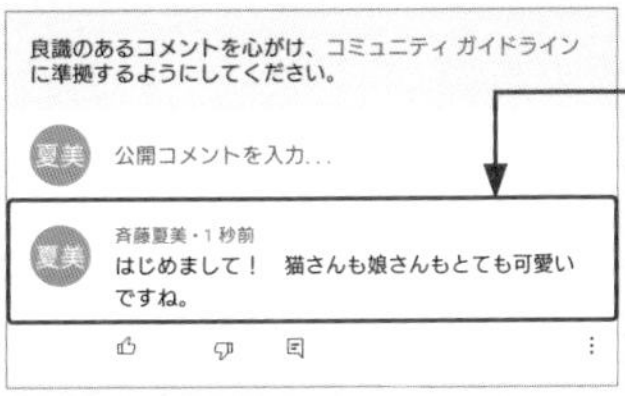

6 手順4で入力したコメントが動画に反映されます。

Q 視聴

315 YouTubeのおすすめ動画を見たい！

A 「ホーム」画面や「検索結果」画面に表示されます。

YouTubeでは、自分の再生履歴や検索履歴などのデータをもとに、「ホーム」画面や「検索結果」画面におすすめの動画が提案されます。通常の動画と同じく、動画のサムネイルをタップすると再生されます。なお、おすすめの動画はYouTubeを使うほど精度が高くなります。

●「ホーム」画面のおすすめ動画

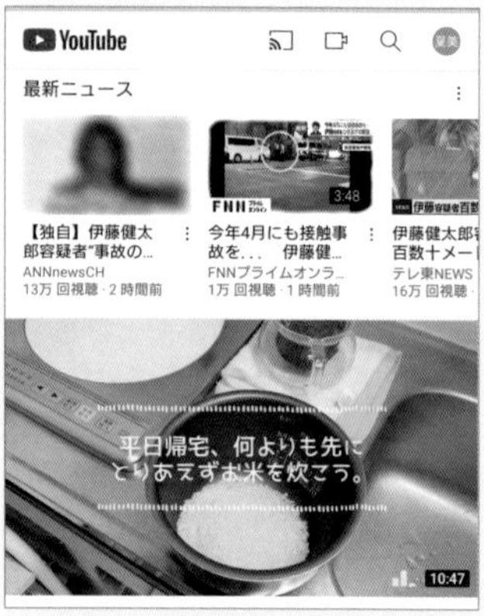

YouTubeアプリを起動したときに最初に表示される基本画面です。視聴履歴をもとにしたおすすめ動画が表示されます。

●「検索結果」画面のおすすめ動画

「あなたへのおすすめ」という項目に、検索したキーワードをもとにしたおすすめ動画が表示されます。

> 「急上昇」とは
> 「検索」画面に表示される「急上昇」とは、YouTube全体でよく視聴されている動画ランキングのことです。急上昇の動画は、約15分ごとに更新されます。

Q 視聴

316 興味のない動画をおすすめ動画に表示させたくない！

A メニューアイコン→<チャンネルをおすすめに表示しない>をタップします。

「ホーム」画面や「検索結果」画面に表示されるおすすめの動画は、必ずしも自分が見たい動画が表示されるわけではありません。興味のない動画が何度も表示されて煩わしい場合は、表示したくない動画サムネイルの右下にある⋮をタップし、<チャンネルをおすすめに表示しない>をタップすると、今後その動画のチャンネルはおすすめ動画に表示されなくなります。おすすめ動画の精度を高めるためにも、積極的に活用するとよいでしょう。

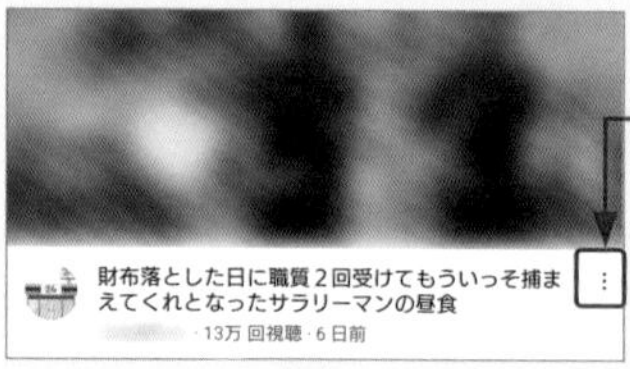

1 おすすめ動画に表示したくない動画タイトルの右側にある⋮をタップし、

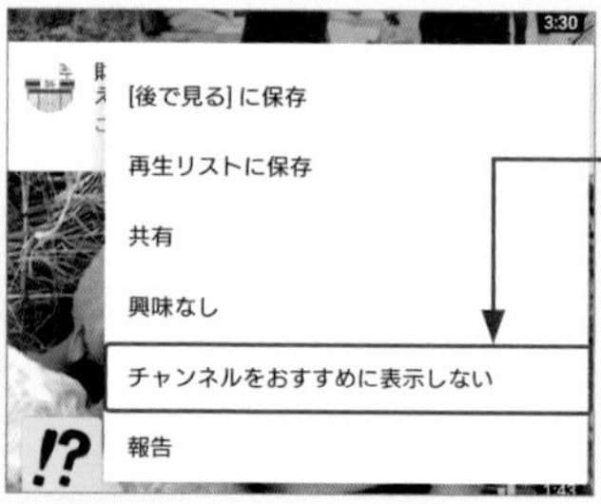

2 <チャンネルをおすすめに表示しない>をタップします。

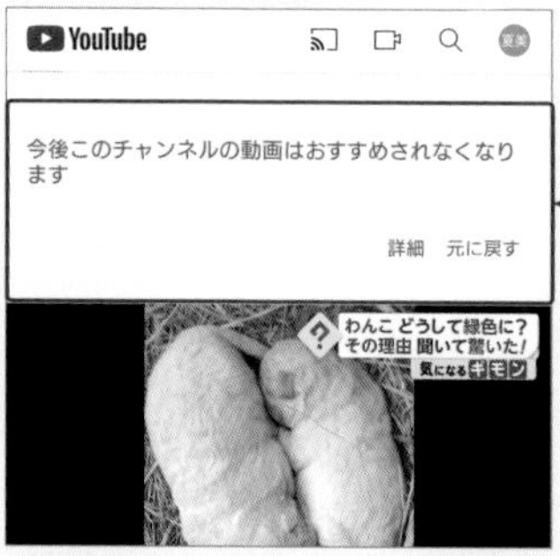

3 動画が非表示になります。今後そのチャンネルのほかの動画も、おすすめに表示されなくなります。

Q 視聴

317 再生履歴から動画を探して再生したい！

A <ライブラリ>の<履歴>から探すことができます。

過去に視聴した動画をもう一度視聴したい場合は、再生履歴を活用しましょう。<ライブラリ>をタップして「ライブラリ」画面を表示し、<履歴>をタップすると、再生履歴が時系列順に表示されます。動画のサムネイルをタップすると、動画の再生が開始されます。

1 画面下部の<ライブラリ>をタップします。

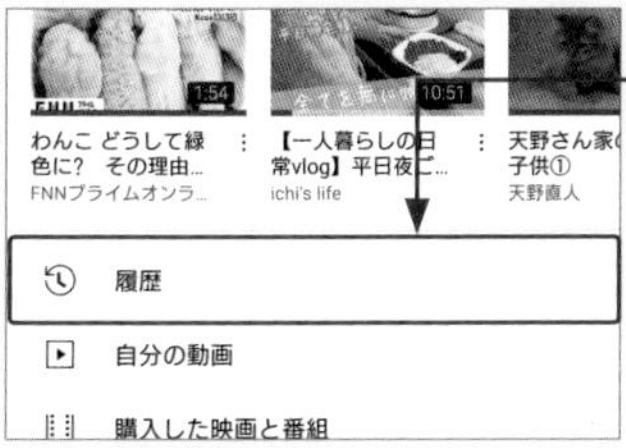

2 <履歴>をタップします。

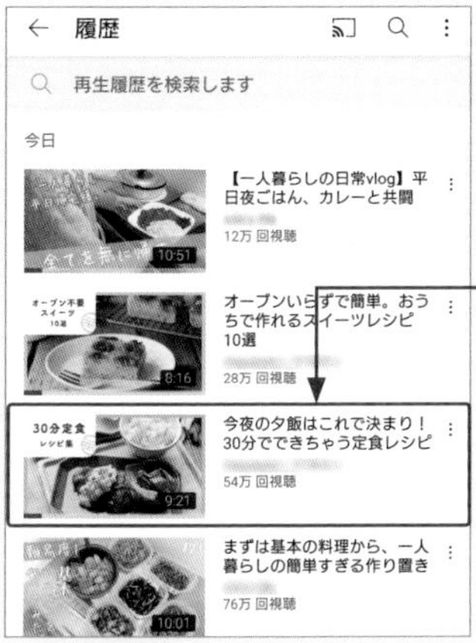

3 再生履歴が時系列順に表示されます。

4 任意の動画のサムネイルをタップすると、再生されます。

Q 視聴

318 再生履歴に保存されないようにしたい！

A <履歴とプライバシー>設定で、<再生履歴を保存しない>をオンにしましょう。

一度視聴した動画は、すべて再生履歴に自動保存されます。これ以上再生履歴に保存したくない場合は、YouTubeの<設定>で<履歴とプライバシー>（iPhoneの場合は不要）→<再生履歴を保存しない>→<一時停止>の順にタップして、再生履歴の保存を一時停止しましょう。なお、再生履歴を一時停止にすると、おすすめの動画に表示される動画も少なくなります。

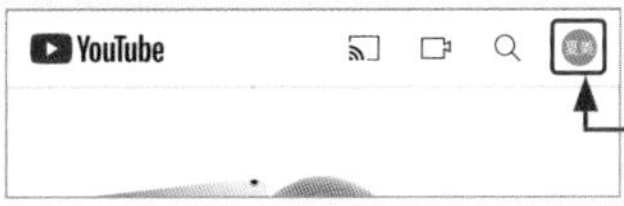

1 アカウントアイコンをタップし、

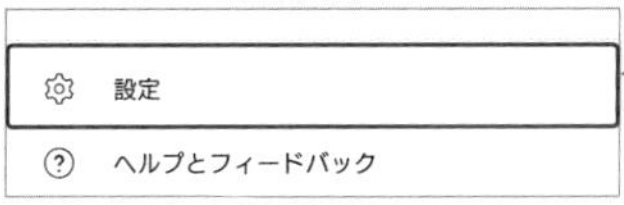

2 <設定>をタップします。

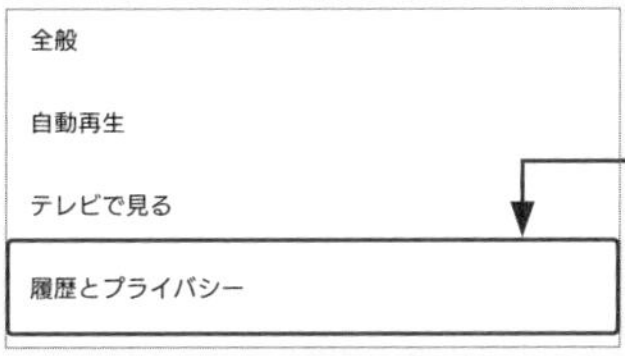

3 <履歴とプライバシー>をタップし（iPhoneの場合は不要）、

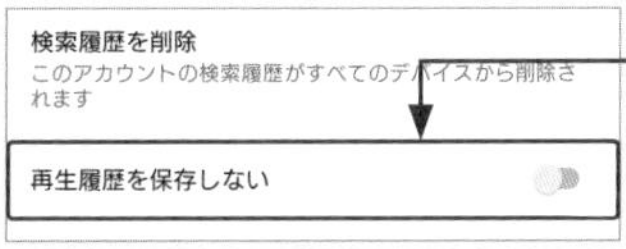

4 <再生履歴を保存しない>をタップします。

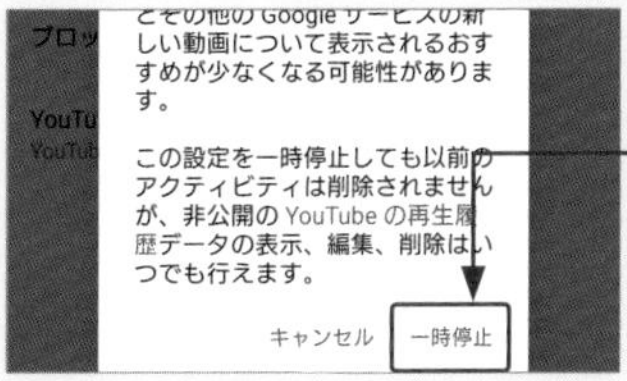

5 <一時停止>をタップすると、再生履歴が保存されなくなります。

Q 視聴

319 すべての再生履歴を削除したい！

A ＜履歴とプライバシー＞設定で＜再生履歴を削除＞をタップしましょう。

再生履歴は、検索の手間を省いたり、おすすめの動画の精度を上げたりなどの利点があります。しかし、第三者に見られるなどプライバシー侵害の危険もあるため、定期的に削除しておくことをおすすめします。再生履歴を削除するには、YouTubeの＜設定＞で＜履歴とプライバシー＞（iPhoneの場合は不要）→＜再生履歴を削除＞→＜再生履歴を削除＞の順にタップしましょう。なお、一度削除するともとに戻すことはできません。

1 アカウントアイコンをタップし、

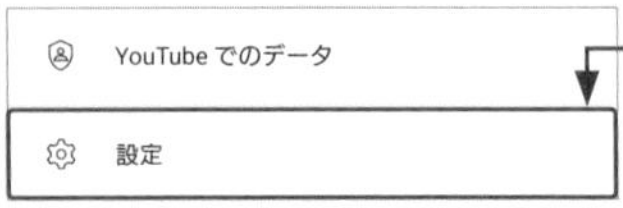

2 ＜設定＞をタップします。

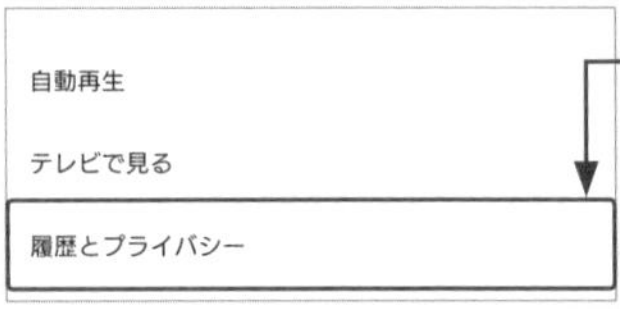

3 ＜履歴とプライバシー＞をタップし（iPhoneの場合は不要）、

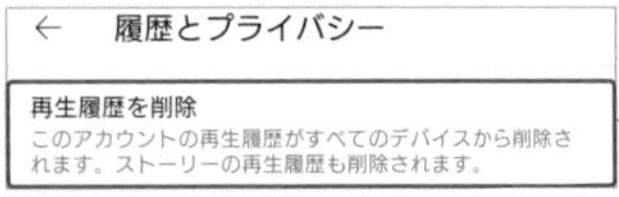

4 ＜再生履歴を削除＞をタップします。

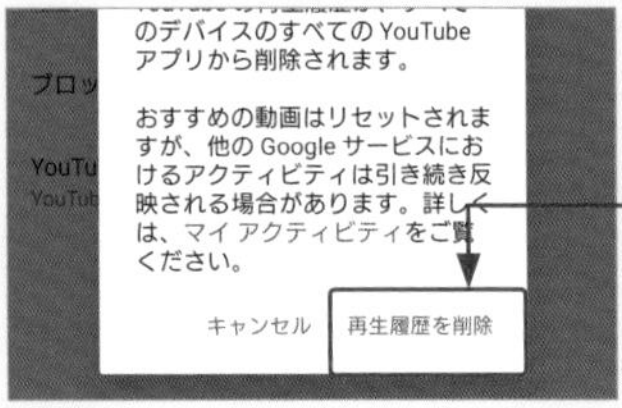

5 ＜再生履歴を削除＞をタップすると、再生履歴に保存された動画が削除されます。

Q 視聴

320 動画再生中に次の動画を指定したい！

A ポップアップ表示に切り替えれば、動画の再生中に次の動画を検索できます。

動画再生中に次の動画を検索したいなら、ポップアップ表示機能を活用してみましょう。動画を視聴しながらほかの作業ができるようになります。

1 動画の再生画面を1回タップします。

2 をタップします。

3 動画の再生画面がポップアップ表示に切り替わります。動画を視聴しながら次に視聴する動画を検索するなど、ほかの作業ができるようになります。

Q チャンネル作成

321 ▶ マイチャンネルを作成したい！

A 「アカウント」画面から<チャンネル>をタップしてチャンネルを作成します。

YouTubeには、ユーザー1人1人にチャンネルが用意されています。チャンネルとは、自分が投稿した動画や作成した再生リストを共有できる専用画面のことです。このうち、自分のチャンネルのことをマイチャンネルと呼びます。YouTubeのさまざまな機能を利用するには、動画投稿の有無にかかわらず、マイチャンネルを作成する必要があります。まずは、アカウントアイコンをタップし、メニューから<チャンネル>をタップします。名字と名前を入力し、<チャンネルを作成>をタップすると、マイチャンネルが作成されます。

1 アカウントアイコンをタップし、

2 <チャンネル>をタップします。

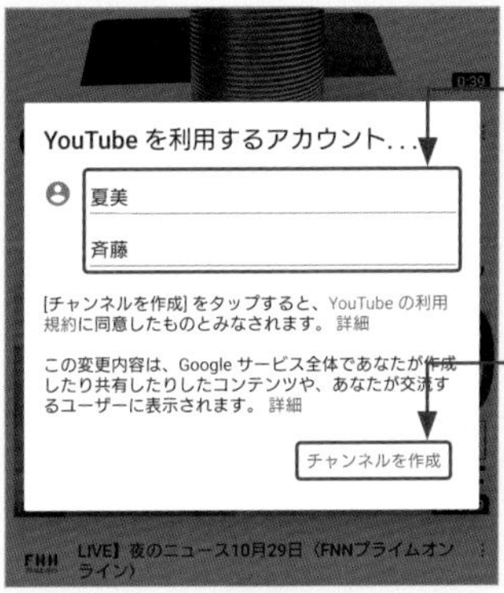

3 チャンネルで利用するアカウントの名字と名前を入力し、

4 <チャンネルを作成>をタップします。

5 マイチャンネルが作成されました。

マイチャンネルの名前を変更する

マイチャンネルの名前は、90日間に3回まで変更できます。マイチャンネルの<ホーム>を表示したあと、⚙→✎の順にタップします。名字と名前を入力し❶、<OK>をタップすると変更されます❷。

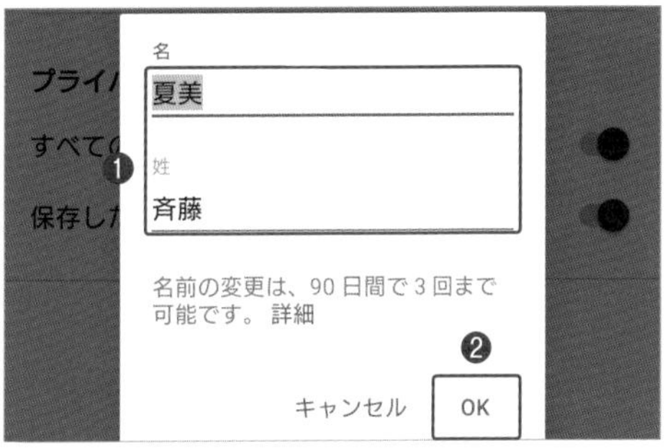

Q 再生リスト

322 「後で見る」リストに動画を追加したい！

A ＜保存＞を長押しして、＜後で見る＞を選択して追加します。

気になる動画があるけれど今は視聴できないというときは、「後で見る」に追加しておくと便利です。「後で見る」とは、最初から用意されている再生リストの1つです。自分で作成した再生リストに追加するほどではないけれど、気になる動画を一時的に保存しておきたいという場合に重宝します。「後で見る」に追加するには、動画再生画面で＜保存＞を長押しします。再生リストの一覧から＜後で見る＞を選択し、＜完了＞をタップしましょう。

1 「後で見る」に追加したい動画の再生画面を表示しておきます。

2 ＜保存＞を長押しします。

3 ＜後で見る＞を選択し、

4 ＜完了＞をタップします。

Q 再生リスト

323 「後で見る」リストの動画を連続再生したい！

A ＜ライブラリ＞の＜後で見る＞から再生ボタンをタップしましょう。

「後で見る」に追加した動画は（詳細はQ.322参照）、画面下部の＜ライブラリ＞をタップし、＜後で見る＞をタップすると確認できます。リスト内の右上にある●をタップすると、すべての動画が連続再生されます。また、任意の動画のサムネイルをタップすることで、個別に再生することもできます。

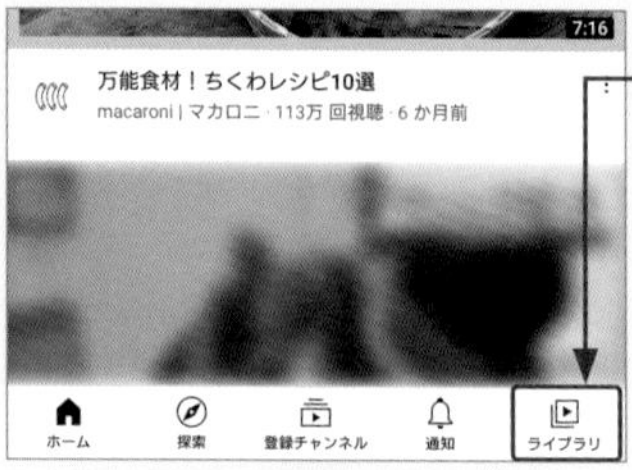

1 ＜ライブラリ＞をタップします。

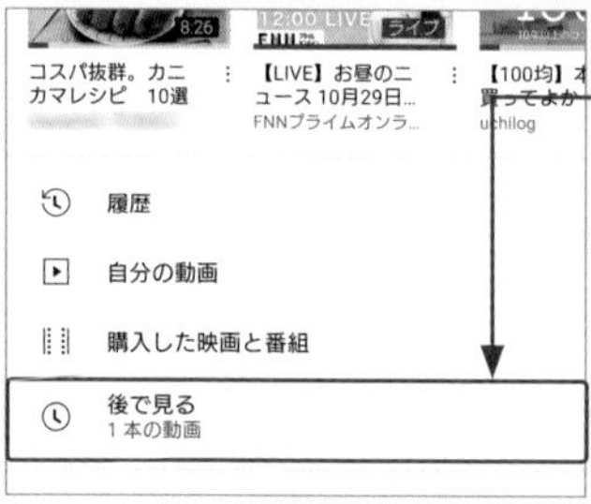

2 ＜後で見る＞をタップします。

3 ●をタップすると、「後で見る」の動画が連続再生されます。

4 任意の動画のサムネイルをタップすると、個別に再生されます。

Q 再生リスト

324 ▶ 再生リストを作成して動画を追加したい！

A 動画再生画面で<保存>をタップし、再生リストを作成して追加しましょう。

もう一度視聴したいと思ったお気に入りの動画は、「再生リスト」に追加することでいつでも視聴できるようになります。まず、動画再生画面で<保存>を長押しします。新しい再生リストに追加したい場合は、<新しいプレイリスト>をタップします。再生リストの名前を入力し、<プライバシー>から公開の有無も設定しておくとよいでしょう。<作成>をタップすると、作成したプレイリストに動画が追加されます。

1 再生リストに追加したい動画の再生画面を表示しておきます。

2 <保存>を長押しします。

3 <新しいプレイリスト>をタップします。

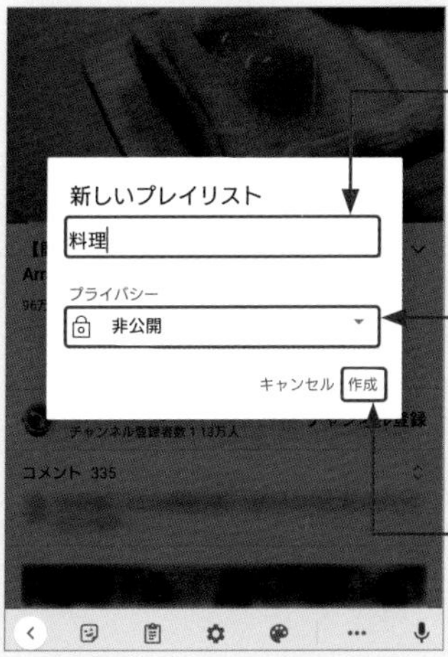

4 入力欄をタップして再生リストの名前を入力して、

5 <プライバシー>をタップして公開範囲を設定し、

6 <作成>をタップすると、新しく作成した再生リストに動画が追加されます。

Q 再生リスト

325 ▶ 再生リストの動画を再生したい！

A <ライブラリ>の「再生リスト」から再生できます。

Q.324で作成した再生リストは、画面下部の<ライブラリ>をタップし、「再生リスト」という項目から該当の再生リスト名をタップすると確認できます。リスト内の右上にある再生アイコンをタップすると、すべての動画が連続再生されます。また、任意の動画のサムネイルをタップすることで、個別に再生することもできます。

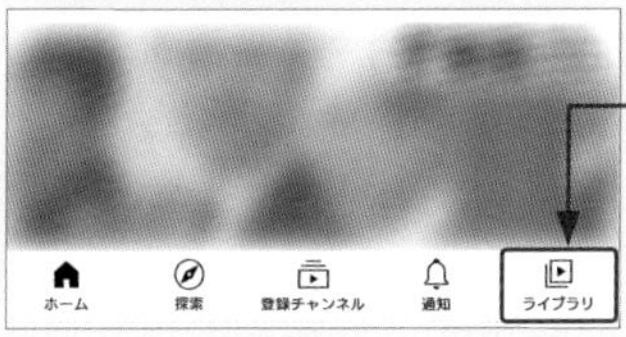

1 <ライブラリ>をタップします。

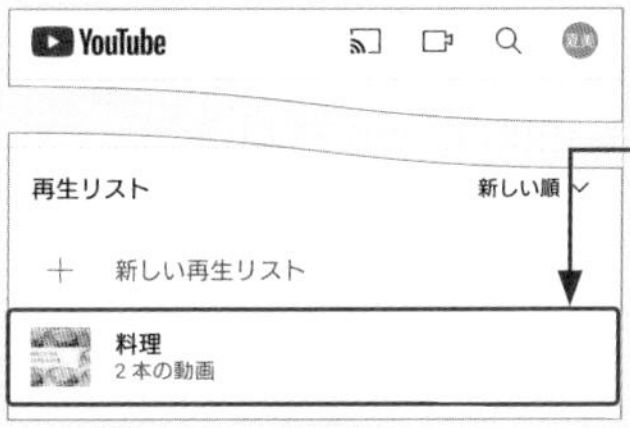

2 「再生リスト」の一覧から任意の再生リスト名をタップします。

3 再生リストに登録された動画が一覧表示されます。

4 ●をタップすると、リスト内の動画が連続再生されます。

5 任意の動画のサムネイルをタップすると、個別に再生されます。

Q 再生リスト

326 再生リストの動画の並び順を編集したい!

A 再生リスト画面で<並べ替え>をタップすると、並び順を編集できます。

再生リストの動画は初期状態では新しく追加した順番で表示されますが、<並べ替え>をタップすると、並び替えることができます。並び順は「手動設定」「追加日(新しい順)」「追加日(古い順)」「人気順」「公開日(新しい順)」「公開日(古い順)」の6種類が用意されています。手動設定以外の順番は、選択すると自動的に並べ替えが行われます。

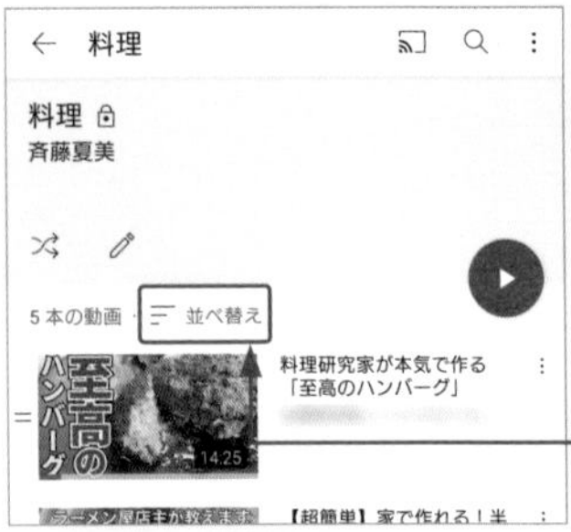

1 Q.325の手順1～2を参照して、並べ替えたい再生リストを表示しておきます。

2 <並べ替え>をタップします。

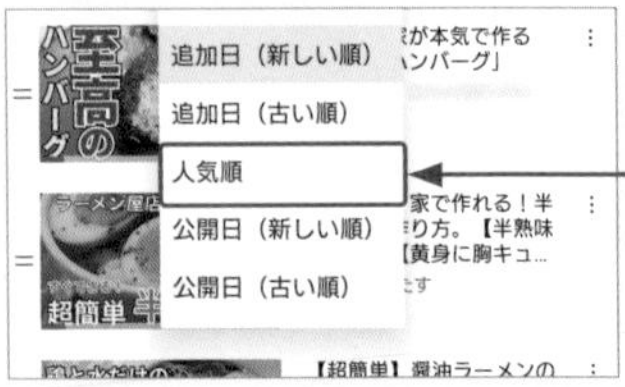

3 任意の並べ替え方法をタップします。

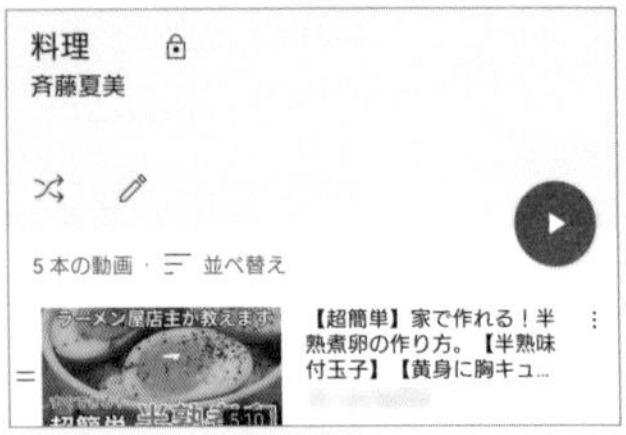

4 手順3で選択した方法で並べ替えが行われます。

手動で並べ替えする
手動で並べ替えをしたい場合は、手順3の画面で<手動設定>をタップしましょう。動画のサムネイルの左側にある≡を長押ししながら移動したい位置にドラッグ&ドロップすれば、並べ替えができます。

Q 再生リスト

327 再生リストの動画を削除したい!

A 動画の右側にある⁝→<(リスト名)から削除>をタップします。

再生リストに間違えて登録してしまった動画や不要になった動画は、再生リストの一覧を表示した状態で⁝をタップし、<[(リスト名)]から削除>をタップすると削除されます。

1 Q.325の手順1～2を参照して、再生リストを表示しておきます。

2 削除したい動画の右側にある⁝をタップし、

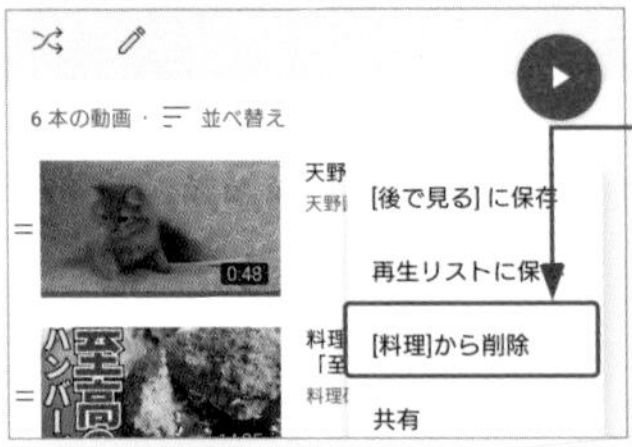

3 <[(リスト名)]から削除>をタップします。

4 再生リストから動画が削除されます。

スワイプ操作で削除する
手順1の画面で削除したい動画を左方向にスワイプし、<削除>をタップすることでも削除できます。

Q 再生リスト

328 再生リストの公開設定を変更したい！

A <プライバシー>をタップし、公開範囲を変更しましょう。

再生リストの作成時に公開範囲を間違えてしまった場合は、あとから変更することが可能です。再生リストの一覧を表示した状態で鉛筆の形をした編集アイコンをタップし、<プライバシー>をタップします。変更したい公開範囲を選択すると、公開範囲が変更されます。

1 Q.325の手順1～2を参照して、再生リストを表示しておきます。

2 ✎をタップします。

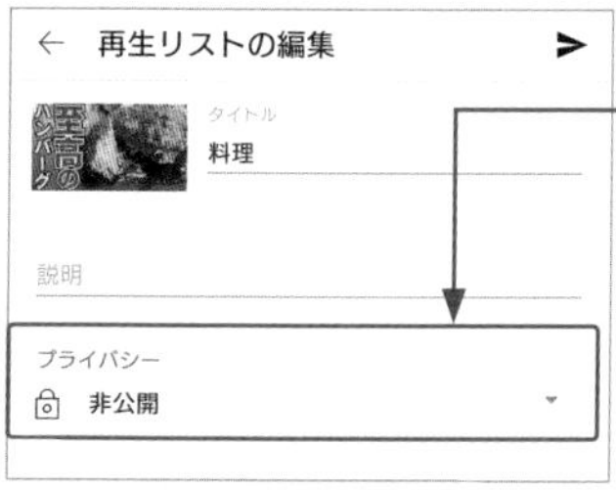

3 <プライバシー>をタップします。

4 変更したい公開範囲をタップします。

Q チャンネル登録

329 再生画面からチャンネル登録したい！

A 再生画面で<チャンネル登録>をタップしましょう。

チャンネル登録とは、YouTubeチャンネルのお気に入り機能のことです。クリエイターの動画を検索しなくても見つけやすくなったり、新着動画の通知を受信できるなど、チャンネル登録しておくと便利なことがたくさんあります。チャンネル登録するには、動画の再生画面で<チャンネル登録>をタップしましょう。

1 動画の再生画面を表示しておきます。

2 <チャンネル登録>をタップします。

3 「登録済み」と表示されたら、登録完了です。

通知を設定する

チャンネルの新着動画をいち早く知りたい場合は、チャンネル登録後の画面で🔔をタップし、<すべて>をタップすると、<通知>に通知が表示されるようになります。

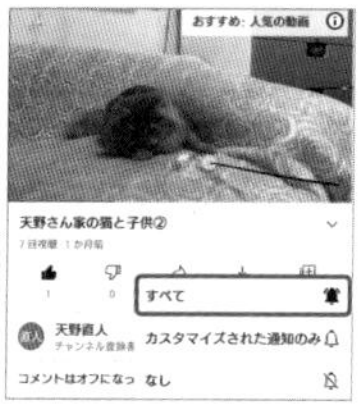

Q チャンネル登録

330 ▶ チャンネルページからチャンネル登録したい！

A チャンネルページの<ホーム>で、<チャンネル登録>をタップしましょう。

クリエイターのほかの動画や再生リストなどを確認した上でチャンネル登録したい場合は、チャンネルページを表示して内容を確認してからチャンネル登録を行いましょう。<ホーム>の<チャンネル登録>をタップすると、チャンネル登録されます。

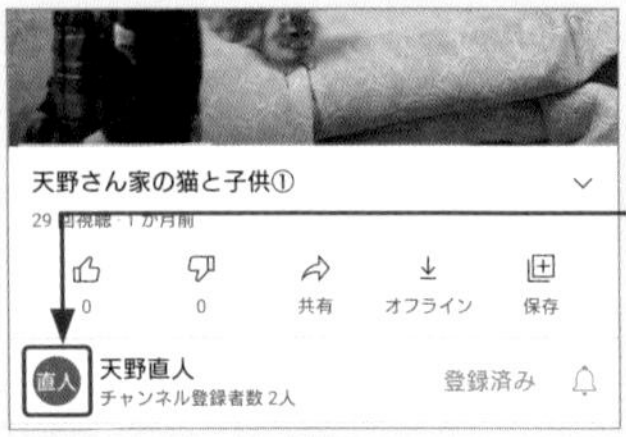

1 Q.311を参考に、動画の再生画面からアカウントアイコンをタップします。

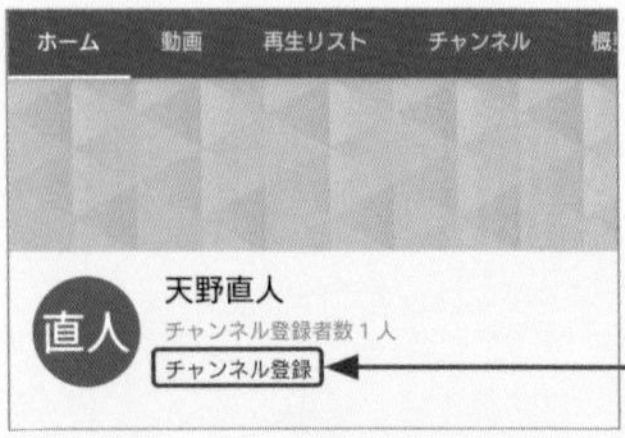

2 <チャンネル登録>をタップします。

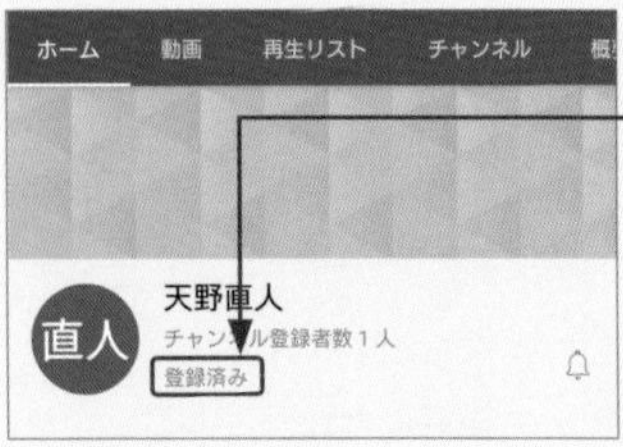

3 「登録済み」と表示されたら、登録完了です。

チャンネルページから通知を設定する

チャンネルの通知は、チャンネルページからも設定できます。チャンネルページで🔔をタップし、<すべて>をタップすると、<通知>に通知が表示されるようになります。

Q チャンネル登録

331 ▶ 登録したチャンネルを表示したい！

A <登録チャンネル>からチャンネル一覧を表示できます。

登録したチャンネルは、「登録チャンネル」画面から確認できます。画面下部の<登録チャンネル>をタップし、<すべて>をタップすると、登録したチャンネルが一覧表示されます。任意のチャンネル名をタップすると、チャンネルページが表示されます。

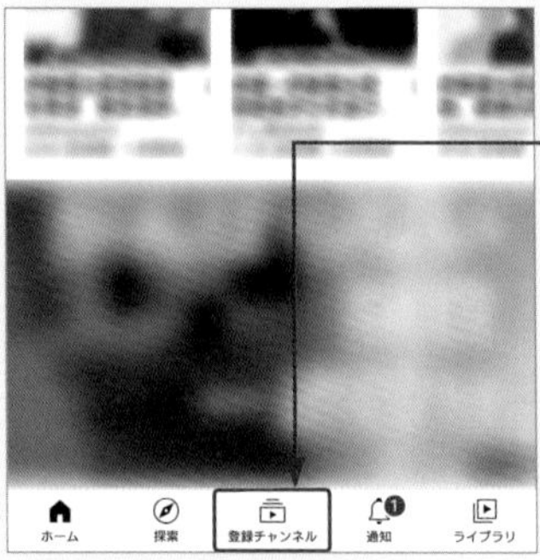

1 画面下部の<登録チャンネル>をタップします。

2 <すべて>をタップします。

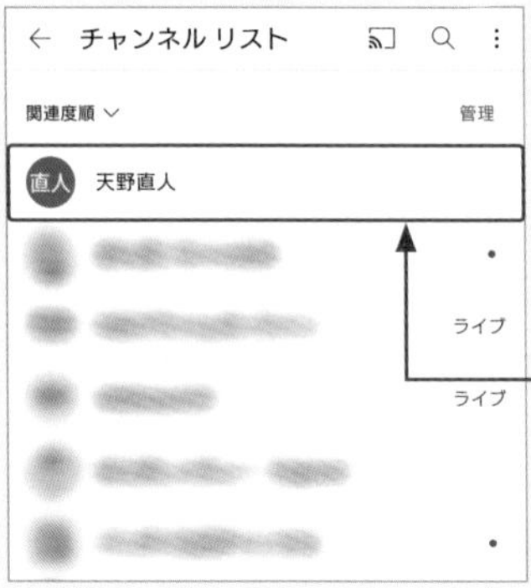

3 登録したチャンネルが一覧表示されます。

4 チャンネル名をタップすると、チャンネルページが表示されます。

Q チャンネル登録

332 チャンネルの概要を確認したい！

A チャンネルページの<概要>から確認できます。

どのようなチャンネルなのか雰囲気を掴むには、チャンネルの概要を確認するのもおすすめです。チャンネルページを表示し、画面上部の<概要>をタップします。概要ページでは、クリエイターが設定したチャンネルの説明やリンクなどを参照できます。

1 Q.331を参照して、チャンネルページを表示しておきます。

2 画面上部のメニュー欄を左方向にスワイプし、

3 <概要>をタップします。

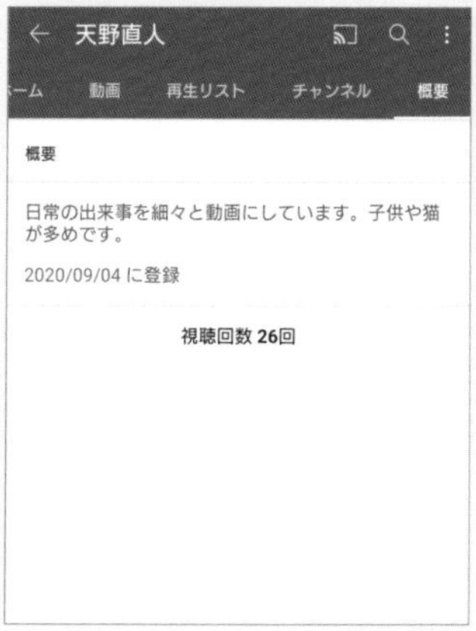

4 チャンネルの概要ページが表示されます。

Q チャンネル登録

333 チャンネルの新作動画を再生したい！

A チャンネルページの<動画>から再生できます。

チャンネルの新作動画を再生したい場合は、チャンネルページの<動画>をタップします。動画ページでは、クリエイターが投稿した動画が時系列順に表示されます。再生したい動画のサムネイルをタップすると、動画の再生が開始されます。

1 Q.331を参照して、チャンネルページを表示しておきます。

2 <動画>をタップします。

3 投稿された動画が時系列順に表示されます。

4 動画のサムネイルをタップすると、再生されます。

「通知」画面から新作動画を再生する

画面下部の<通知>をタップすると、通知設定したチャンネルで新着動画が投稿された場合のお知らせの一覧が表示されます。任意の通知をタップすると、動画再生画面に移動し、新着動画が再生されます。

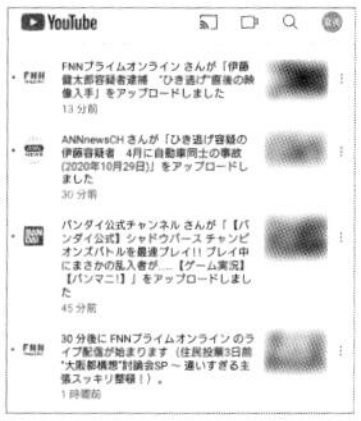

Q チャンネル登録

334 チャンネルの再生リストを再生したい!

A チャンネルページの<再生>から再生できます。

チャンネルクリエイターが作成した再生リストの動画を再生したい場合は、チャンネルページの<再生リスト>をタップします。再生リストのページに、再生リストが一覧表示されます。任意の再生リスト名をタップすると、再生リスト内の動画が表示されます。▶をタップすると、リスト内の動画が連続再生されます。

1 Q.331を参照して、チャンネルページを表示しておきます。

2 <再生リスト>をタップします。

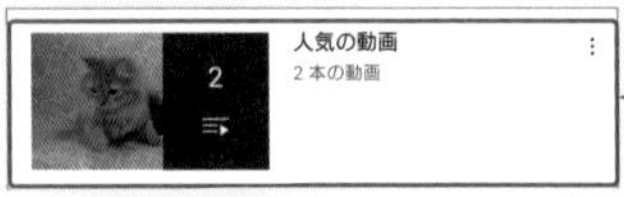

3 再生リスト名をタップします。

4 再生リストに登録された動画が一覧表示されます。

5 ▶をタップすると、リスト内の動画が連続再生されます。

6 任意の動画のサムネイルをタップすると、個別に再生されます。

Q チャンネル登録

335 チャンネル登録を解除したい!

A チャンネルページの<ホーム>から<チャンネル登録>をタップして解除します。

チャンネル登録を解除したい場合は、チャンネルページの<ホーム>をタップします。チャンネル名の右下にある<登録済み>をタップし、<登録解除>をタップすると、チャンネル登録が解除されます。

1 Q.331を参照して、チャンネルページを表示しておきます。

2 <ホーム>をタップして、

3 <登録済み>をタップします。

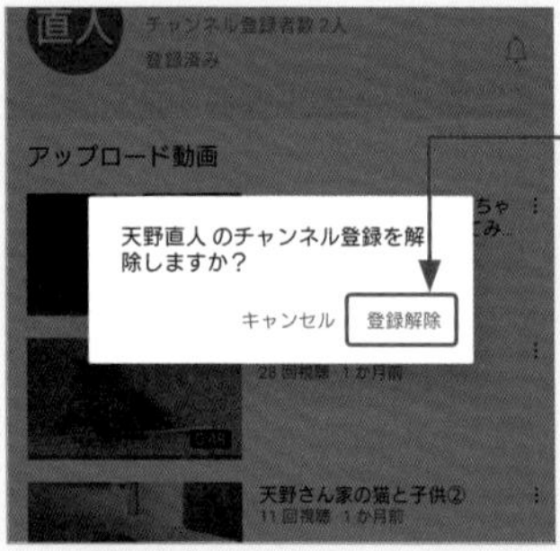

4 <登録解除>をタップすると、チャンネル登録が解除されます。

動画再生画面からチャンネル登録を解除する

動画再生画面で<登録済み>→<登録解除>の順にタップすることでも、チャンネル登録を解除できます。

第11章

投稿・編集・分析もできる! スマホ活用技

Q 動画の投稿

336 ▶ スマホから動画を投稿したい！

A 画面上部の<作成>アイコンをタップして、スマホで撮影した動画を投稿しましょう。

スマートフォンで撮影した動画は、YouTubeアプリから投稿することも可能です。まず、画面上部にあるビデオカメラの形をした<作成>アイコン→<動画のアップロード>をタップします。初回のみ写真・動画へのアクセス許可を求めるポップが表示されるので、アクセスを許可しておきましょう。スマートフォンに保存している動画が一覧表示されるので、投稿したい動画を選択し、「タイトル」「説明」「公開範囲」「場所」「再生リスト」などを設定し<次へ>をタップします。最後に子供向けの動画の有無を設定し、<アップロード>をタップすると、動画が投稿されます。

1 をタップします。

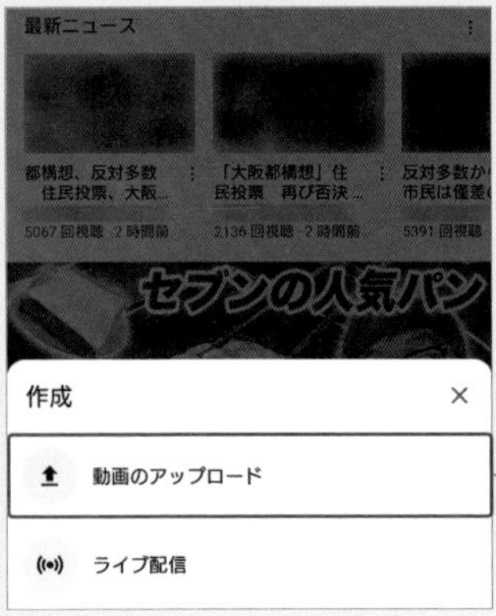

2 <動画のアップロード>をタップします。

3 スマートフォンに保存している動画が表示されます。

4 投稿したい動画をタップします。

5 必要に応じて動画の不要な部分をカットし、

6 「タイトル」「説明」「公開範囲」「場所」「再生リストへの追加の有無」を設定して、

7 <次へ>をタップします。

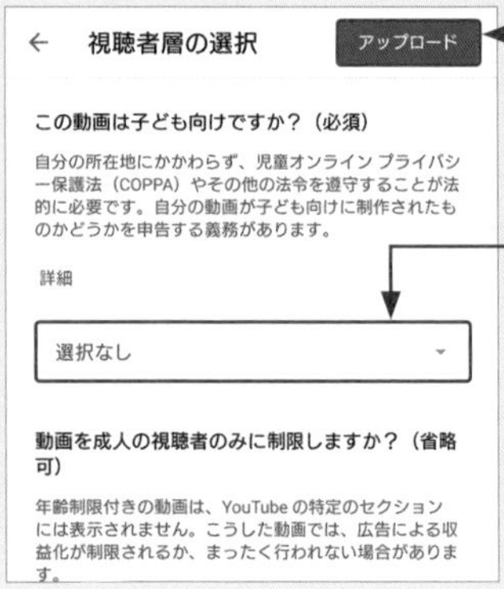

8 <選択なし>をタップして、子供向けの動画の有無を設定します。

9 <アップロード>をタップすると、動画が投稿されます。

Q 動画の削除

337 投稿した動画を削除したい！

A ＜ライブラリ＞の＜自分の動画＞から削除できます。

スマートフォン版YouTubeから、投稿した動画を削除することができます。YouTubeアプリで＜ライブラリ＞→＜自分の動画＞をタップし、投稿した動画一覧を表示します。削除したい動画の右側にあるメニューアイコン→＜削除＞→＜削除＞の順にタップすると、動画を削除できます。なお、一度削除するともとに戻すことはできないので、注意しましょう。

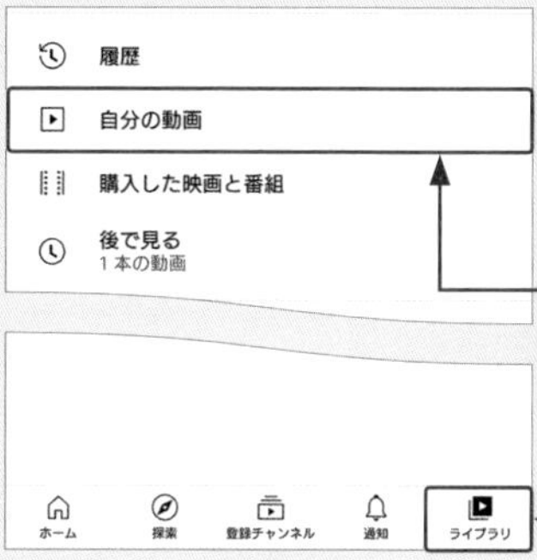

1 YouTubeアプリで＜ライブラリ＞タブをタップし、

2 ＜自分の動画＞をタップします。

3 削除したい動画の⋮をタップします。

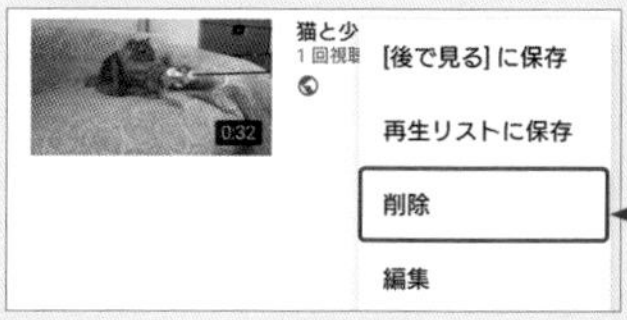

4 ＜削除＞をタップします。

5 ＜削除＞をタップします。

Q YouTube Studio アプリ

338 YouTube Studio アプリって何？

A チャンネル管理やアナリティクス分析などができるアプリです。

YouTubeには、自分のチャンネル管理やアナリティクスでの情報分析ができる「YouTube Studio」というクリエイター向けのツールが用意されています。スマートフォンの場合はYouTubeアプリとは別のアプリとしてインストールする必要があります。Androidの場合は「Playストア」、iPhoneの場合は「App Store」からインストールしましょう。

● Android版

Android版YouTube Studioは、Playストアからインストールできます。インストールの手順は、Q.298を参照してください。

● iPhone版

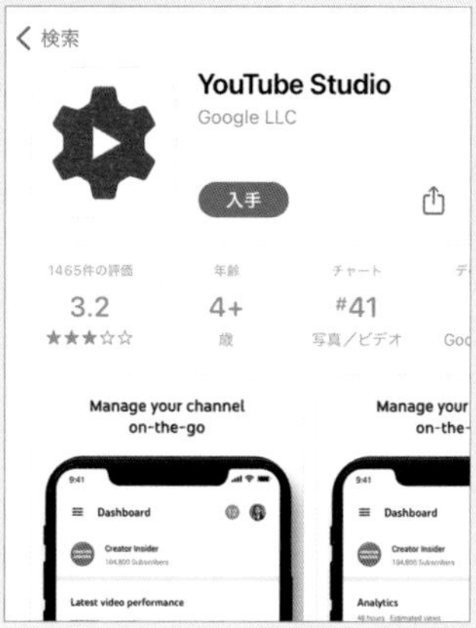

iPhone版YouTube Studioは、App Storeからインストールできます。インストールの手順は、Q.299を参照してください。

Q YouTube Studio アプリ

339 投稿した動画のメタデータを設定したい!

A YouTube Studioの編集画面から設定できます。

YouTube Studioの編集画面からは、「サムネイル」「タイトル」「説明」「視聴者層」「タグ」「場所」「再生リスト」などのメタデータを設定できます。動画の再生数やチャンネル登録者数が伸び悩んでいる場合はメタデータを変更して、VSEO対策をするとよいでしょう。編集の手順は、Q.341～344を参照してください。

● スマホ版YouTube Studioで編集できるメタデータ

●サムネイル

検索結果などで、動画タイトルとともに表示される画像のことです。

●タイトル

動画のタイトルとして表示される項目です。VSEOでもっとも重要な要素です。

●説明

動画の内容を記載したり、リンクを掲載したりする項目です。動画タイトルに関連するキーワードを盛り込むことで、VSEOに大きく貢献します。

●視聴者層

子供向けや成人向けなど、動画を視聴できる対象年齢を設定できます。

●タグ

動画に関連するキーワードです。動画の内容を端的に表すことができます。ただし、タグが多すぎるとスパムと見なされる恐れがあります。

●場所

動画に関連する場所を指定できます。近隣地域のユーザーのおすすめなどに表示されやすくなります。

●再生リスト

特定の再生リストに動画を追加できます。再生リストのタイトルに関連キーワードを盛り込むことで、VSEO対策としても有効です。

Q YouTube Studio アプリ

340 動画のサムネイルを設定したい!

A YouTube Studioの動画の編集画面でサムネイルを設定できます。

スマートフォン版YouTubeで動画のサムネイルを設定するには、「YouTube Studio」アプリを使用します。動画の編集画面からサムネイルの編集画面を表示すると、3種類のサムネイル候補が表示されます。好きな画像を選択し、<保存>をクリックするとサムネイルが変更されます。なお、好きな画像をサムネイルとして設定するには、パソコン版YouTubeでYouTubeアカウントを「確認済み」にする必要があります(Q.027参照)。

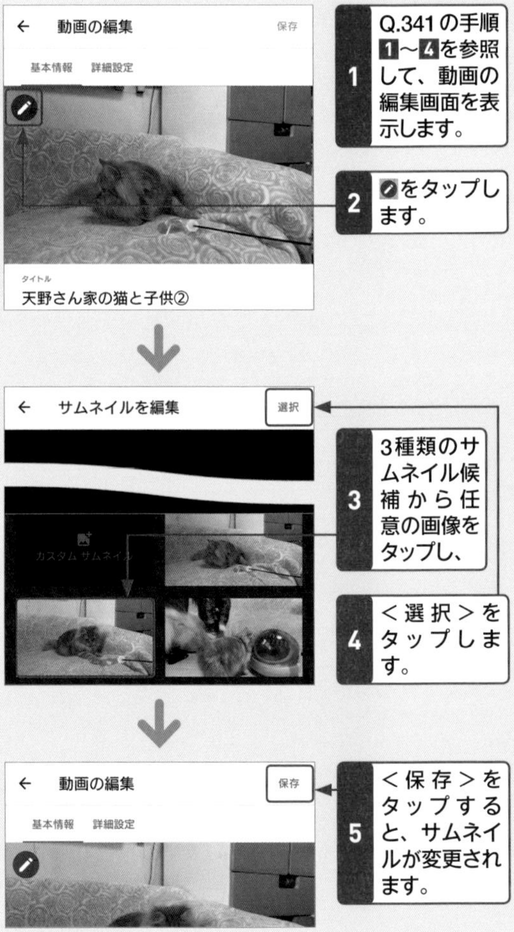
動画の編集
保存
基本情報
詳細設定
タイトル
天野さん家の猫と子供②
1 Q.341の手順1～4を参照して、動画の編集画面を表示します。
2 をタップします。
サムネイルを編集
選択
カスタム サムネイル
3 3種類のサムネイル候補から任意の画像をタップし、
4 <選択>をタップします。
動画の編集
保存
基本情報
詳細設定
5 <保存>をタップすると、サムネイルが変更されます。

Q YouTube Studio アプリ

341 ▶ 動画のタイトルや説明文、タグを編集したい！

A YouTube Studioの動画の編集画面で、タイトル・説明文・タグを編集できます。

スマートフォン版YouTubeですでに投稿した動画の「タイトル」「説明文」「タグ」を変更するには、「YouTube Studio」アプリを使用します。動画の編集画面で「タイトル」「説明文」「タグ」を編集し、＜保存＞をタップします。なお、変更が反映されるまでに時間がかかる場合があります。

1 YouTube Studioを起動します。

2 ☰をタップします。

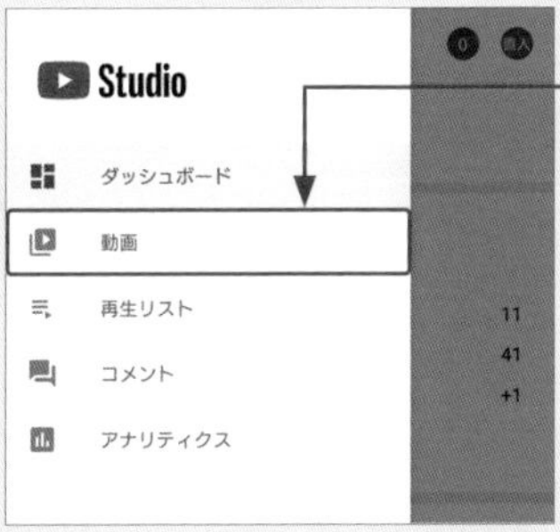

3 ＜動画＞をタップします。

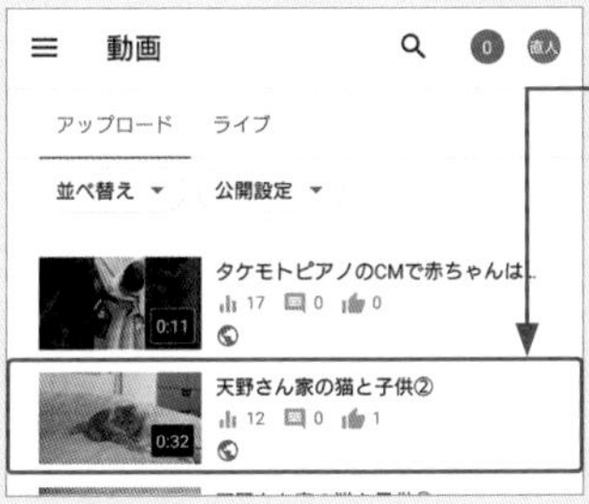

4 編集したい動画をタップし、

5 ✎をタップします。

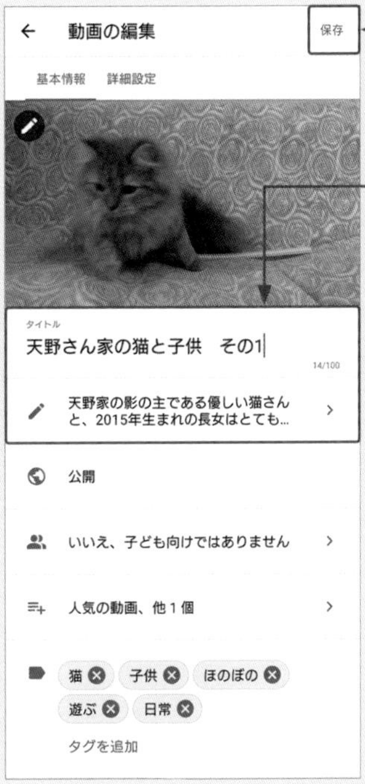

6 「タイトル」「説明文」「タグ」の入力欄をそれぞれをタップして内容を編集し、

7 ＜保存＞をタップします。

Q 設定・編集

342 投稿した動画を再生リストにまとめたい!

A <自分の動画>から、投稿した動画を再生リストにまとめることができます。

投稿した動画をスマートフォン版YouTubeアプリで再生リストにまとめたい場合は、「ライブラリ」画面で<自分の動画>をタップします。再生リストに追加したい動画の右側にあるメニューアイコン→<再生リストに保存>をタップします。新しく再生リストを作成、または既存の再生リストを選択して追加しましょう。

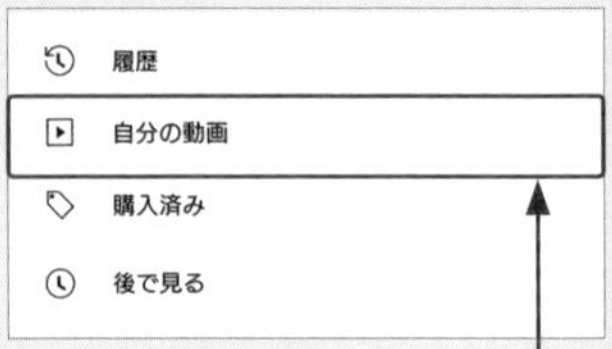

1 <ライブラリ>をタップして、「ライブラリ」画面を表示しておきます。

2 <自分の動画>をタップします。

3 再生リストに追加したい動画の⋮をタップし、

4 <再生リストに保存>をタップします。

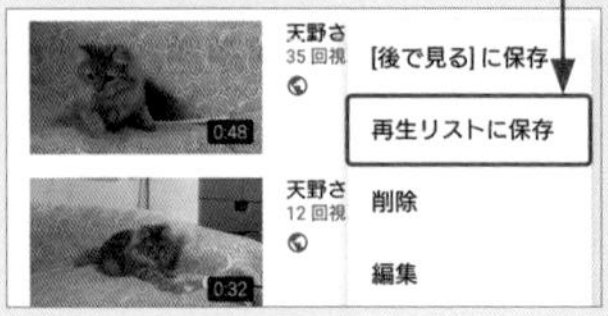

5 新しい再生リストに追加する場合は<新しいプレイリスト>をタップして作成します。

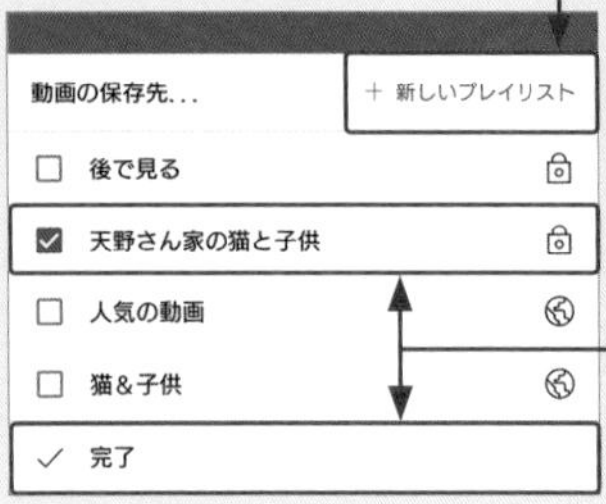

6 既存の再生リストに追加したい場合は再生リスト名をタップし、<完了>をタップします。

Q 設定・編集

343 動画の公開範囲を設定したい!

A YouTube Studioの動画の編集画面で公開範囲を変更できます。

スマートフォン版YouTubeで動画の公開範囲を変更するには、YouTube Studioアプリを使用します。動画の編集画面で、公開範囲の項目をタップします。4種類の公開範囲の中から変更したいものを選択し、<保存>をタップすると公開範囲が変更されます。

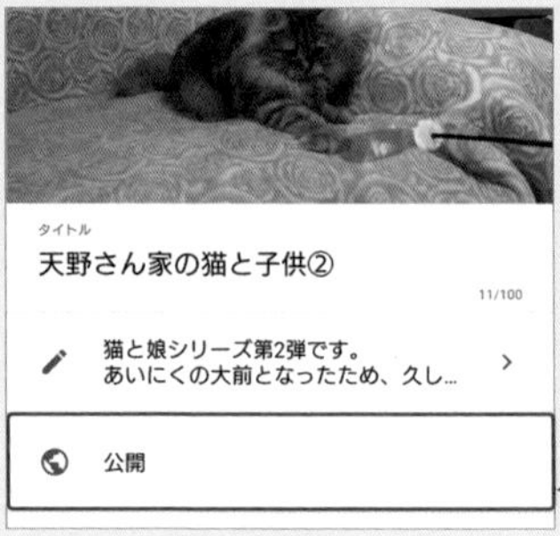

1 Q.341の手順1～4を参照して、動画の編集画面を表示します。

2 公開範囲の項目をタップします。

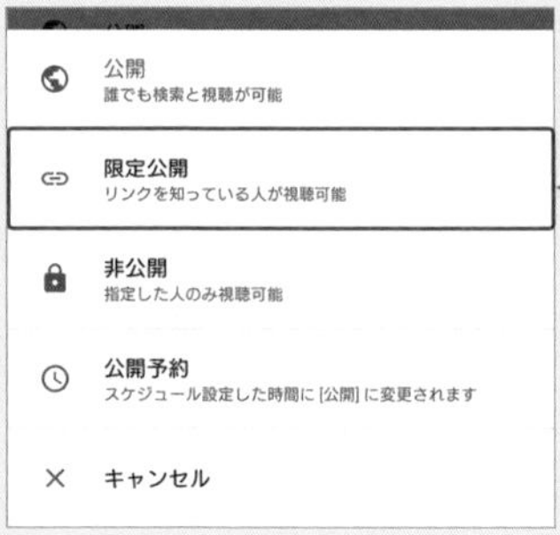

3 変更したい公開範囲をタップします。

4 <保存>をタップすると、公開範囲が変更されます。

344 スマホからマイチャンネルで編集できるものって何？

A 「チャンネルアイコン」「チャンネル名」「チャンネルの説明」「プライバシー」の4つを編集できます。

スマートフォン版YouTubeアプリでは、残念ながらマイチャンネルで編集できる項目が限られています。編集できるものは、「チャンネルアイコン」「チャンネル名」「チャンネルの説明」「プライバシー」の4つです。それ以外の項目は、パソコン版YouTubeから編集しましょう。

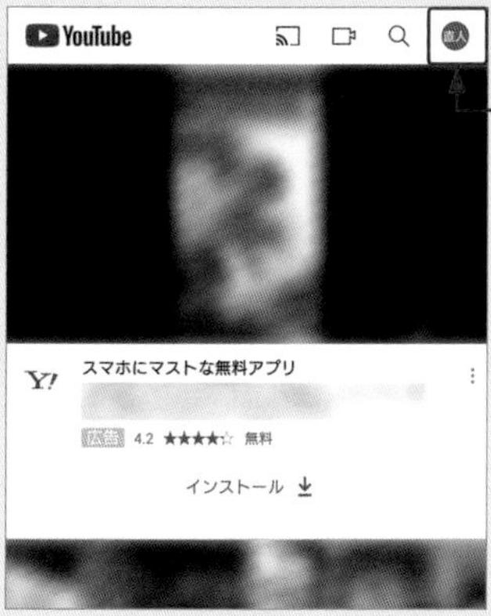

1 アカウントのアイコンをタップし、

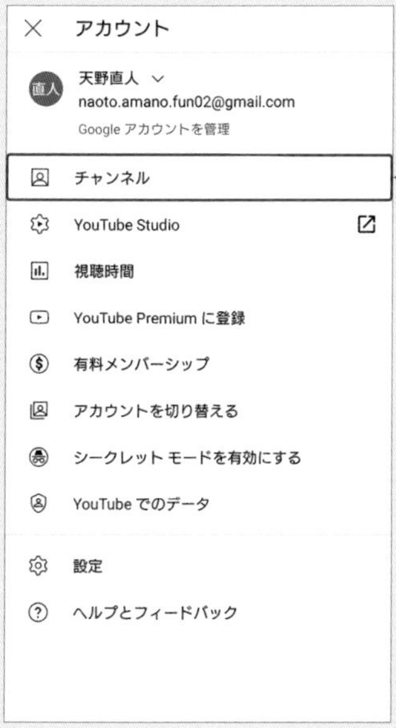

2 ＜チャンネル＞をタップします。

3 ＜ホーム＞をタップし、

4 ⚙をタップします。

5 変更したい項目をタップして、編集を行います。

Q 設定・編集

345 コメントが付いたら知らせてほしい！

A YouTube Studioの＜通知＞設定で、＜プッシュ通知＞をオンにします。

スマートフォン版YouTubeアプリでは、投稿した動画にコメントが付くとプッシュ通知で知らせてくれる機能が用意されています。YouTube Studioアプリのアカウントアイコンをタップし、＜設定＞→＜通知＞をタップして「通知」設定を表示します。「通知を受け取る方法」の＜プッシュ通知＞をタップしてオンにすると、プッシュ通知されるようになります。

1 YouTube Studioアプリを起動します。

2 アカウントアイコンをタップします。

3 ＜設定＞をタップします。

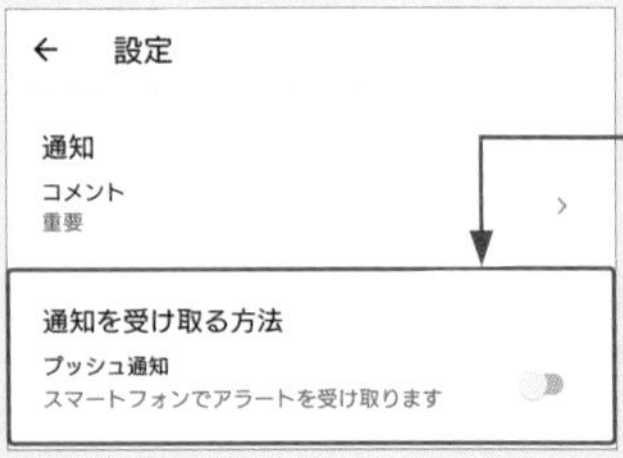

4 「通知を受け取る方法」の＜プッシュ通知＞をタップしてオンにします。

コラム：プッシュ通知の種類を設定する

手順4の画面で＜通知＞をタップすると、通知の種類を変更できます。初期状態は＜重要なコメント＞が設定されていますが、＜すべて＞をタップしてすべてのコメントをプッシュ通知するように変更することも可能です。

Q 分析

346 スマホからYouTubeアナリティクスを確認したい！

A YouTube Studioアプリの＜アナリティクス＞メニューから確認できます。

マイチャンネルや投稿した動画のさまざまな情報を確認できるYouTubeアナリティクスは、スマートフォン版YouTubeアプリでも利用できます。YouTube Studioアプリを起動し、画面左上のメニューアイコンをタップします。＜アナリティクス＞をタップすると、アナリティクスが表示されます。

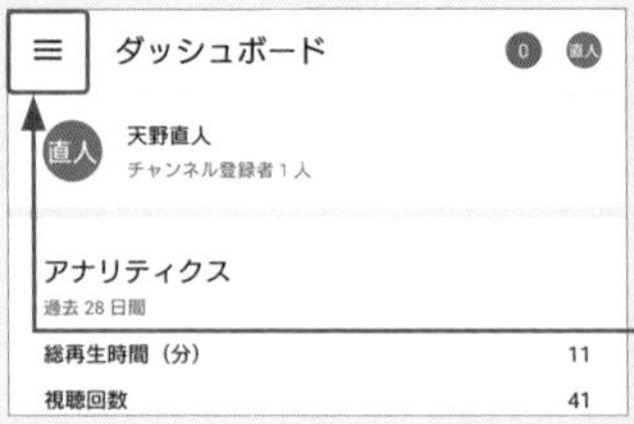

1 YouTube Studioアプリを起動します。

2 ≡をタップします。

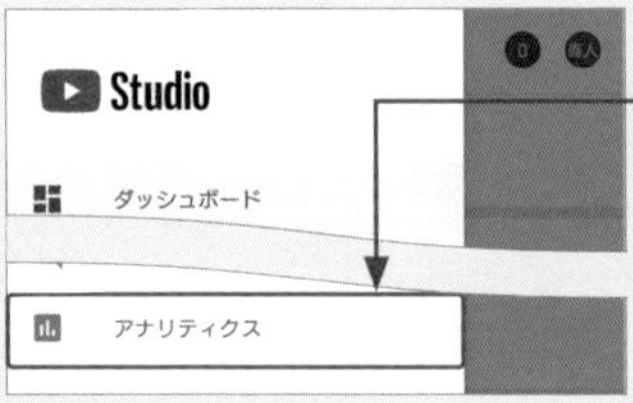

3 ＜アナリティクス＞をタップします。

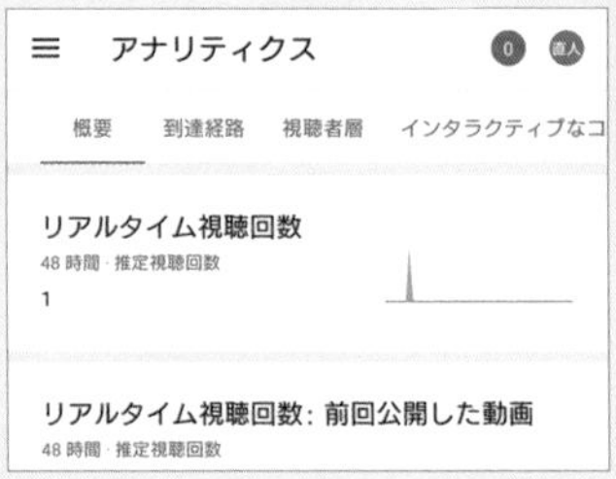

4 YouTubeアナリティクスが表示されます。

コラム：パソコン版との相違点は？

スマートフォン版YouTubeアナリティクスは、パソコン版とは一部項目の表記が異なります。また詳細モードがないため、パソコン版よりも確認できる情報が少ないのが特徴です。より詳細な情報を確認したい場合はパソコン版を利用しましょう。

Q 分析

347 ▶ YouTubeアナリティクスの「概要」を確認したい！

A ＜アナリティクス＞の＜概要＞から確認できます。

YouTubeアナリティクスの＜概要＞では、チャンネルや動画全体の統計情報などを確認できます。

● **リアルタイム視聴回数**
リアルタイムの視聴回数を参照できます。

● **リアルタイム視聴回数：前回公開した動画**
直近で投稿した動画の視聴回数が表示されます。

● **総再生時間（分）**
これまでに投稿した動画の合計再生時間が表示されます。

● **視聴回数**
これまでに投稿した動画の合計視聴回数が表示されます。

● **平均視聴時間**
これまでに投稿した動画の平均視聴時間が表示されます。

● **チャンネル登録者**
チャンネル登録者の合計が表示されます。

● **視聴者維持数**
動画の平均視聴時間が表示されます、。

● **高評価数（低評価数との比率）**
指定した期間の高評価数と低評価数との比率が表示されます。

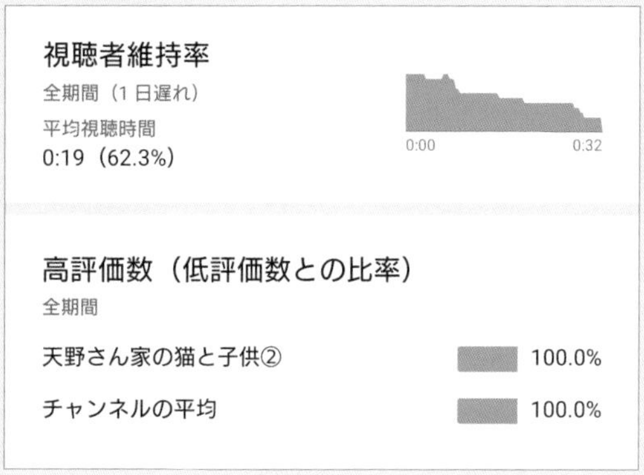

Q 分析

348 「到達経路」を確認したい！

A ＜アナリティクス＞の＜到達経路＞から確認できます。

YouTubeアナリティクスの＜到達経路＞では、視聴者が動画を見つけた手段（トラフィック）や、動画のサムネイルが表示された回数（インプレッション）に関する統計情報を確認できます。

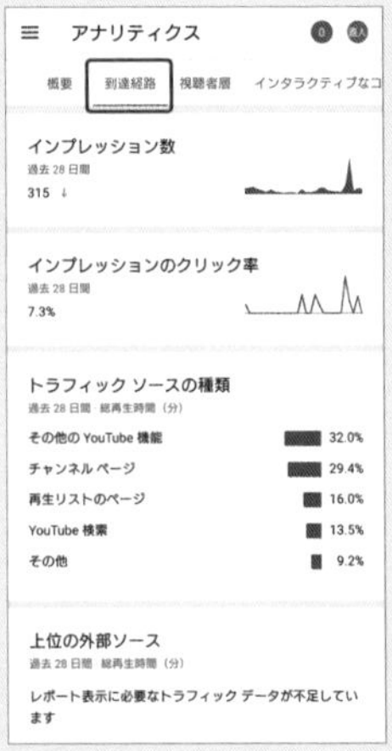

● **インプレッション数**
これまでに投稿した動画のサムネイルが視聴者に表示された回数が表示されます。

● **インプレッションのクリック率**
これまでに投稿した動画のサムネイルをクリックして動画を実際に視聴した頻度が表示されます。

● **トラフィックソースの種類**
視聴者のアクセス経路がランキング形式で表示されます。

● **上位の外部ソース**
視聴者が動画を見つけたYouTube以外のWebサイトやアプリの情報が表示されます。

● **上位のYouTube検索キーワード**
YouTubeで検索されたキーワードがランキング形式で表示されます。

● **あなたのコンテンツにトラフィックを誘導している上位の動画**
関連動画に自分の動画が表示された動画がランキング形式で表示されます。

● **あなたのコンテンツを再生している上位の再生リスト**
視聴者がどの再生リストから流入してきたかが表示されます。

Q 分析

349 「視聴者層」を確認したい！

A ＜アナリティクス＞の＜視聴者層＞から確認できます。

YouTubeアナリティクスの＜視聴者層＞では、動画を視聴している視聴者の年齢、性別、国・地域などの情報を確認できます。

● **性別**
視聴者の性別の割合が表示されます。

● **年齢**
視聴者の年齢層の割合が表示されます。

● **上位の地域**
IPアドレスをもとに、動画視聴者の国別視聴者率がランキング形式で表示されます。

● **字幕の利用が上位の言語**
動画に設定している字幕の言語のうち、もっとも利用された字幕の言語がランキング形式で表示されます。字幕を設定していない場合は、「字幕なし」と表示されます。

Q 分析

350 「インタラクティブなコンテンツ」を確認したい!

A <アナリティクス>の<インタラクティブなコンテンツ>から確認できます。

YouTubeアナリティクスの<インタラクティブなコンテンツ>では、動画に設定しているカードに関する情報を確認できます。

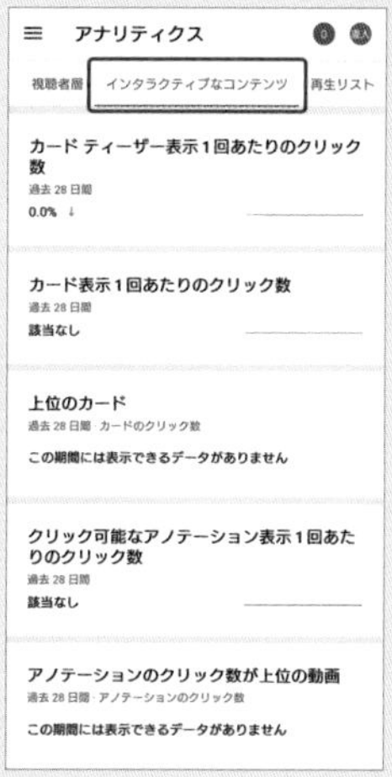

● カードティーザー表示1回あたりのクリック数

動画に設定しているカードティーザーの表示1回あたりのクリック数が表示されます。

● カード表示1回あたりのクリック数

動画に設定しているカードが表示されたときに、視聴者がそれをクリックした回数が表示されます。

● 上位のカード

設定しているカードのクリック率が多い順に、動画がランキング形式で表示されます。

● クリック可能なアノテーション表示1回あたりのクリック数

アノテーション(YouTubeの動画再生中に表示できるクリック可能なテキストのこと)が表示されたときに、視聴者がそれをクリックした回数が表示されます。

● アノテーションのクリック数が上位の動画

アノテーションのクリック数が多い順に、動画がランキング形式で表示されます。

Q 分析

351 「再生リスト」を確認したい!

A <アナリティクス>の<再生リスト>から確認できます。

YouTubeアナリティクスの<再生リスト>では、作成した再生リストの起動回数や視聴回数などの情報を確認できます。

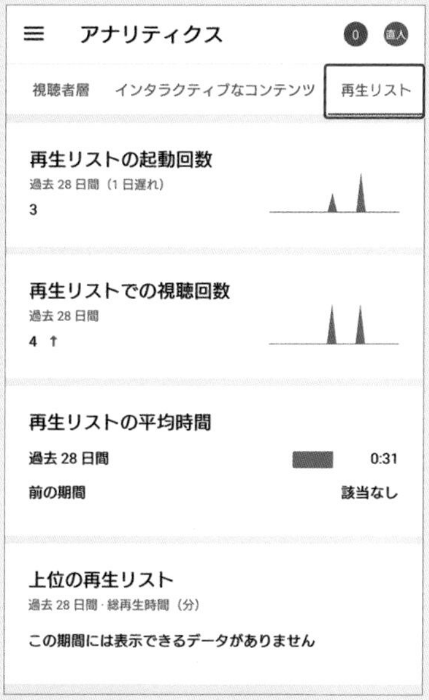

● 再生リストの起動回数

作成した再生リストの合計起動回数が表示されます。

● 再生リストでの視聴回数

再生リストに含まれている動画の合計視聴回数が表示されます。

● 再生リストの平均時間

再生リストの動画が視聴された際の平均視聴時間が表示されます。

● 上位の再生リスト

よく利用されている再生リストがランキング形式で表示されます。

Q 分析

352 ▶ 動画ごとの情報を確認したい！

A **<動画>から、動画ごとの<アナリティクス>を参照できます。**

スマートフォン版YouTube Studioで<動画>をタップすると、投稿した動画やライブ配信のアーカイブが一覧表示されます。任意の動画をタップし、<もっと見る>をタップすると、その動画のアナリティクスを参照できます。チャンネルのアナリティクスと同様に、<概要><到達経路><視聴者層><インタラクティブなコンテンツ><再生リスト>の5つの項目に分かれており、各項目名をタップすると該当の情報を確認できます（各項目で確認できる情報の詳細についてはQ.347〜351参照）。

1 YouTube Studioアプリを起動し、≡をタップします。

2 <動画>をタップします。

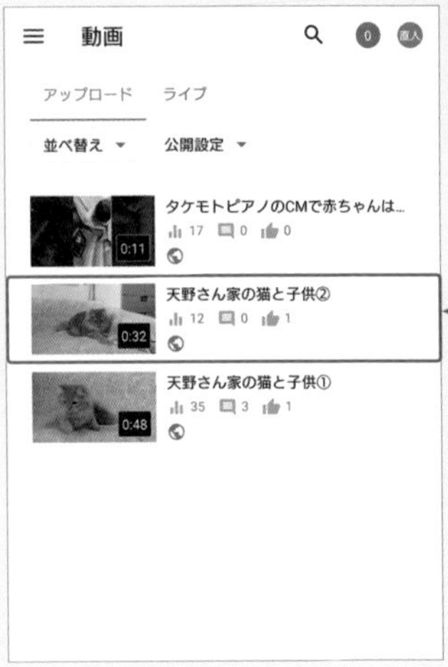

3 任意の動画をタップします。

4 <もっと見る>をタップします。

5 動画単体のアナリティクスが表示されます。

Q 分析

353 ▶表示データの期間を指定したい！

A ▼をタップして、任意の期間を指定しましょう。

YouTubeアナリティクスのデータは、初期状態では直近28日間（リアルタイムのデータは48時間）のデータが表示されます。表示する期間を変更したい場合は、▼をタップしましょう。任意の期間を選択すると、データの表示が切り替わります。

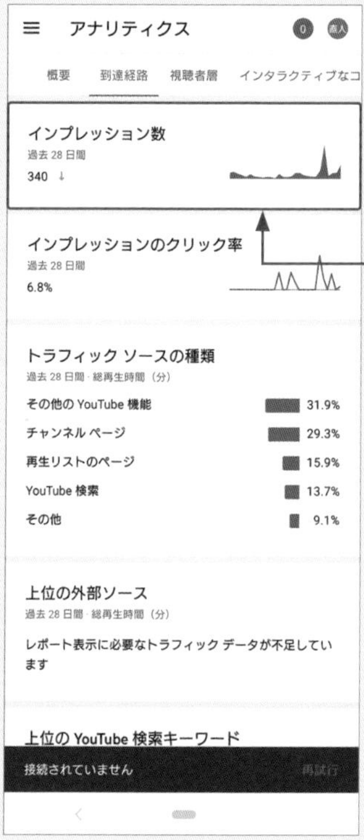

1 YouTube Studioアプリを起動し、アナリティクスを表示しておきます。

2 詳細を確認したいデータをタップします。

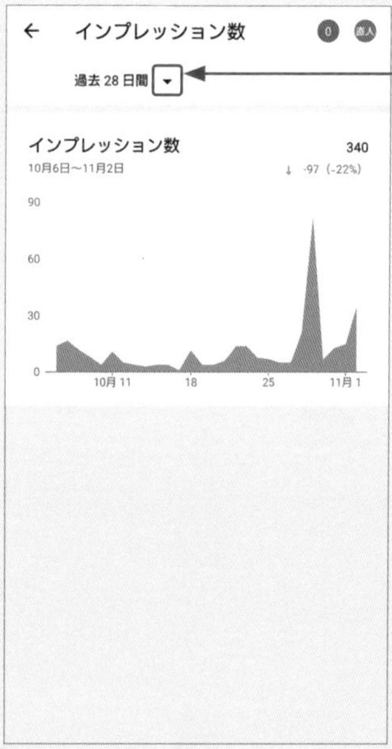

3 ▼をタップします。

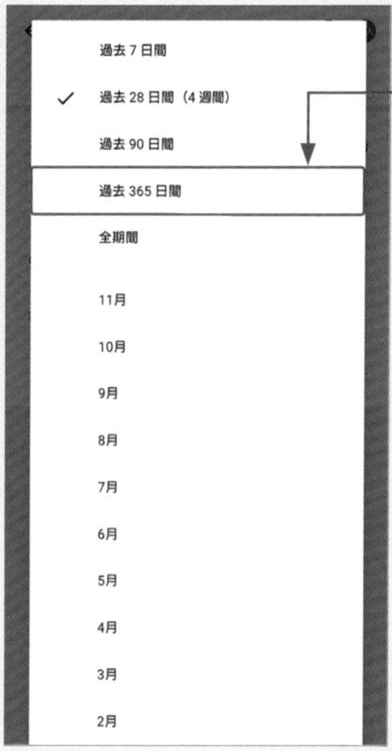

4 任意の期間をタップすると、アナリティクスの集計データの期間が、指定した期間に切り替わります。

Q 分析

354 ▶ チャンネル全体の状況を大まかに把握したい！

A アナリティクスの＜概要＞で、チャンネル全体の状況を把握できます。

チャンネル全体の状況を把握するなら、＜概要＞が最適です。YouTube Studioアプリのメニューから＜アナリティクス＞をタップし、＜概要＞を表示してみましょう。＜概要＞で確認できる情報については、Q.347を参照してください。

● 概要アナリティクスを表示する

1 YouTube Studioアプリを起動します。

2 ≡をタップします。

3 ＜アナリティクス＞をタップします。

4 ＜概要＞をタップすると、

5 チャンネルの＜概要＞が表示されます。

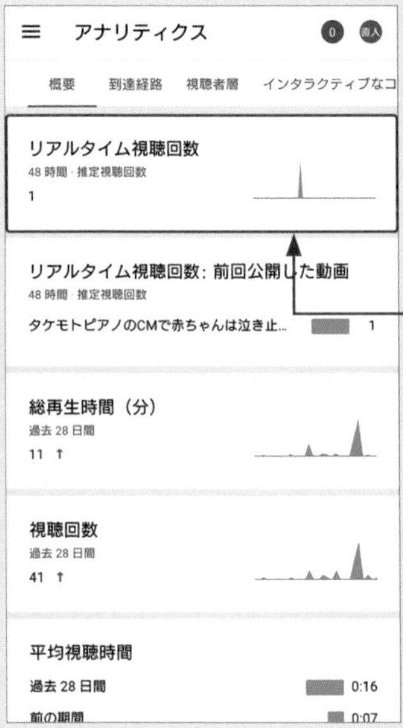

6 確認したい項目をタップすると、

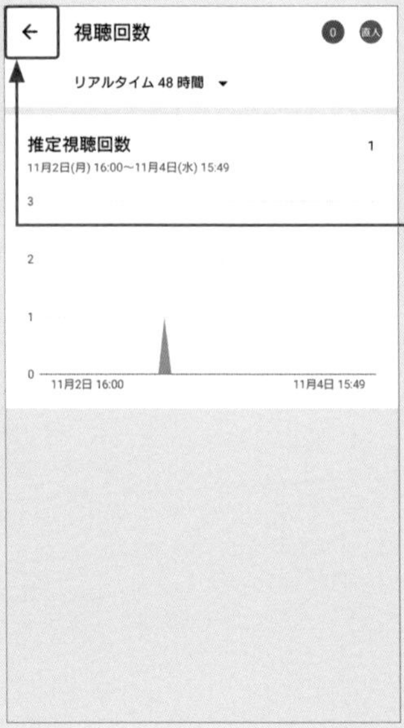

7 項目の詳細が表示されます。

8 ←（iPhone版は＜＜＞）をタップすると、＜概要＞の画面に戻ります。

355▶ユーザー層を知りたい！

A アナリティクスの＜視聴者層＞から、ユーザー層に関する情報を確認できます。

自分の動画がどのようなユーザー層に視聴されているのかを知りたい場合は、YouTube Studioアプリのアナリティクスで＜視聴者層＞をタップし、確認してみましょう。＜視聴者層＞の各セクションの詳細は、Q.349を参照してください。

1 YouTube Studioアプリを起動し、アナリティクスを表示しておきます。

2 ＜視聴者層＞をタップします。

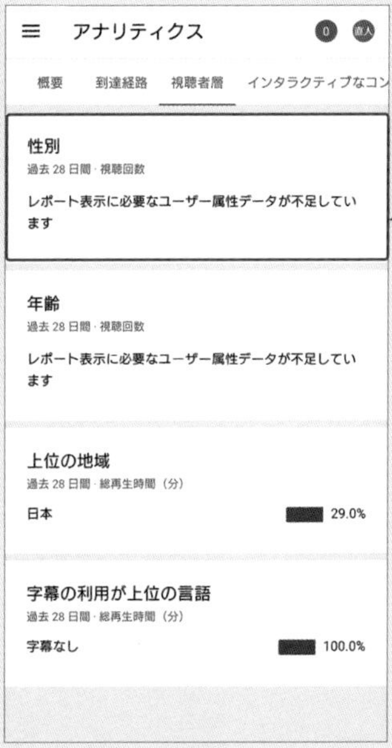

3 ＜視聴者層＞が表示されます。

4 確認したい項目をタップすると、

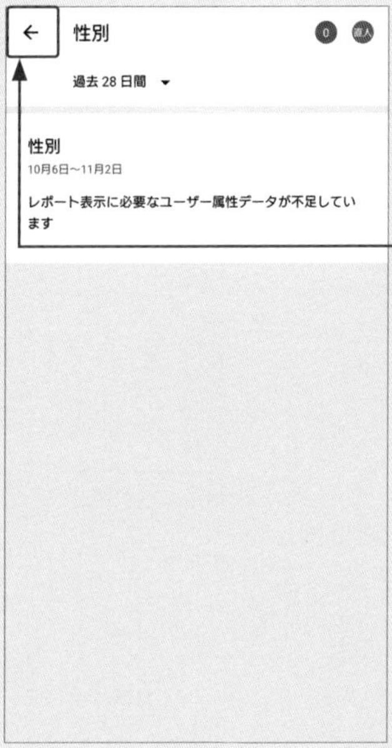

5 項目の詳細が表示されます。

6 ←（iPhone版は＜<＞）をタップすると、アナリティクス画面に戻ります。

Q 分析

356 動画個別の状況をおおまかに把握したい！

A 動画個別のアナリティクスから＜概要＞を確認してみましょう。

動画個別のアナリティクスで＜概要＞をタップすると、「リアルタイム視聴回数」「総再生時間（分）」「視聴回数」「視聴者維持率」「高評価数（低評価数との比率）」「トラフィックソースの種類」の6つの情報を確認できます。動画個別の状況をおおまかに把握できるので、今後のコンテンツ制作の改善に生かしましょう。

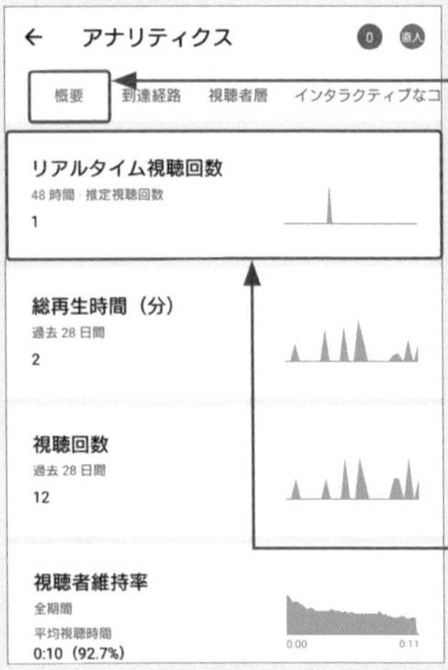

1 Q.352を参照して、動画個別のアナリティクスを表示します。

2 ＜概要＞をタップすると、動画個別の＜概要＞が表示されます。

3 確認したい項目をタップすると、

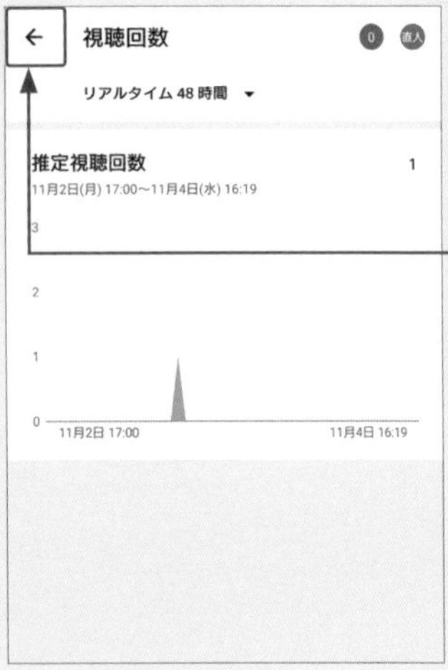

4 項目の詳細が表示されます。

5 ←（iPhone版は＜＜＞）をタップすると、動画個別の＜概要＞画面に戻ります。

Q 分析

357 動画が最後まで見られているか確認したい！

A 動画個別の＜概要＞で＜視聴者維持率＞を確認しましょう。

動画が最後まで視聴されているかを確認するには、動画個別のアナリティクスの＜概要＞で「視聴者維持率」のデータを確認してみましょう。視聴者維持率の折れ線グラフの形状によって、最後まで見られているかどうかがわかります。グラフの線が平坦だと、最初から最後まで再生されていることを意味します。その逆に途中でグラフの線が下降している場合は、該当箇所で視聴を離脱していることを意味します。

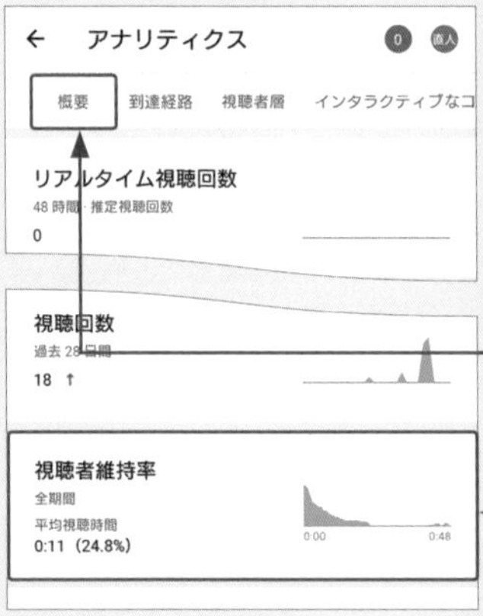

1 Q.352を参照して、動画個別のアナリティクスを表示しておきます。

2 ＜概要＞をタップします。

3 ＜視聴者維持率＞をタップすると、

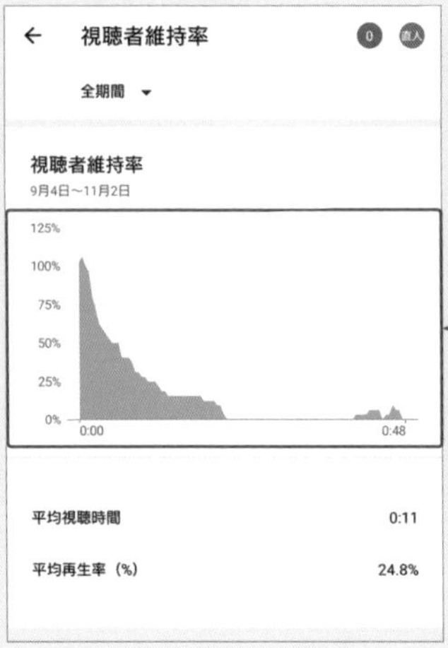

4 より詳細な視聴者維持率が表示されます。

5 面グラフの形状に注目しましょう。面グラフの形状が急下降している箇所は、このタイミングで離脱者が多いことを意味します。

358 ▶ どんな検索キーワードで辿り着いたか知りたい！

A ＜到達経路＞の＜上位のYouTube検索キーワード＞から、検索キーワードを調べることができます。

自分の動画がどのような検索キーワードで検索されて視聴されたのかを調べるには、YouTube Studioアプリのアナリティクスで＜到達経路＞をタップし、＜上位のYouTube検索キーワード＞を確認してみましょう。この項目をタップすると、YouTube内の検索で利用された検索キーワードが多い順に表示されます。なお、検索エンジンからアクセスされた場合の検索ワードは表示されません。

1 YouTube Studioアプリを起動し、アナリティクスを表示しておきます。

2 ＜到達経路＞をタップします。

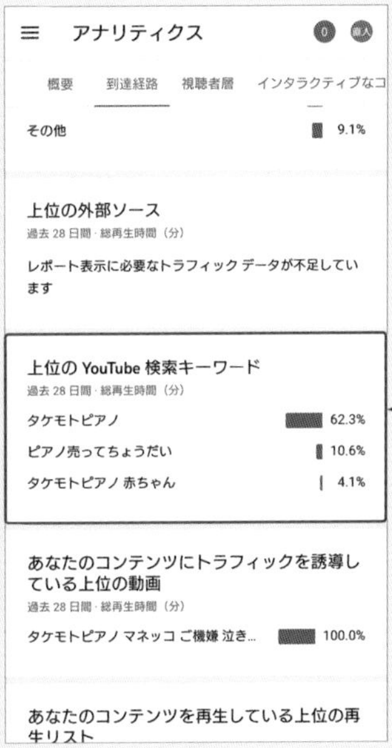

3 ＜上位のYouTube検索キーワード＞をタップすると、

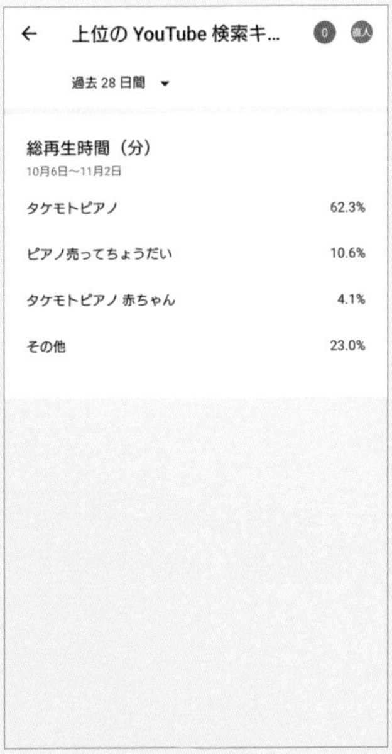

4 YouTube内の検索で使用されたキーワードが一覧表示されます。

Q 分析

359▶動画が再生された場所を知りたい！

A ＜視聴者層＞の＜上位の地域＞から、再生された場所を調べることができます。

視聴者の地域や国を調べるには、YouTube Studioアプリのアナリティクスで＜視聴者層＞をタップし、＜上位の地域＞を確認します。「上位の地域」には、地域・国がアクセス数の多い順に表示されます。

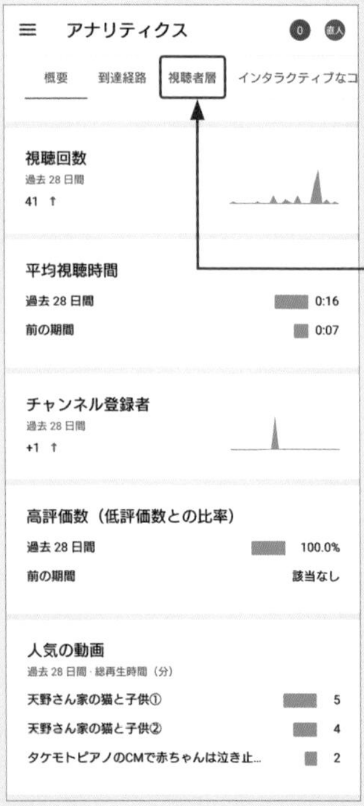

1 YouTube Studioアプリを起動し、アナリティクスを表示しておきます。

2 ＜視聴者層＞をタップします。

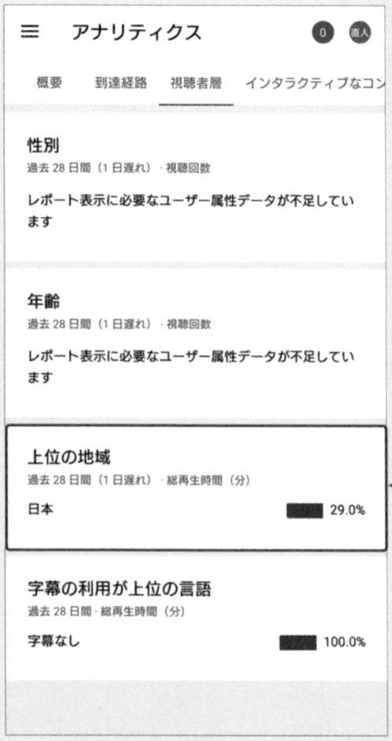

3 ＜上位の地域＞をタップします。

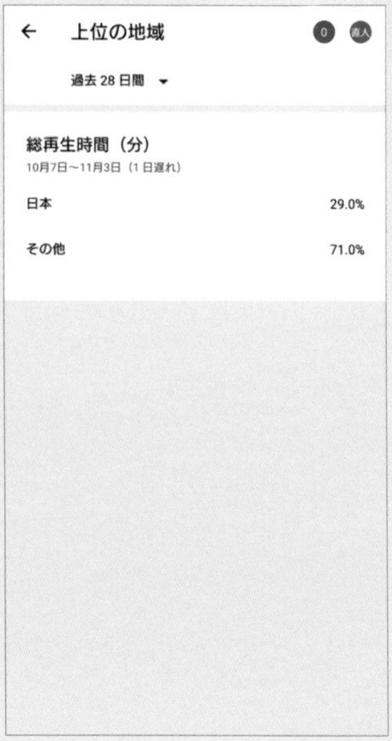

4 各地域・国の視聴者の割合を確認できます。

Q 分析

360 ▶ 動画に設定したカードの効果を知りたい！

A ＜インタラクティブなコンテンツ＞の＜上位のカード＞で調べることができます。

動画に設定した各種カードが利用されているかどうかを知りたい場合は、YouTube Studioアプリのアナリティクスで＜インタラクティブなコンテンツ＞をタップし、＜上位のカード＞を確認します。「上位のカード」には、利用率の高いカードが多い順に表示されます。

1 YouTube Studioアプリを起動し、アナリティクスを表示しておきます。

2 ＜インタラクティブなコンテンツ＞をタップします。

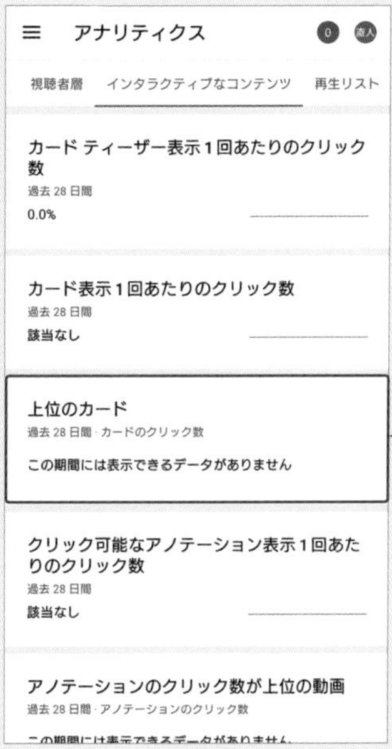

3 ＜上位のカード＞をタップします。

4 動画に設定しているカードの利用率が多い順に表示されます。

Q 収益

361 ▶ 広告の推定収益額を確認したい！

A ＜推定収益＞から確認することができます。

推定収益を調べるには、YouTube Studioアプリのアナリティクスの＜収益＞で＜推定収益＞をタップします。一定期間での推定収益が金額とグラフで表示されます。なお、期間を変更して、任意の期間での推定収益を確認することもできます。

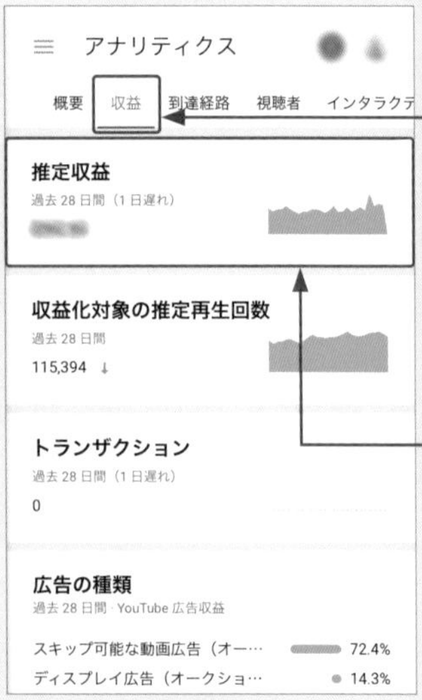

1 YouTube Studioアプリを起動し、アナリティクスを表示しておきます。

2 ＜収益＞をタップします。

3 ＜推定収益＞をタップします。

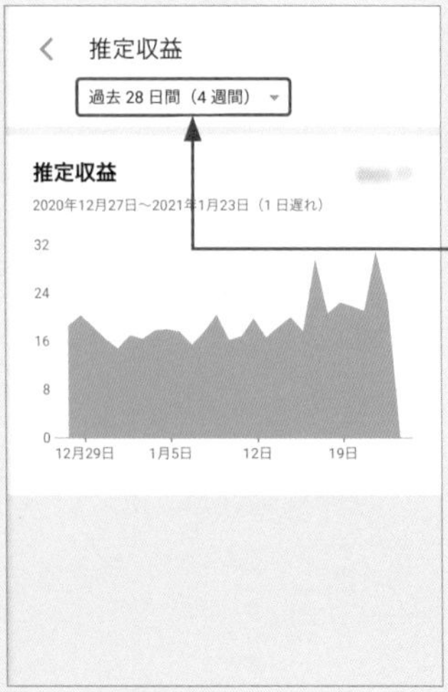

4 過去28日間の推定収益が表示されます。

5 期間をタップします。

6 確認したい期間をタップします。

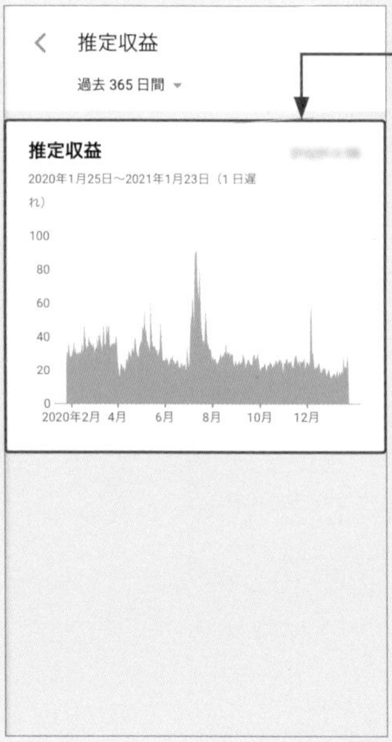

7 手順6でタップした期間の推定収益が表示されます。

Q 収益

362 広告の表示結果を分析したい！

A <広告の種類>から、表示された広告の種類と期間を分析することができます。

広告の表示結果を調べるには、YouTube Studioアプリのアナリティクスで<広告の種類>をタップします。一定期間での広告収益をどの広告から得られているのかを、割合で確認することができます。なお、期間を変更して、任意の期間での推定収益を確認することもできます。そのほかにも「収益額が上位の動画」、「CPMが上位の動画」なども同様にデータを確認できます。

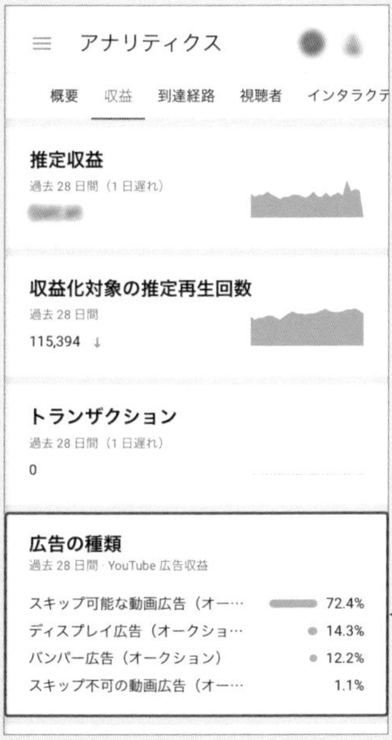

1 YouTube Studioアプリを起動し、アナリティクスを表示しておきます。

2 <広告の種類>をタップします。

3 過去28日間の広告収益の割合が表示されます。

4 期間をタップします。

5 確認したい期間をタップすると、その期間での広告の収益の割合が表示されます。

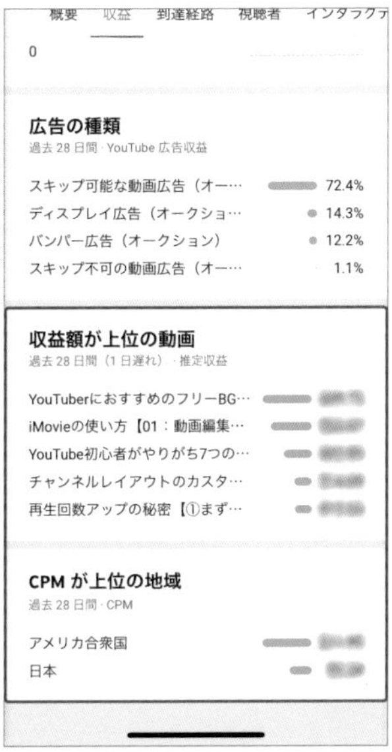

「収益額が上位の動画」では、収益が高い動画が高い順に表示されます。「CPMが上位の動画」では、国ごとの広告費の金額が表示されます。

数字・アルファベット

あ行

か行

さ行

た行

な・は行

ま・や・ら行

監修プロフィール

酒井 祥正

株式会社ゴールデンモンキー 代表取締役
2001年、映像プロダクションに入社。映画、ドラマ、CM、アニメなどさまざまな映像作品の制作に携わる。2007年からは地元福井県のケーブルテレビ局でアナウンサー、ディレクター、カメラマン、記者などを経験。2015年、ゴールデンモンキーを設立。これまで中小企業100社以上のYouTubeチャンネルをサポート。
また動画マーケティング専門YouTubeチャンネル「動画集客チャンネル」を運営。撮影や編集、チャンネルグロースに関するノウハウ動画を600本以上配信。2019年5月からはYouTube公式ビデオコントリビュータを務める。

お問い合わせについて

本書に関するご質問については、本書に記載されている内容に関するもののみとさせていただきます。本書の内容と関係のないご質問につきましては、一切お答えできませんので、あらかじめご了承ください。また、電話でのご質問は受け付けておりませんので、必ずFAXか書面にて下記までお送りください。
なお、ご質問の際には、必ず以下の項目を明記していただきますようお願いいたします。

1 お名前
2 返信先の住所またはFAX番号
3 書名（今すぐ使えるかんたん YouTube 投稿＆集客 完全ガイドブック）
4 本書の該当ページ
5 ご使用のOSのバージョン
6 ご質問内容

なお、お送りいただいたご質問には、できる限り迅速にお答えできるよう努力いたしておりますが、場合によってはお答えするまでに時間がかかることがあります。また、回答の期日をご指定なさっても、ご希望にお応えできるとは限りません。あらかじめご了承くださいますよう、お願いいたします。

問い合わせ先

〒162-0846
東京都新宿区市谷左内町21-13
株式会社技術評論社 書籍編集部
「今すぐ使えるかんたん YouTube 投稿＆集客 完全ガイドブック」質問係
FAX番号 03-3513-6167
URL：https://book.gihyo.jp/116

■お問い合わせの例

FAX

1 お名前
技術 太郎
2 返信先の住所またはFAX番号
03-XXXX-XXXX
3 書名
今すぐ使えるかんたん YouTube 投稿＆集客 完全ガイドブック
4 本書の該当ページ
61ページ、Q.071
5 ご使用のOSのバージョン
Windows 10
6 ご質問内容
手順3の画面が表示されない

質問の際にお送り頂いた個人情報は、質問の回答に関わる作業にのみ利用します。回答が済み次第、情報は速やかに破棄させて頂きます。

今《いま》すぐ使《つか》えるかんたん YouTube《ユーチューブ》 投稿《とうこう》＆《アンド》集客《しゅうきゃく》 完全《コンプリート》ガイドブック

2021年5月22日 初版 第1刷発行
2022年3月 1日 初版 第2刷発行

著 者●リンクアップ
監 修●酒井《さかい》 祥正《よしただ》
発行者●片岡 巌
発行所●株式会社 技術評論社
東京都新宿区市谷左内町21-13
電話 03-3513-6150 販売促進部
03-3513-6160 書籍編集部
カバーデザイン●岡崎 善保（志岐デザイン事務所）
本文デザイン／DTP●リンクアップ
編集●リンクアップ
担当●大和田 洋平
製本／印刷●大日本印刷株式会社

定価はカバーに表示してあります。

ISBN978-4-297-12076-4 C3055
Printed in Japan